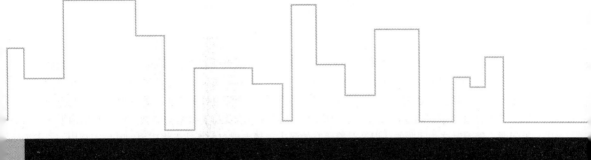

基坑支护工程研究与探索

胡　愈◎著

U0338497

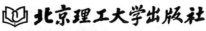

北京理工大学出版社
BEIJING INSTITUTE OF TECHNOLOGY PRESS

内 容 提 要

　　基坑工程是随着城市建设事业的发展而出现的一种新类型的岩土工程。基坑支护设计与施工应综合考虑工程地质与水文地质条件、基础类型、基坑周边荷载、施工季节、支护结构使用期限等因素，做到因地制宜，因时制宜。基坑支护是一个综合性的岩土工程问题，既涉及土力学中典型强度与稳定问题，又包含了变形问题，同时还涉及与支护结构的共同作用及结构力学等问题。随着对这些问题的认识及对策研究的深入，越来越多的新技术将应用到基坑工程中。

　　本书概述了比较成熟的基坑支护结构选型及适应条件，简述了基坑设计理念及其存在的一些问题，对今后基坑支护工程技术应用进行了探讨。

图书在版编目（CIP）数据

基坑支护工程研究与探索 / 胡愈著.—北京：北京理工大学出版社，2016.12
ISBN 978-7-5682-3486-3

Ⅰ.①基…　Ⅱ.①胡…　Ⅲ.①基坑－坑壁支撑－高等学校－教材　Ⅳ.①TU46

中国版本图书馆CIP数据核字(2016)第311781号

出版发行 / 北京理工大学出版社有限责任公司
社　　　址 / 北京市海淀区中关村南大街5号
邮　　　编 / 100081
电　　　话 / （010）68914775(总编室)
　　　　　　（010）82562903(教材售后服务热线)
　　　　　　（010）68948351(其他图书服务热线)
网　　　址 / http://www.bitpress.com.cn
经　　　销 / 全国各地新华书店
印　　　刷 / 北京紫瑞利印刷有限公司
开　　　本 / 710毫米×1000毫米　1/16
印　　　张 / 15　　　　　　　　　　　　　　　　　责任编辑 / 李玉昌
字　　　数 / 302千字　　　　　　　　　　　　　　文案编辑 / 刘　派
版　　　次 / 2016年12月第1版　2016年12月第1次印刷　责任校对 / 周瑞红
定　　　价 / 75.00元　　　　　　　　　　　　　　责任印制 / 边心超

图书出现印装质量问题，请拨打售后服务热线，本社负责调换

前　言 Preface

随着社会的发展，高层建筑与市政建筑进入大发展时期，由于设计队伍与施工队伍对当地的深基施工特点不够熟悉而引发的事故层出不穷。为避免这些事故的发生，应加强对深基工程的研究。正确、科学的基坑工程设计和施工，能带来巨大的经济效益和社会效益，对加快施工进度、保护环境有着重要作用。深基坑支护与施工是一项系统工程，施工者必须具备结构力学、土力学、地基基础、机车处理、原位测试等多种学科知识，同时要有丰富的施工经验，并结合拟建场地的土质和周围环境情况，才能制定出因地制宜的支护结构方案和实施办法。

目前，各地高层建筑深基坑支护工程发展迅速，因建设需要，基础越做越深，其支护结构难度（尤以软土地区为著）也越来越大，已成为高层建筑工程中的难点和热点。深基坑支护结构涉及岩土力学、结构力学、材料力学和地质水文等学科，我国广大设计、施工、科研和大专院校的专业人员，勇于实践，勇于创造，在大量的工程实践、监测、试验中不断取得成功经验，虽然也有少数失误的教训，但总能及时总结经验教训，促使深基坑支护技术不断发展、创造和创新。但是，科学技术是随着生产需要迅速发展起来的，理论总是落后于实践，深基坑支护结构技术也是如此，古典理论已不适合指导深基坑支护的发展。在总结实践的基础上，未来将会逐步完善理论以指导设计计算。因此，现在制定统一的或地方的深基坑支护结构的设计施工规程，是非常必要的。

著　者

目 录 Contents

第一章 场地工程地质条件

第一节 基坑周边环境

基坑支护是为保证地下结构施工及基坑周边环境的安全，对基坑侧壁及周边环境采用的支挡、加固与保护措施。

中华人民共和国行业标准《建筑基坑支护技术规程》(JGJ 120—2012)对基坑支护的定义如下：为保护地下主体结构施工和基坑周边环境的安全，对基坑采用的临时性支挡、加固、保护与地下水控制的措施。

一、基坑支护设计前应查明基坑周边环境条件

(1)既有建筑物的结构类型、层数、位置、基础形式和尺寸、埋深、使用年限、用途等；

(2)各种既有地下管线、地下构筑物的类型、位置、尺寸、埋深、使用年限、用途等，对既有供水、污水、雨水等地下输水管线，还应包括其使用状况及渗漏状况；

(3)道路的类型、位置、宽度、道路行驶情况、最大车辆荷载等；

(4)确定基坑开挖与支护结构使用期内施工材料、施工设备的荷载；

(5)雨期时的场地周围地表水汇流和排泄条件，地表水的渗入对地层土性影响的状况。

二、基坑周边环境类型及影响

每一基坑工程周边的环境条件都是不同的，各有各的特点，按使用功能和存在形态不同大致可以分为4类，即既有建筑物、城市道路、管线及其他设施。

(1)既有建筑物。在目前的城市建设中，基坑周边存在既有建筑物占绝大多数的比例，因此对既有建筑物的保护是基坑周边环境保护中的首要任务。基坑周边建筑物的年代、层数、用途等千差万别，对基坑的影响程度也不同。在通常情况下，既有建筑物都在正常使用，因此，在基坑支护、降水及土方开挖过程中必须

确保周边建筑物的安全和正常运行，不允许因基坑原因而产生裂缝、不均匀沉降等危害。

(2)城市道路。由于城市道路四通八达，许多基坑工程场地所在位置为城市繁华地段，交通繁忙，或一个侧边临城市道路或几个侧边均临城市道路，这些城市道路往往车流量很大，一旦基坑施工造成路面出现过大沉降，导致其开裂或损坏，就必然导致交通的中断，会对城市的交通带来严重影响。

(3)管线。大多数基坑周边都存在市政管线，如给排水、雨水、污水管道及电力、通信、暖气、燃气管线，这些市政设施是维持市民正常工作生活的保障，距离基坑较近的管线对变形非常敏感，在基坑开挖和降水过程中极易受到影响，若因基坑施工导致管线出现过大变形，则可能使这些管线遭受破坏而中断供给，给城市功能带来极坏影响，给排水、雨污水管道开裂后渗漏也会威胁基坑的安全，带来极其严重的后果。

(4)其他设施。在基坑周边还存在上述3类以外的其他设施，如变压器、水箱、电线杆、化粪池等。这些设施的形态、功能及对基坑产生的影响更为特殊。因此，在基坑工程中也需要进行妥善保护，以免影响其使用功能。

三、保护措施

基坑工程牵扯面比较广，但从保护周边环境角度来看，主要有以下几个方面：

(1)设计方面。首先必须在设计计算时，保证基坑和周边环境的变形限值在规定要求范围内，只有设计到这种程度，才能为施工达到预期的效果提供前提。基坑支护降水方案设计前，设计人员应该深入实地进行勘察，弄清楚周边环境的实际情况，如建筑物的年代、平面尺寸、层效、使用性质、基础形式及埋深、距基坑距离、建筑物易受损的位置和形式等。设计的方案要达到安全适用、经济合理、可操作性要求，并按相关法律法规的程序和要求经过专家评审。

(2)施工方面。

①基坑施工管理的好坏直接影响基坑及周边环境安全，所以派驻的项目部人员要具有丰富的经验、高度负责的态度和敢打硬仗的精神，在人员方面有保证。

②施工机械设备和施工机具的选择应符合设计、土质、环境及施工工艺参数的要求，并与试验所用的设备、机具相同；设备和机具要进行维护保养，确保状态合格，满足施工要求；计量设备要进行检定、标定，确保计量精度满足要求。

③严格按管理制度进行，管理人员要做到认真负责，注重过程管理，施工中严格按照设计工况分层分段进行土方开挖，并及时与设计人员沟通解决施工中出现的实际问题。

(3)监测方面。在基坑施工过程中，必须坚持按信息法施工，加强对周边环境的监测和巡视。只有对基坑支护结构、地下水位、基坑周围的土体和相邻的构筑物进行全面、系统的监测，才能对基坑工程的安全性和周围环境的影响程度有全面的了解，及时与设计人员进行沟通，使设计和施工紧密联系、不脱节，保证整个基坑施工有科学的指导和数据支持，使基坑周边环境一直处于全方位监控、可控范围内。安排专人做好基坑周边环境巡视检查，主要内容有：①周边建(构)筑物有无裂缝出现；②地下管线有无破损、泄漏情况；③周边道路(地面)有无裂缝、沉陷情况；④邻近基坑的其他设施的变形情况。巡视检查记录应及时整理，并与仪器监测数据综合分析，如发现异常，应及时通知相关单位。

根据建筑场地的实际情况、施工方案，施工前安排专人调查清楚施工可能涉及的场地内外部的管线，确定其准确位置和设置情况。①对每一条管线进行研究，如存在施工中不能避开的、不可避免地造成破坏的管线，在施工前与建设单位沟通、联系，在规定的期限内实施改造或迁移，为施工提供方便。②建筑场地施工可能会对地下管线造成破坏的，进场施工过程中采取措施予以保护，现场做标志，对现场施工人员进行开会传达，使施工现场的所有施工人员有保护意识。③现场的地下管线能够采取隔离措施的，采取隔离，保证管线的正常工作。④对临基坑侧边较近的重要管道如煤气管线、自来水管线设置观测点，监测其水平位移和竖向沉降，形成监测报告。一旦发现管线的位移超过限制，应立即停止施工，上报管理部门，并立即组织查找原因。待管理部门制定相关措施或调整施工方案，经批准后重新施工。

四、注意事项

(1)基坑支护工程施工前，应将周边环境情况与支护设计方案中所考虑的环境条件相核对，发现不符应及时报告设计人员，在施工过程中，发现环境条件及其他出现了新的情况，应及时报告设计人员。施工过程中，应随时将施工时出现的工程地质情况和地下水情况与工程地质报告所描述的情况进行对比，发现异常或不符，要及时报告设计人员。要根据周边建筑物实际情况，实施有针对性的保护措施，必要时对周边建筑物实行评估及加固处理。

(2)土方开挖必须和基坑支护、降水、检测紧密配合起来，认真按照监理工程师批准的方案进行开挖，严禁未支先挖、支护结构未达到设计强度进行开挖和超挖施工。

(3)认真做好对支护结构和土体的保护工作，在进行各种施工作业时，要对支护结构采取可靠的保护措施，避免对其造成损坏或破坏；进行认真的监测和巡视；做好各种应急预案的准备和保持工作，确保当紧急情况发生时，能及时启动应急预案。

五、结论

基坑周边环境往往比较复杂，工程施工过程中需要各参建单位协调配合，加强施工管理。通过专业技术的实施，基坑周边环境一定可以控制在要求的范围内。

第二节　场地地形地貌

基坑工程是指在地表以下开挖的一个地下空间及其配套的支护体系。

基坑支护体系是临时结构，安全储备较小，具有较大风险。基坑工程具有很强的区域性，不同水文、工程地质环境条件下，基坑工程的差异很大。基坑工程环境效应复杂，基坑开挖不仅要保证基坑本身的安全稳定，而且要有效地控制基坑周边地层移动以及保护周围环境。

一、深基坑开挖的特点

1. 基坑深度

建筑物的稳定性主要取决于基坑开挖的深度，但随着近年来土地资源的逐渐减少，人们对建筑物的要求也不断增加。由于建筑物也逐渐向地下发展，为了节约土地资源，更好地利用原有基地面积和地下空间，现代建筑物常会在地下设置多层停车场等设施。因此，建筑的地下室逐渐增多，地下结构的深度和层数也不断增多。地下室的出现在一定程度上加大了基坑的深度，这也是当前基坑开挖的主要特点。

2. 所处环境复杂

深基坑开挖工程常常需要在环境较为恶劣的条件下进行。一般地，高层建筑都集中于城市中心，因此基坑工程的地点也都集中于城市中心区及主要街道，这样在施工过程中就会对周围环境造成不同程度的影响。在基坑开挖过程中，一定会引起周围地基的地下水变化，同时应力场也会发生相应的改变，这就造成周围环境地基土地的变形，同时相邻的建筑物及地下管网也会受到不同程度的影响。情况严重者，还会影响周围建筑物以及市政地下管网的安全与正常使用。

3. 综合性强

深基坑开挖工程是一项相对复杂的工程，在施工过程中涉及土力学中强度、变形和渗流三类学科。将三者融合在一起，便是深基坑开挖工程的主要原理。深基坑开挖工程的土压力影响了支护结构的稳定性，土中渗流引起土破坏、基坑周围地面变形都是影响深基坑开挖的主要因素。深基坑开挖工程涵盖了岩土工程、结构工程及施工技术，三者相互交错，是影响深基坑开挖工程的主要因素，因此需要针对这些因素不断探究。

4. 承担风险大

深基坑开挖是一项临时工程，在施工过程中有较大的风险。由于工程的施工过程受多种因素影响，安全储备相对比较小，因此工程需要承担的风险比较大。

深基坑开挖涉及的技术比较复杂，涵盖的范围也很大，这在无形中促使深基坑开挖过程中事故的发生。在深基坑开挖过程中，施工人员需要对施工过程进行实时监测，采取相应的应急措施。但是深基坑开挖工程的造价比较高，又因为是一项临时性的工程，投资商很少愿意投入较多的资金。如果出现事故，造成的经济损失与社会影响是难以估计的。

二、复杂地形下深基坑开挖存在的问题

1. 挖土顺序与土层厚度

在施工过程中，挖土顺序是很重要的，施工人员需要对顺序严格把关。如果挖土顺序出现偏差，就极有可能造成基坑的局部变形。如果位移特别大，就会导致基坑坍塌。如果基坑在挖土时局部过深，就很容易引起支护结构应力的集中，这样支护结构就很容易被破坏，基坑就会坍塌，工程也就无法继续了。

挖土层的厚度也是决定深基坑开挖的重要因素。如果在选择厚度时不适当，就会引起基坑坍塌。在施工过程中，基坑开挖应该分层次进行，而每层的挖土厚度应该根据地质情况来确定。在开挖时不能一次挖土过深，也不能超过预定的深度。如果深度过大，就很容易引起被动土压力迅速减小，而主动土压力会随之迅速增大，这样基坑的支护结构就会出现不稳定的问题，从而引起基坑坍塌，影响基坑开挖的工程质量。

2. 深基坑变形

基坑在开挖过程中很容易引起周围土地地表的沉降，周围的建筑物就会发生沉降开裂。沉降开裂的位移主要取决于地表水的含水量。如果地表水含水量降低，沉降的范围就会变得很大。同时，沉降开裂的位移还与护坡的变形有关。如果护坡出现变形，那么深基坑附近的地表也会相应地出现沉降位移；如果沉降位移过大，那么地下的承压水受压力还会出现向上的喷涌情况，引起深基坑变形。

3. 支护结构稳定性

在复杂地形下，支护结构稳定性需要严格控制。若支护桩嵌入的深度没有达到要求，桩径的选择过小，钢筋笼配筋的选择也过小，支护结构的支撑布置就会出现偏差，造成支护结构破坏，影响支护结构的稳定性。

支护结构如果出现变形，就会引起周围建筑物的破坏。特别是挡土结构作为支护结构的重要组成部分，如果承担的荷载特别大，就会引起支护结构的局部变形，而支护结构被破坏后就会造成边坡的失稳，从而引起周围建筑物的变形，对周围环境造成影响。

4. 地质条件

深基坑开挖的地质主要是砂层及流砂层，这样的土层通常是含水层，黏聚力相对较低，会对基坑壁造成一定的侧压力，支护桩缝很容易出现涌砂、漏砂的现

象，基坑周围的地面也会相对降低。一般地，在深基坑开挖工程中，人们会采用可塑性较强的流塑淤泥土层，这样的土层含水量较砂层更少，但是黏聚力、内摩擦角都比较小，这在无形中会使基坑工程很不安全。

三、不同地形下深基坑开挖的控制方法

1. 土体变形

由于支护结构的强度相对较弱，墙体的刚度又比较小，嵌体的插入深度就很难达到要求。由于施工的地形比较复杂，在施工后就会造成大量的水土流失，情况严重者还会引起土地的滑动，支护构件遭到破坏。因此，土体变形是造成地面坍塌、影响周围环境的主要原因。为了避免此类问题的出现，施工人员可以在施工过程中仔细观察，对地面出现的裂缝及时填补，这样就可以有效地避免雨水及其他地面水流入缝隙，影响施工质量。除此之外，施工人员还需要在施工过程中及时清除基坑周围的地面荷载，对部分基坑边上的土方要尽可能地清除，这样可以最大限度地减少支护结构上的侧向荷载。

如果土地变形很严重，施工人员就需要立即向深基坑内回填土，在土层加固后再将回填土挖出。这样一来，深基坑开挖就可以最大限度地避免土地变形所带来的威胁。施工人员也可以适时地对基坑内外沿的滑动面进行加固，而滑动面的位置则根据施工现场的滑动情况来确定，同时还应结合当地工程地质资料进行估计。

2. 地下水

由于深基坑开挖工程的地形相对复杂，深基坑开挖的底部常含有很多承压水。如果控制不当，地下水就会对工程造成影响。对待承压水，施工人员需要采用穿过坑底不透水层的减压井处理。首先了解墙背水源补给情况，然后观察在砂堆中是否有渗水的通道。对混凝土进行断桩修补，将引流管埋入混凝土时，千万不可封闭引流管的两端，务必确保引流管的通畅性，同时还需避免承压水导致的引流管边修补的混凝土产生微裂缝。当修补用的混凝土达到一定的强度后，便可以封死引流管。

3. 断桩

施工阶段未能及时发现的断桩，位置比较隐蔽，通常出现在基坑底面以下，不仅很难发现，更难修复。在基坑开挖后，如果基坑底部支护桩边很容易发生严重的涌泥、冒砂或者土体隆起现象，则应当检查基坑底部是否有断桩，及时采取有效的堵漏措施，查明确认是断桩后，可以采用高压喷射注浆法，对断桩进行修补，确保深基坑支护结构的稳定性与安全性。

四、基坑监测

由于高层建筑基坑工程面积大、深度深，且基坑周边有其他建筑物的存在，

因此基坑施工过程中的监测工作显得尤为重要。基坑监测的内容一般包括：支护结构位移的测量；地表开裂状态的观察；邻近建筑物和重要地下管线等设施的变形测量与裂缝观察；基坑渗漏水和基坑内外地下水位的变化情况。基坑监测的方法主要是采用全站仪及水准仪进行变形测量、肉眼巡检等。基坑监测的周期是在支护施工阶段，一般每天监测两次；在完成基坑开挖回填，并且沉降变形逐渐趋于稳定的情况下，可适当减少监测次数。

深基坑土钉支护技术的广泛运用对高层建筑的施工建造有非常重要的作用。其能够确保基坑开挖后边坡土体的稳定性，为高层建筑工程地下基础的顺利施工打下坚实基础，因此广泛推广应用的意义重大。

深基坑开挖受多种因素的限制。在复杂地形下，为了保证土体的稳定性，施工人员需要在设计时合理安排，进行适宜的基坑支护设计。同时由于深基坑开挖会引起周围环境的变化，造成不同程度的危害，因此施工人员还需要收集建筑物沉降实测数据。在复杂地形下，施工人员还需要对深基坑开挖的经验进行总结。

第三节　设计时涉及的资料、综述、评价

一、深基坑工程设计前需要取得的资料

(1)场地工程地质与水文地质资料；

(2)用地红线范围、拟建建筑总平面图、基础和地下工程结构图；

(3)基坑影响范围内建筑物的位置、层数、高度、结构类型、完好程度、竣工时间、基础类型、埋置深度等；

(4)基坑周边道路的车辆荷载情况；

(5)基坑周边构筑物，人防坑道，化粪池，地下管线的位置、深度、结构形式及埋设时间；

(6)已建或在建相邻地下工程的施工情况；

(7)基坑周边场地的地表汇水、排水情况，给排水管道漏水的可能性；

(8)施工单位根据对基坑周边场地的使用要求提供施工场地总平面图，如堆载、活荷载情况及临设、塔吊情况。

深基坑工程设计流程如图1-1所示。

二、场地工程地质条件综述

(1)勘察场地的地貌形态及现场各勘探孔孔口高程和最大高差。

(2)地基(岩)土构成与岩性特征。根据钻探揭露，场地地层构成从上至下为：

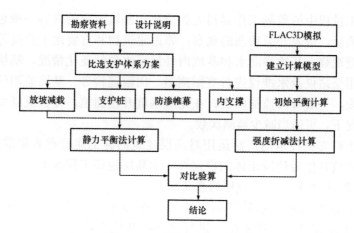

图 1-1　深基坑工程设计流程

①杂填土——灰、褐灰色，松散（软塑）状态，该层上部主要为水泥地坪及碎砖、石块、建筑垃圾等，下部以黏性土为主，包含有机质等。②粉质黏土——灰黄、褐黄色，可塑至硬塑状态，含氧化铁、高岭土等。无摇振反应，稍有光泽，干强度及韧性中等。③黏土——灰黄、褐黄色，硬塑至坚硬状态，含氧化铁、铁锰结核及高岭土，该层下部为泥质砂岩残积土。无摇振反应，光滑，干强度及韧性高。④强风化泥质砂岩——棕红色，密实（坚硬）状态，含长石、云母。

三、场地及地基条件综合评价

（1）场地的稳定性。根据钻探揭露场地覆盖层厚度基本一致，地形及基岩面均较平缓，参考附近区域地质资料未发现有影响建筑场地稳定性的断裂构造，属稳定的建筑场地。

（2）场地及地基的抗震性。

（3）天然地基设计参数。根据室内外试验成果分析，拟建场地各层岩土的地基承载力特征值 f_{ak}、压缩模量 E_s 及基床系数 K 取值。

（4）桩基设计参数。根据现场钻探，原位测试及土试成果资料综合分析，并参考类似场地地基条件的工程实践试验，在满足有效桩长时，桩基设计参数按有关标准取用。

第二章　基坑支护结构设计

第一节　基坑支护设计理念

基坑工程的概念设计就是思路设计或路线图设计，其中的关键是基坑支护选型。

一、有关基坑支护、降水的规范、规程及规定

有关基坑支护、降水的规范、规程及规定除国家政策之类的法规外，分为三个层次，即国标类、行标类、管理办法类。

(一)国标类

《复合土钉墙基坑支护技术规范》(GB 50739—2011)；

《建筑地基基础工程施工质量验收规范》(GB 50202—2002)；

《建筑基坑工程监测技术规范》(GB 50497—2009)；

《建筑地基基础设计规范》(GB 50007—2011)；

《岩土锚杆与喷射混凝土支护工程技术规范》(GB 50086—2015)；

《建筑边坡工程技术规范》(GB/T 50330—2013)；

《工程测量规范》(GB 50026—2007)。

(二)行标类

《建筑基坑支护技术规程》(JGJ 120—2012)；

《湿陷性黄土地区建筑基坑工程安全技术规程》(JGJ 167—2009)；

《既有建筑地基基础加固技术规范》(JGJ 123—2012)；

《建筑变形测量规范》(JGJ 8—2016)；

《普通混凝土配合比设计规程》(JGJ 55—2011)；

《钢筋焊接及验收规程》(JGJ 18—2012)；

《普通混凝土用砂、石质量及检验方法标准》(JGJ 52—2006)；

《岩土锚杆(索)技术规程》(CECS 22—2005)；

《加筋水泥土桩锚技术规程》(CECS 147—2016)。

二、基坑工程概念设计要点

基坑工程概念设计要点可概括为一个等级、三个要素、五个内容。

1. 基坑工程设计中的一个等级

基坑工程设计中的一个等级即基坑侧壁安全等级。

基坑四周或局部地段因环境条件不同，有不同的侧壁安全等级。根据场地环境条件、地质条件、地下水条件、基坑深度综合确定基坑等级。

(1)按照《建筑地基基础工程施工质量验收规范》(GB 50202—2012)。

①一级：>10 m 或为主体一部分或基坑范围内有重要历史文物、重要建筑物无隶属关系，需要严加保护。

②三级：<7 m，场地空旷，环境条件较好。

③其余为二级基坑。

(2)有些地方标准如深圳地区规范，由基坑深度、环境条件、软土厚度、地下水条件等综合确定，比较详细。

(3)当基坑侧壁等级为一级的含义：①变形要求严格；②基坑深度较大；③环境条件复杂；④地下水及软土厚度较大。

(4)当基坑侧壁等级为二级的含义：①变形不太严格；②基坑深度不大；③环境条件尚可；④无地下水或软土。

2. 基坑工程设计中的三个要素

(1)基坑深度：基坑不同侧壁处的深度、局部地段的深度、坑中坑的深度等。

(2)场地地质及地下水条件：侧壁及坑底和基坑以下规定深度内是软土、湿陷土、填土等；侧壁四周有无杂填土、砂层、淤泥质土等；c、φ 的取值如何；地下水或其他水中上层滞水、渗漏水、潜水、承压水等。

(3)场地环境条件：①邻近有无道路，距离。②有无电缆、管线，距离、埋深、管材性质，接头处是否加固；漏水情况等。③是否有邻近建筑物，距离、埋深，基础形式等。④广告牌、电线杆、围墙等的距离、基础；拆除还是加固。⑤附加荷载的取值；地表荷载的取值；钢筋等材料的堆放场地；距离、荷载。⑥出土坡道选择；塔吊位置，是否加固。

3. 基坑工程设计中的五个内容

基坑工程是个系统工程，牵涉到勘察、设计、支护、降水、挖土、打桩、监测、建筑、监理、质检等多个施工队伍或行业，结构、岩土、水文地质、土建施工、测量、测桩等多个专业。其主要包括支护方案、降水方案(如需要降水)、挖土方案、监测与检测方案和应急方案。

(1)支护方案。一般包括以下内容：

①基坑工程设计原则和设计条件。

②依据的规范、规程及设计资料、勘察报告。

③基坑支护方案分析及选择思路：a. 对基坑深度、周边环境、地质条件、地下水条件进行综合分析；b. 对当地类似场地、类似地质条件、类似基坑深度的设计经验综合分析；c. 对基坑四周确定不同的支护等级及不同的支护方案；d. 对概化的方案进行经济型分析，确定一种安全、经济、适用的方案；e. 参数分析、荷载取值及模型计算；f. 绘制设计图纸；g. 确定施工工艺、施工质量的要求；h. 一套支护方案内容包括文字说明、设计图纸、计算书，三者对照说明，不能有矛盾。对支护方案设计的原则为"三分计算，七分经验"。

（2）降水方案（如需要降水）。一般包括以下内容：①降水方案设计原则；②降水方案设计依据的规范、规程及设计资料、勘察报告；③降水方案的分析选择（一般采用降水管井降水和轻型井点降水、自渗井渗水等）；④当水位较浅，周边有道路及建筑物时，应分析基坑降水对周边环境的影响，必要时采用止水帷幕隔水；⑤降水出水量计算、管井数量确定、布置及降深预测；⑥降水井的施工质量的要求（主要是对井周砾料的要求，管井的施工质量、洗井要求及验收要求）；⑦降水监测与维护；⑧回灌问题（一般无必要）。

（3）挖土方案。部分规范的规定：

①《建筑地基基础工程施工质量验收规范》（GB 50202—2002）中，基坑工程土方开挖的顺序、方法必须与设计工况相一致，并遵循"开槽支撑，先撑后挖，分层开挖，严禁超挖"的原则。基坑（槽）管沟土方工程验收必须确保支护结构安全和周围环境安全为前提。

②《建筑地基基础设计规范》（GB 50007—2011）中，基坑土方开挖应严格按设计要求进行，不得超挖。基坑周边堆载不得超过设计规定。

③《建筑基坑支护技术规程》（JGJ 120—2012）中对基坑开挖规定：a. 确定基坑开挖方案及开挖方案内容，主要是分层开挖深度和开挖顺序；b. "分层开挖，先撑后挖""分层、分区、分块、分段、抽槽开挖、留土护壁、快挖快撑等"；c. 基坑施工过程中应随时注意气候因素（降雨、降温）；d. 严禁堆载；e. 软土中每层开挖高度不应超过1.0 m；f. 强调对坡顶、坡面、坡角的挡、排水措施。

（4）监测与检测方案。监测数据是对工程设计、施工质量、地质条件等信息的综合反映；发现问题及时预报，报警及采取适当、有效的工程措施，可以避免大的经济损失和经济纠纷甚至人命事故；系统分析这些数据，可以取得许多有益的认识和经验。

《建筑基坑支护技术规程》（JGJ 120—2012）、《湿陷性黄土地区建筑基坑工程安全技术规程》（JGJ 167—2009）、《既有建筑地基基础加固技术规范》（JGJ 123—2012）、《建筑变形测量规范》（JGJ 8—2016）等都有不同要求。主要包括以下内容：①目的与内容，如支护体变形监测（位移、沉降及分层沉降）；邻近道路、建筑物、管线沉降监测；应(内)力监测；基本试验、蠕变试验、验收试验；地下水位观测等。②标准，包括目标值、报警值及速率控制。③方法。④频度。⑤监测结果处理和及时反馈、预警。

(5)应急方案。要未雨绸缪：①超过报警值且有进一步恶化趋势或遇暴雨时，及时用砂袋反压。②当支护墙的渗水和漏水较大且为浑水时，应查明原因，及时采取相应的措施。如漏水位置离地面较浅处，在支护墙后人工开挖，用混凝土加速凝剂封堵；如漏水位置埋深较大，应在坑底填土反压、加密监测，同时迅速钻孔注浆，墙体设置排水管，排除清水；无帷幕桩时，可采用内外结合"外降内排"减压，即坑外增设井点或管井降水，墙体设置排水管，排除清水，减小水头压力。③为预防突然停电，应有一套备用发电机及电路系统。④为防止暴雨浸泡基坑，应有数套污水泵，电路应畅通。⑤应有一套注浆设备及足够数量的注浆花管、砂袋、速凝剂、振动锤等。⑥要有 5～10 名预备人员。

三、常见的基坑支护形式

经常采用的支护方案包括土钉墙(含锚管式土钉墙)、复合土钉墙、桩锚支护、联合支护方案(上部土钉下部桩锚联合支护)、闭合挡土拱圈支护结构。

(1)土钉墙(含锚管式土钉墙)：土钉墙，多用于基坑深度<10 m，场地环境条件简单，地下水埋藏较深时。特点为经济、快捷、工序简单。

(2)复合土钉墙：主要有土钉墙＋竖向微型桩(无砂混凝土小桩)；土钉墙＋小直径钻孔桩；土钉墙＋深层搅拌桩；土钉墙＋高压旋喷桩或内插工字钢和钢管；土钉墙＋预应力锚杆(索)；或以上几种组合形式的结合。在中、深基坑中应用比较普遍，常用于基坑深度 6～15 m，场地环境条件中等，有建筑物、道路、上下水管线需要保护等情况。特点为安全、比较经济，工序相对复杂。

(3)桩锚支护：常见的为钻孔灌注桩(或 CFG 桩加内插筋)＋一排(或二排)预应力锚索。很常见，适用于基坑深度软大(一般>10 m)、周围环境条件狭小、对变形严格要求的地段。特点为安全、花费高、成本高，工序复杂，技术难度大。

(4)联合支护方案：如上部土钉墙＋下部复合土钉墙；上部土钉墙＋下部桩锚支护方案；或基坑一边为土钉墙，一边为复合土钉墙或桩锚支护。

(5)闭合挡土拱圈支护结构：工序复杂，不经济，对施工技术要求高，稍有不慎，全盘皆输。这几年用得比较少。

四、基坑工程有关问题的说明

(1)强调"系统工程、动态设计、概念设计"。

(2)各类水(渗水、上层滞水、潜水、承压水)对支护结构的不利影响或破坏。

应注意土方超挖对支护结构的破坏。特别注意外部环境或后期施工对支护结构、邻近建筑物的破坏；基坑事故 70%～80%都是水和超挖惹的祸。这里既包括上层潜水、下层微承压水，也包括浅部污水管道漏水。轻者导致处理费用增加，工期加长，重者导致基坑坍塌，房屋开裂等。

（3）是否设帷幕桩问题。

①对周围环境条件需准确了解，如道路、管线及渗水情况，建筑物基础形式、埋深、距离等。

②初步估算不设帷幕桩的可能性（需要计算可能的沉降量是否满足沉降或倾斜要求）。

③根据支护经验及有关监测数据，采用类似工程比拟法来分析、确定。

④尽量不设，这是首选。如需要设，则基坑深度 7 m 以内可设单排搅拌桩，但必须有较好的施工质量做保证。否则，必须设双排搅拌桩或者高压旋喷桩。

⑤如设双排搅拌桩：存在水位下掏孔、成孔难问题；存在涌砂问题，渗漏问题，必须有应急措施包括注浆措施。

第二节　基坑支护的结构设计要求

基坑支护结构设计应从稳定、强度和变形三个方面满足设计要求。

（1）稳定：指基坑周围土体的稳定性，即不发生土体的滑动破坏，因渗流造成流砂、流土、管涌以及支护结构、支撑体系的失稳。

（2）强度：支护结构包括支撑体系或锚杆结构的强度，应满足构件强度和稳定设计的要求。

（3）变形：因基坑开挖造成的地层移动及地下水位变化引起的地面变形，不得超过基坑周围建筑物、地下设施的变形允许值，不得影响基坑工程基桩的安全或地下结构的施工。

基坑支护作为一个结构体系，应满足稳定和变形的要求，即通常规范所说的两种极限状态的要求——承载能力极限状态和正常使用极限状态。所谓承载能力极限状态，对于基坑支护来说，就是支护结构破坏、倾倒、滑动或周边环境的破坏，出现较大范围的失稳。一般的设计要求是不允许支护结构出现这种极限状态的。而正常使用极限状态则是指支护结构的变形或是由于开挖引起周边土体产生的变形过大，影响正常使用，但未造成结构的失稳。

因此，基坑支护设计相对于承载能力极限状态要有足够的安全系数，不致使支护产生失稳，而在保证不出现失稳的条件下，还要控制位移量，不致影响周边建筑物的安全使用。因此，作为设计的计算理论，不但要能计算支护结构的稳定问题，还应计算其变形，并根据周边环境条件，使变形控制在一定的范围内。

一般的支护结构位移控制以水平位移为主，主要是水平位移较直观，易于监测。水平位移控制与周边环境的要求有关，这就是通常规范中所谓的基坑安全等级的划分，对于基坑周边有较重要的构筑物需要保护的，则应控制小变形，此即通常的一级基坑的位移要求；对于周边空旷，构筑物无须保护的，则位移量可大一些，理论上只要保证稳定即可，此即通常的三级基坑的位移要求；介于一级和三级之间的，则为二级基坑的位移要求。

对于一级基坑的最大水平位移，一般宜不大于 30 mm；对于较深的基坑，应小于 $0.3\%H$，H 为基坑开挖深度。对于一般的基坑，其最大水平位移不宜大于 50 mm。一般最大水平位移在 30 mm 内地面不致有明显的裂缝，当最大水平位移为 40～50 mm 时会有可见的地面裂缝，因此，一般的基坑最大水平位移应控制在不大于 50 mm 为宜，否则会产生较明显的地面裂缝和沉降，感观上会产生不安全的感觉。

一般较刚性的支护结构，如挡土桩、连续墙加内支撑体系，其位移较小，可控制在 30 mm 之内；对于土钉支护，地质条件较好，且采用超前支护、预应力锚杆等加强措施后可控制较小位移外，一般会大于 30 mm。

基坑支护是一种特殊的结构方式，具有很多功能。不同的支护结构适应于不同的水文地质条件，因此，要具体问题具体分析，进而选择经济适用的支护结构。

第三章　基于 FLAC3D 基坑开挖模拟分析

第一节　FLAC3D 基本知识

FLAC(Fast Lagrangian Analysis of Continua)是由美国 Itasca 公司开发的仿真计算软件。目前，FLAC 有二维和三维计算程序两个版本，二维计算程序 V3.0 以前的版本为 DOS 版本，V2.5 版本仅仅能够使用计算机的基本内存(64 KB)，所以，程序求解的最大节点数仅限于 2 000 个以内。1995 年，FLAC2D 升级为 V3.3 版本，其程序能够使用扩展内存，大大扩展了计算规模。FLAC3D 是一个三维有限差分程序，目前已发展到 V5.01 版本。

1. FLAC3D 的定义

FLAC3D 是二维的有限差分程序 FLAC2D 的扩展，能够进行土质、岩石和其他材料的三维结构受力特性模拟和塑性流动分析，通过调整三维网格中的多面体单元来拟合实际的结构。单元材料可采用线性或非线性本构模型，在外力作用下，当材料发生屈服流动后，网格能够相应地发生变形和移动(大变形模式)。FLAC3D 采用了显式拉格朗日算法和混合-离散分区技术，能够非常准确地模拟材料的塑性破坏和流动。由于无须形成刚度矩阵，因此，基于较小内存空间就能够求解大范围的三维问题。FLAC3D 是采用 ANSI C++语言编写的。

2. FLAC3D 的优缺点

(1)FLAC3D 有以下优点。

①对模拟塑性破坏和塑性流动采用的是"混合-离散法"。这种方法比有限元法中通常采用的"离散-集成法"更为准确、合理。

②即使模拟的系统是静态的，仍采用了动态运动方程，这使 FLAC3D 模拟物理上的不稳定过程不存在数值上的障碍。

③采用了一个"显式解"方案。"显式解"方案对非线性的应力-应变关系的求解所花费的时间，几乎与线性本构关系相同，而隐式求解方案将会花费较长的时间求解非线性问题。而且，它没有必要存储刚度矩阵，这就意味着采用中等容量的内存可以求解多单元结构；模拟大变形问题并不比模拟小变形问题多消耗计算时

间，因为没有任何刚度矩阵要被修改。

（2）FLAC3D有以下缺点。

①对于线性问题的求解，FLAC3D比有限元程序运行得慢，因此，当进行大变形非线性问题或模拟实际可能出现的不稳定问题时，FLAC3D是最有效的工具。

②用FLAC3D求解时间取决于最长的自然周期和最短的自然周期之比，但某些问题对模型是无效的。

③前处理功能较弱，复杂三维模型的建立比较困难。

3. 本构模型

FLAC3D中包括以下几种材料模型：①开挖模型null；②3个弹性模型（各向同性、横观各向同性和正交各向同性弹性模型）；③8个塑性模型（Drucker-Prager模型、Morh-Coulomb模型、应变硬化/软化模型、遍布节理模型、双线性应变硬化/软化遍布节理化模型、双屈服模型、霍克-布朗模型和修正的剑桥模型）。

4. 网格生成

网格定义方式：在边界区域可以指定速度（位移）边界条件或应力（力）边界条件，也可以给出初始应力条件，包括重力荷载以及地下水位线。所有的条件都允许指定变化梯度。

FLAC3D还包含模拟区域地下水流动、孔隙水压力的扩散以及可变形的多孔隙固体和在孔隙内黏性流动流体的相互耦合。流体服从各向同性的达西定律。流体和孔隙固体中的颗粒是可变形的，将稳态流处理为紊态流可以模拟非稳态流。同时能够考虑固定的孔隙压力和常流的边界条件，也能模拟源和井。流体模型可以与结构的力学分析独立进行。

5. 计算步骤

与大多数程序采用数据输入方式不同，FLAC3D采用的是命令驱动方式。命令控制程序的运行。在必要时，尤其是绘图，还可以启动FLAC3D用户交互式图形界面。为了建立FLAC3D计算模型，必须进行以下三个方面的工作：①有限差分网格；②确定本构特性与材料性质；③确定边界条件与初始条件。

完成上述工作后，可以获得模型的初始平衡状态，也就是模拟开挖前的原岩应力状态。然后，进行工程开挖或改变边界条件来进行工程的响应分析，类似于FLAC3D的显式有限差分程序的问题求解。与传统的隐式求解程序不同，FLAC3D采用一种显式的时间步来求解代数方程，进行一系列计算步后达到问题的解。

在FLAC3D中，达到问题所需的计算步能够通过程序或用户加以控制，但是，用户必须确定计算步是否已经达到问题的最终解。

6. 技巧与建议

用FLAC3D解决问题时，为了得到最有效的分析，使模型最优化是很重要的。

下面对改进模型的运行提供一些方法建议。

(1)检查模型运行时间。一个 FLAC3D 例子的运行时间是区域数的 4/3 倍。这个规则适用于平衡条件下的弹性问题。对于塑性问题，运行时间会有所改变，但改变不会很大，若发生塑性流动，则这个时间将会长得多。对于一个具体模型检查本身机子的计算速度很重要。一个简单的方法就是运行基准测试。然后基于区域数的改变，用这个速度评估具体模型的计算速度。

FLAC3D 有时会需要较长时间才可以收敛，这主要发生在下列情况下：

①材料刚度变异或材料与结构及接触面之间的刚度差异很大。

②划分的区域尺寸相差很大。这些尺寸差异越大，编码就越无效。在做详细分析前，应研究刚度差异的影响。例如，一个荷载作用下的刚性板，可以用一系列顶点固定的网格代替，并施以等速度(FIX 命令确定速度，而不是位移)。地下水的出现将使体积模量发生明显的增加。

(2)考虑网格划分的密度。FLAC3D 使用常应变单元。如果应力-应变曲线倾斜度比较高，将需要许多区域来代表多变的分区。可通过运行划分密度不同的同一个问题来检查影响。FLAC3D 应用常应变区域，因为用比较多的少节点单元比用比较少的多节点单元模拟塑性流动更准确。应尽可能保持网格，尤其是重要区域网格的统一。避免长细比大于 5∶1 的细长单元，并避免单元尺寸跳跃式变化(即应使用平滑的网格)。应用 GENERATE 命令中的比率关键词，使细划分区域平稳过渡到粗划分区域。

(3)自动发现平衡状态。在默认情况下，当执行 SOLVE 命令时，系统将自动发现力的平衡。当模型中所有网格顶点中所有力的平均量级与其中最大的不平衡力的量级的比率小于 1×10^{-5} 时，即达到了平衡状态。注意一个网格顶点的力由内力(例如重力)和外力(例如由于所加的应力边界条件)共同引起。因为比率是没有尺寸的，所以对于有不同的单元体系的模型，在大多数情况下，不平衡力和所加力比率的限制给静力平衡提供了一个精确的限制。同时还提供了其他的比率限制；可以用 SET ratio 命令施加。如果默认的比率限制不能为静力平衡提供一个足够精确的限制，那么应考虑可供选择的比率限制。默认的比率限制同样可用于热分析和流体分析的稳定状态求解。对于热分析，是对不平衡热流量和所加的热流量量级进行评估，而不是力。对于流体分析，对不平衡流度和所加的流度量级进行评估。

(4)考虑选择阻尼。对于静力分析，默认的阻尼是局部阻尼，对于消除大多数网格顶点的速度分量周期性为零时的动能很有效。这是因为质量的调节过程依赖于速度的改变。局部阻尼对于求解静力平衡是一个非常有效的计算法则，且不会引入错误的阻尼力(Cundall，1987)。如果在求解最后状态时，重要区域的网格海域的速度分量不为零，那么说明默认的阻尼对于达到平衡状态是不够的。

有另外一种形式的阻尼，叫组合阻尼，相比局部阻尼它可以使稳定状态达到更好的收敛，这时网格将发生明显的刚性移动。例如，求解轴向荷载作用下桩的承载力或模拟蠕变时都可能发生。可使用 SET mechanical damp combined 命令来调用组合阻尼。组合阻尼对于减小动能方面不如局部阻尼有效，所以应注意使系统的动力激发最小化。可以用 SET mechanical damp local 命令转换到默认阻尼。

(5)检查模型反应。FLAC3D 显示了一个相似的物理系统是怎样变化的。例如，如果荷载和实体在几何尺寸上都是对称的，当然反应也是对称的。改变了模型以后，执行几个时步(假如 5 步或 10 步)，证明初始反应是正确的，并且发生的位置是正确的。对应力或位移的期望值做一个估计，与 FLAC3D 的输出结果做比较。如果在分析的一个给定阶段，得到了意外值，那么回顾到这个阶段所用的时步。在进行模拟前很关键的是检查输出结果。例如，除了一个角点速度很大外，一切都很合理。这种情况可能是没有给定适当的网格边界。

(6)初始化变量。在模拟基坑开挖过程中，在达到目的前通常要初始化网格顶点位移。因为计算次序法则不要求位移，所以可以初始化位移。如果设定网格顶点的速度为一常数，那么这些点在设置否则前保持不变。所以，不要为了清除这些网格的速度而简单地初始化它们为零——这将影响模拟结果。然而，有时设定速度为零是有用的(例如消除所有的动能)。

(7)最小化静力分析的瞬时效应。对于连续性静力分析，经过许多阶段逐步接近结果是很重要的，即当问题条件突然改变时，通过最小化瞬时波的影响，使结果更加"静力"。使 FLAC3D 解决办法更加静态的方法有以下两种：

①当突然发生一个变化时(例如通过使区域值为零模拟开挖)，设定强度性能为很高的值以得到静力平衡。然后为了确保不平衡力很低，设定性能为真实值，再计算。这样，由瞬时现象引起的失败就不会发生了。

②当移动材料时，用 FISH 函数或表格记录来逐步减小荷载。

(8)改变模型材料。FLAC3D 对一个模拟中所用的材料数没有限制。这个准则已经尺寸化，允许用户在自己所用版本的 FLAC3D 中最大尺寸网格的每个区域(假如设定了)使用不同的材料。

(9)运行在现场原位应力和重力作用下的问题。有很多问题在建模时需要考虑现场原位应力和重力的作用。这种问题的一个例子是深层矿业开挖-回填，此时大多数岩石受很高的原位应力区的影响(即自重应力由于网孔尺寸的限制可以忽略不计)，但是回填桩的放置使自重应力发展导致岩石在荷载作用下可能坍塌。在这些模拟中要注意的重点(因为任何一种模拟都有重力的作用)是网格的至少三个点在空间上应固定，否则，整个网格在重力作用下将转动。如果整个网格在重力加速度矢量方向发生转动，那么可能是忘记在空间上固定网格了。

第二节　FLAC3D 数据分析

随着我国经济的快速发展，城市的规模不断扩大，地下工程尤其是基坑工程越来越多，但是在基坑开挖的稳定性及变形特征上，并没有直接的手段分析，往往需要大量工程实践的总结。FLAC3D 作为三维岩体力学有限差分计算机程序，是由国际学者 Peter Cundall 博士开发的面向土木建筑、采矿、交通、水利、地质、石油及环境工程的通用软件系统，其可以对土质、岩石或其他材料进行三维岩土工程数值分析。FLAC3D 可以解决分步开挖、大变形及大应变、非线性和非稳定系统等有限元难以实现的诸多复杂的工程问题。因此，FLAC3D 迅速成为基坑工程研究的一个有效的手段，在基坑工程中得到广泛的应用。下面以某地区基坑开挖为背景，运用有限差分法计算模拟基坑开挖后周围土体的变形和受力情况，为基坑边墙的稳定性分析及支护方式提供依据。

1. FLAC3D 程序建模步骤

FLAC3D 通过建立数值模型求解各种工程地质问题。要建立一个可以用 FLAC3D 来模拟的计算模型，首先要做以下三步工作：

(1)建立模型的有限差分网格，定义所要模拟的几何空间；

(2)定义本构模型和赋予材料参数，限定模型对于外界扰动做出的变化规律；

(3)定义边界条件、初始条件，定义模型的初始状态。

2. 基坑开挖模型建立及结果分析

(1)工程概况。工程区位于辽宁省抚顺市，地上为 24 层住宅楼，地下为 2 层停车场。基坑开挖范围为长 40 m、宽 18 m、深 8 m。区内地形平坦，地貌单元属于浑河冲积阶地。地下水类型为第四系孔隙潜水。稳定水位埋深为 9.3～11.5 m。地下水位年变化幅度约为 2.0 m，该地下水主要以大气降水为补给来源。

根据现场钻探所揭露的地层表明，构成工程区地层为：①填土，由黏性土和少量砖块、碎石等组成，松散。该层分布不连续。层厚 0.3～0.6 m。对基坑稳定影响较小。②粉质黏土，为黄褐色、灰黑色，可塑。摇振反应无，稍有光泽，干强度中等，韧性中等。该层分布连续。

地层物理力学参数见表 3-1。

表 3-1　地层物理力学参数

地层	天然重度/(kN·m⁻³)	弹性模量/GPa	黏聚力/MPa	内摩擦角/°	泊松比
粉质黏土	18.6	0.28	0.01	35	0.27

(2)基坑计算模型的建立及结果分析。模型根据具体实际地形建立，坐标系以

基坑长边方向为 X 轴，短边方向为 Y 轴，深度方向为 Z 轴。由于基坑为轴对称图形，因此取基坑的 1/4 建立模型。为了减少边界条件对计算结果的影响，在 X 轴上向基坑外侧取 30 m，在 Y 轴上向基坑外侧取 31 m，基坑底面以下取 30 m。因此模型 X 方向长 50 m、Y 方向长 40 m、Z 方向长 38 m。在初始条件中，不考虑构造应力，仅考虑自重应力产生的初始应力场。模型共有 10 500 个单元，12 012个节点(图 3-1)。

图 3-1　基坑的模型网格图

各土力学参数根据地质地貌特征并参照表 3-1 选取。黏聚力 c 为 10 kPa，内摩擦角 φ 为 35°，密度 ρ 为 1 860 kg/cm³，泊松比为 0.27，弹性模量 E 为 0.28 GPa，土体的体积模量 K 和剪切模量 G 与弹性模量 E 及泊松比之间的转换关系为

$$K = \frac{E}{3(1-2\mu)} \tag{3-1}$$

$$G = \frac{E}{2(1+\mu)} \tag{3-2}$$

由式(3-1)和式(3-2)计算得：体积模量 $K = 202.90$ MPa，剪切模量 $G = 110.24$ MPa。将求得的物理力学参数代入已建好的模型中进行数值模拟，由于本次模拟只考虑自重应力，计算边坡在自重作用下达到初始化平衡状态。计算的收敛准则为不平衡力比率(表示模型中平衡时节点的最大不平衡力和初始最大不平衡力的比值)满足 1×10^{-5} 的求解要求。不平衡力比率小于 1×10^{-5}，此时基坑各单元体已经在自重作用下达到平衡状态，如图 3-2 所示为 Z 方向应力云图，在模型中共分为 9 个区域，

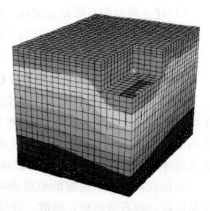

图 3-2　Z 方向应力云图

各区域的应力值范围分别为 $-7.3827e+005 \sim -7.0000e+005$、$-7.0000e+005 \sim -6.0000e+005$、$-6.0000e+005 \sim -5.0000e+005$、$-5.0000e+005 \sim -4.0000e+005$、$-4.0000e+005 \sim -3.0000e+005$、$-3.0000e+005 \sim -2.0000e+005$、$-2.0000e+005 \sim -1.0000e+005$、$-1.0000e+005 \sim 0.0000e+000$、$0.0000e+000 \sim 2.2653e+003$。图 3-2 中最大应力值出现在模型的底部，为 738.27 kPa，且竖向应力随地层厚度增大而增大，符合地应力的变化规律。

图 3-3 所示为 Z 方向位移等值线图，在模型中共分为 9 个区域，各区域的位移

范围分别为$-4.2184e-001 \sim -4.0000e-001$、$-4.0000e-001 \sim -3.5000e-001$、$-3.5000e-001 \sim -3.0000e-001$、$-3.0000e-001 \sim -2.5000e-001$、$-2.5000e-001 \sim -2.0000e-001$、$-2.0000e-001 \sim -1.5000e-001$、$-1.5000e-001 \sim -1.0000e-001$、$-1.0000e-001 \sim -0.5000e-002$、$-0.50000e-002 \sim 0.0000e+000$。图 3-3 中最大位移发生在基坑边墙处为 42.18 cm，基坑底部竖直方向上的位移约为 0 cm，说明基坑底部不会发生隆起现象。

图 3-4 所示为位移等值线图，在模型中共分为 7 个区域，各区域的位移范围分别为$-4.7351e-001 \sim -4.0000e-001$、$-4.0000e-001 \sim -6.5000e-002$、$-9.0000e-002 \sim -6.5000e-002$、$-1.5000e-001 \sim -9.0000e-002$、$-4.0000e-002 \sim 1.5000e-002$、$-4.0000e-1.5000 \sim e-002$、$e-002 \sim 0.0000e+000$。图 3-4 中基坑边墙的最大位移为 47.35 cm，位移变形的影响范围沿基坑边缘向外约 6.0 m。

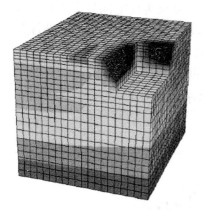 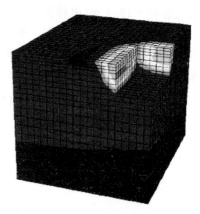

图 3-3 Z 方向位移等值线图   图 3-4 位移等值线图

图 3-5 所示为位移变形矢量图（图中箭头长度代表位移的大小，方向代表位移的方向）。

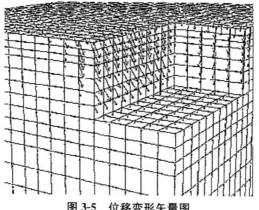

图 3-5 位移变形矢量图

由图 3-5 可以看出，基坑的位移变形及剪应变增量的方向指向基坑内部。如果将边墙下部变大的矢量箭头用曲线连接，可以得到一个近似的圆弧状曲线，说明基坑边墙可能产生滑移破坏的现象。

通过 FLAC3D 对基坑开挖后模拟可知，基坑竖向最大应力为 738.27 kPa，竖向最大位移为 42.18 cm，总位移为 47.35 cm，位移变形的影响范围沿基坑边缘向外约 6.0 m。基坑边墙可能产生滑移破坏的现象。由于基坑位移变形较大，对基坑的稳定不利，因此建议在基坑开挖时，应采取支护措施。

3. 举例说明

工程概况：武汉市万达广场深基坑工程位于武汉市江汉区，地块范围东临新华下路，西临新华西路，南侧为规划道路、武汉新闻出版局，北侧为马场公寓。本场地基坑分为 A、B 基坑两块，A、B 基坑呈吕字形分布，总占地面积约 57 000 m²。A 基坑为大商业部分，其地下二层主楼的承台底标高 −12.6 m（电梯井 −15.0 m），商业部分底标高 −12.4 m（电梯井 −13.5 m）；B 基坑为住宅部分，其主楼承台底标高 −11.25 m，分布于基坑四周。本次设计选取 A 基坑 OPQRSA 段进行支护结构设计与 FLAC3D 数值模拟。A-OPQRSA 设计开挖深度表见表 3-2，万达广场基坑平面布置图如图 3-6 所示，涉及土层剖面图如图 3-7 所示。

表 3-2　A-OPQRSA 设计开挖深度表　　　　　　　　单位：m

段号	地面标高	坑底标高	开挖深度
A-OPQRSA	20.7	9.9	10.8

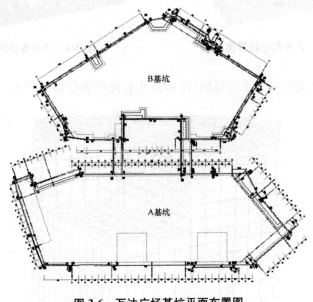

图 3-6　万达广场基坑平面布置图

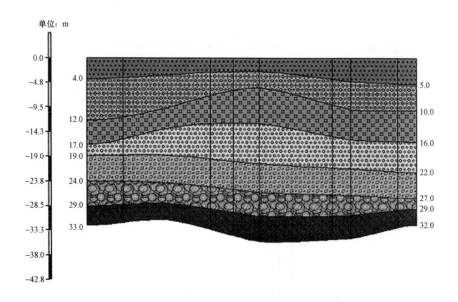

4.黏性土		6.粉土		72.细砂		74.粗砂		77.圆砾		79.卵石
83.微风化岩										

图 3-7　涉及土层剖面图

A-OPQRSA 段基坑支护结构设计：土层基本参数取值见表 3-3，A-OPQRSA 段基坑支护方案选择见表 3-4，A-OPQRSA 段支护体系布置剖面图如图 3-8 所示。

表 3-3　土层基本参数取值

土层名称	γ /(kN·m^{-3})	c/kPa	φ /°	层厚/m
杂填土	18.0	8	18	1.6
黏土	18.0	18	8	0.9
淤泥质粉质黏土	17.0	10	5	9.3
粉质黏土	17.3	16	11	2.7
粉砂	19.2	0	27	7.6
粉细砂	19.7	0	33	8.3

表 3-4　A-OPQRSA 段基坑支护方案选择

分段号	开挖深度	本段特点	选择围护方案
A-OPQRSA	10.8 m	坑外为现场施工道路；分布较厚的淤泥质土；有较开阔的放坡空间；开挖深度较深	上部放坡卸载；支护桩＋混凝土内支撑；坑壁采用粉喷桩止水；坑底采用降水井降水

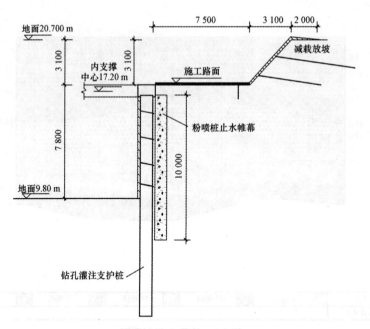

图 3-8　A-OPQRSA 段支护体系布置剖面图

基于 FLAC3D 基坑开挖模拟计算参数取值见表 3-5。

表 3-5　FLAC3D 模拟计算参数取值表

土层名称	ρ	c/kPa	φ/°	u	k	G	层厚/m
杂填土	1 834.9	8	18	0.33	7.80	4.00	1.6
黏土	1 834.9	18	8	0.33	5.08	2.19	0.9
淤泥质黏土	1 732.9	10	5	0.35	4.08	2.68	9.3
粉质黏土	1 763.5	16	11	0.3	5.40	3.30	2.7
粉砂	1 957.2	0	27	0.3	6.60	4.80	7.6

相关图形如图 3-9 至图 3-12 所示。

4. 计算结果分析

（1）如图 3-13 所示，Z 方向的最大位移发生在左侧施工道路上，最大沉降量已经达到 40 cm 左右，显然基坑左壁没有进行预应力锚索加固，已经发生了塑性破坏，基坑右壁施工道路的沉降量为 10 cm 左右（结果偏大，可能是由于材料参数赋值偏小），在可控范围内，基坑底部有 Z 方向上的位移，主要是卸荷回弹等的作用所致，模拟结果比较符合实际情况。

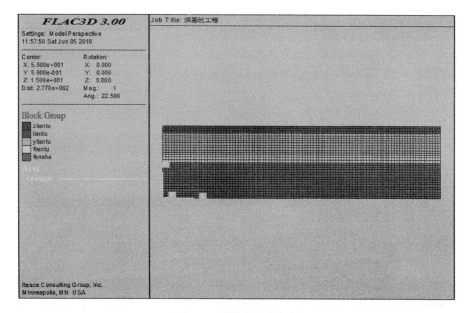

图 3-9　模拟土层分布图

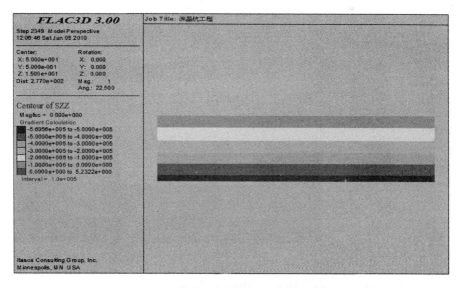

图 3-10　初始平衡计算的 Z 方向应力图

（2）如图 3-14、图 3-15 所示，基坑开挖后，由于左壁和右壁支护方案的不同导致剪应变和速度矢量截然不同，基坑的左壁由于没有进行预应力锚索加固，速度矢量很大，说明基坑左壁已经发生了塑性破坏；而右壁基本没有速度矢量，处于稳定状态，说明基坑右壁支护结构稳固，支护体系作用良好。

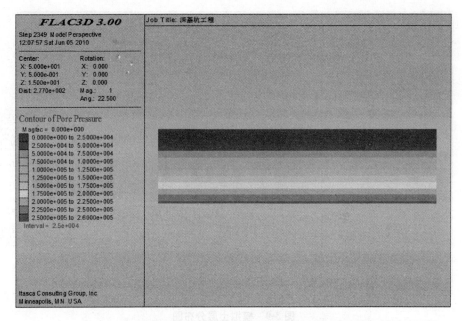

图 3-11　初始平衡计算孔隙水压力图

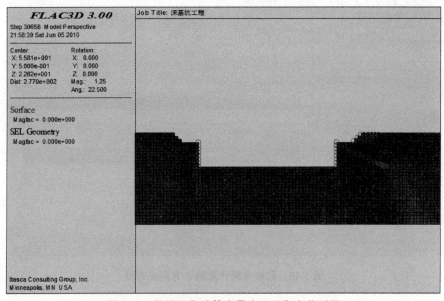

图 3-12　初始平衡计算中最大不平衡力监测图

（3）如图 3-16 所示，基坑左壁桩单元没有进行预应力锚索加固，塑性区分布范围很大，主要是桩单元后的主动土压力区和桩单元前部的被动土压力区，并且有向土体深部扩大的趋势；基坑右壁相比左壁塑性区范围明显变小，主要集中在桩前的被动土压力区，说明桩锚支护体系起到了非常好的支护作用。

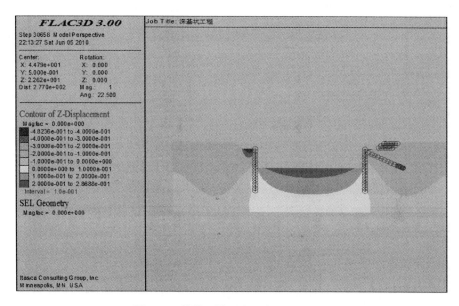

图 3-13　基坑开挖后水平方向位移云图

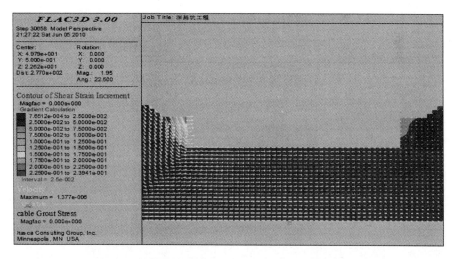

图 3-14　基坑开挖设锚索和没设锚索的速度矢量对比图

（4）图 3-17 为对左壁桩单元顶部节点 6107(29，0，27)和右壁桩单元顶部节点 6215(71，0，27)的水平方向位移监测对比图。由图可以得出以下结论：

a. 位移曲线 *a* 代表左壁顶部 ID 号为 6107 的节点水平位移监测曲线，该节点存在 X 正方向的位移变形，当时步达到 23 000 步以后趋于稳定，最大位移量为 7 mm。

b. 位移曲线 *b* 代表右壁顶部 ID 号为 6215 的节点水平位移监测曲线，该节点则存在 X 负方向的位移变形，当计算到 15 000 步后基本趋于稳定，最大位移量为 3.8 cm。

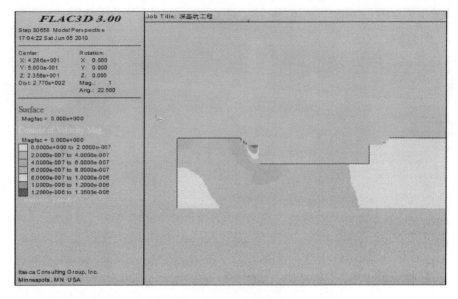

图 3-15　速度矢量云图

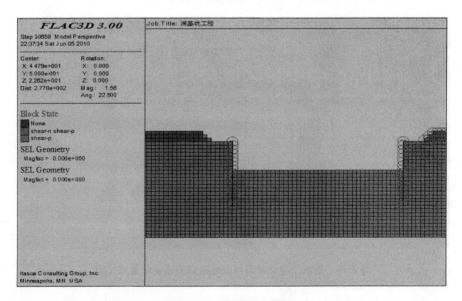

图 3-16　塑性区分布图

c. 由于基坑左壁没有设置预应力锚索，导致基坑左壁发生了较大水平位移失稳，而右壁设置了预应力锚索单元，和桩单元形成了联合的桩锚支护结构体系，有效地控制了基坑右壁的水平位移，支护效果非常理想。

(5)图 3-18 为基坑左侧顶部节点 5511(23，0，30)和右侧肩部节点 5599(77，0，30)X 方向位移监测对比图。由图可以得出以下结论：

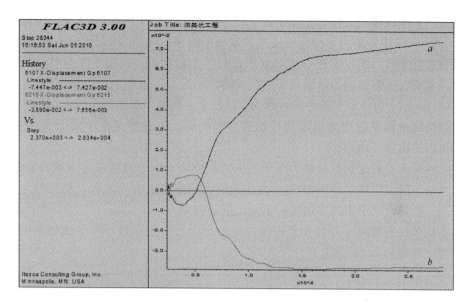

图 3-17　基坑左、右桩单元顶部节点水平位移监测对比图

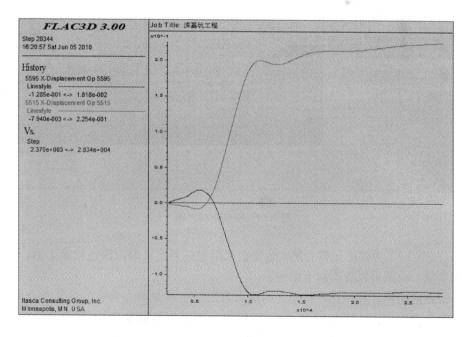

图 3-18　基坑放坡左坡顶和右坡顶的水平位移监测对比图

①从对比位移监测图形中可以看到，基坑左侧放坡没有进行土钉加固，放坡土体的位移量非常大，最大可以达到 25 cm 左右，基本已经塑性流变。

②在右侧放坡中进行了土钉加固，最大位移量控制在了 10 cm 左右。

③图 3-18 主要是为了检验放坡土钉加固的效果，在模型的建立中，左侧放坡中没有进行土钉加固，而在右侧放坡中进行了土钉加固。通过水平位移监测对比图可以看到，土钉加固的效果是非常明显的。

(6)图 3-19 为桩单元轴力图，因为定义桩单元需要全局坐标系统和局部坐标系统，而局部坐标系统用来指定惯性矩和分布荷载，以及定义桩单元上力和力矩。由图可以得出以下结论：

①桩单元主要受到的荷载为主动土压力、被动土压力和预应力锚索施加的力，其中主动土压力应该等于被动土压力和预应力锚索施加的力之和，使桩单元达到力平衡，正是这三个力的作用使桩单元产生轴向压力。

②桩单元的轴向压力最大值近似在主动土压力作用点处，图中浅色条带最宽的地方，其值为 3.26×10^5 N。

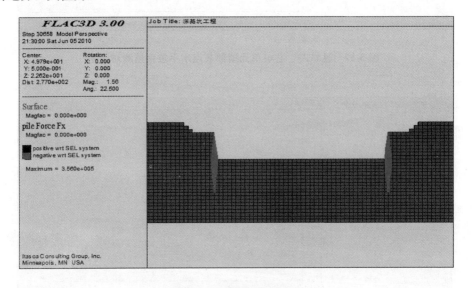

图 3-19　桩单元轴力图

(7)图 3-20 为桩单元剪力图，也是由局部坐标系定义的，深色代表正值，浅色代表负值。由图可以得出以下结论：

①由前面的计算可知，桩单元的最大弯矩处也就是剪力为零的特征点有两处，一处为 6.705 m，一处为 12.432 m（以桩单元顶部为坐标零点）。这个结论在模拟得到的剪力图中得到了证实，图中可见剪力为零的特征处有两个地方，位置大致和计算相同。

②剪力比较大的区段主要集中在基坑壁上半段和基坑地面左右一定范围，最大的剪力为 3.87×10^5 N。

(8)图 3-21 为桩单元弯矩图，由图可以得出以下结论：

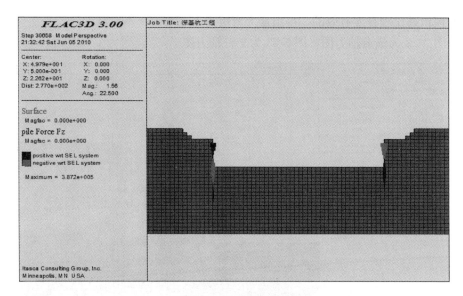

图 3-20　桩单元剪力图

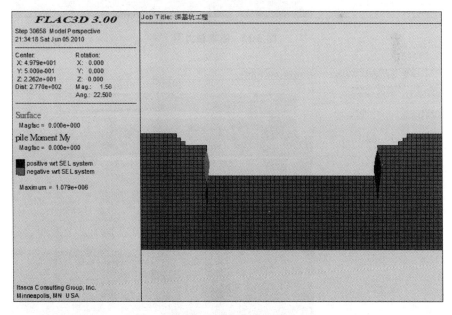

图 3-21　桩单元弯矩图

①由于左壁没有进行预应力锚杆加固，没有锚杆施加的力，所以左壁桩单元的弯矩小于右壁桩单元的弯矩。

②桩单元最大弯矩的特征点在基坑坑壁中下部，这和前面计算的最大弯矩作用点在桩顶以下 6.705 m 处相符合，和桩单元剪力图中剪应力为零的位置相适应，

说明模拟是比较真实有效的，得出最大弯矩为 1.079×10^6 N·m。

图 3-22 为锚索轴力图，图 3-23 为土钉轴力图。

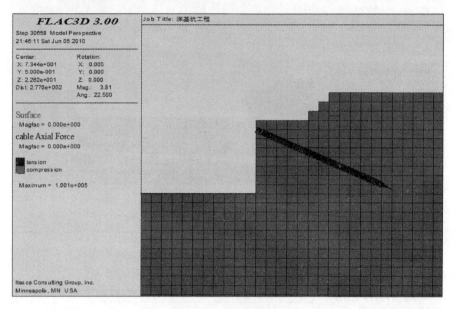

图 3-22 锚索轴力图

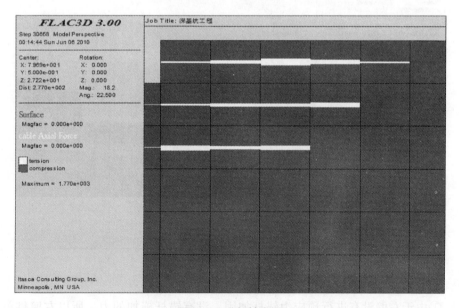

图 3-23 土钉轴力图

(9)结论。A-OPQRSA 段支护体系设计成果总表见表 3-6，基于 FLAC3D 监测信息统计表见表 3-7，静力平衡法与 FLAC3D 模拟计算结果对比表见表 3-8。

表 3-6　A-OPQRSA 段支护体系设计成果总表

区段	深度/m	选用的支护方案			
A-OPQRSA	3.1	放坡减载	坡高/m	3.1	喷射混凝土厚 6~8 cm 钢筋网规格：φ6.5@200×200 锚杆长度：3.0~4.5 m 锚管规格：φ48×2.8
			坡率	1:1	
			支护形式	喷锚网	
			施工道路/m	7.5	
	10	双排深层搅拌桩防水帷幕	桩径/m	5	
			桩间距/m	4	
			桩长/m	10	
	14	钻孔灌注支护桩	桩径/m	1	主筋 26φ18HRB335 保护层厚度：50 mm φ8@200 螺旋箍筋 φ16@2 000 定位钢筋
			桩间距/m	1.2	
			桩长/m	17	

表 3-7　基于 FLAC3D 监测信息统计表　　　　　　　单位：cm

监测项目	左侧监测节点号	最大位移量	右侧监测节点号	最大位移量
桩顶位移监测	6107	7	6215	3.8
基坑底部隆起监测	2254	20(偏大)	2314	18(偏大)
坡顶竖向位移监测	5511	25	5599	10

表 3-8　静力平衡法与 FLAC3D 模拟计算结果对比表

结构单元 内力计算	桩单元	静力平衡法	最大剪力	357.34 kN
			最大弯矩	1 219.67 kN/m
		FLAC3D 计算法	最大剪力	387.00 kN
			最大弯矩	1 079.00 kN/m
	锚索	FLAC3D 计算法	最大拉力	100.10 kN
	土钉单元	FLAC3D 计算法	最大拉力	1.77 kN
安全系数	里正软件分析	1.637≥1.30	FLAC 计算	1.628≥1.30

综上所述，FLAC3D 软件在岩土工程中的应用主要是作为岩土工程分析中时相关的高级分析技术，包括参数化设计语言 FISH、自定义本构模型和三维复杂建模的建立方法等。

第四章 基坑支护的施工

第一节 基坑支护结构类型、特点和适用范围

一、基坑支护结构类型

(1)放坡开挖。适用于周围场地开阔，周围无重要建筑物，只要求稳定，位移控制无严格要求，价钱最便宜，回填土方较大。

(2)高压旋喷桩。高压旋喷桩所用的材料亦为水泥浆，它是利用高压经过旋转的喷嘴将水泥浆喷入土层与土体混合形成水泥土加固体，相互搭接形成排桩，用来挡土和止水。高压旋喷桩的施工费用要高于深层搅拌水泥土桩，但其施工设备结构紧凑、体积小、机动性强、占地少，并且施工机具的振动很小，噪声也较小，不会对周围建筑物带来振动的影响等公害。它可用于空间较小处，但施工中有大量泥浆排出，容易引起污染。对于地下水流速过大的地层，无填充物的岩溶地段永冻土和对水泥有严重腐蚀的土质，由于喷射的浆液无法在注浆管周围凝固，均不宜采用该法。

(3)钢筋混凝土板桩。钢筋混凝土板桩具有施工简单、现场作业周期短等特点，曾在基坑中广泛应用，但由于钢筋混凝土板桩的施打一般采用锤击方法，振动与噪声大，同时沉桩过程中挤土也较为严重，在城市工程中受到一定限制。此外，其制作一般在工厂预制，再运至工地，成本较灌注桩等略高。但由于其截面形状及配筋对板桩受力较为合理并且可根据需要设计，目前已可制作厚度较大(如厚度达 500 mm 以上)的板桩，并有液压静力沉桩设备，故在基坑工程中仍是支护板墙的一种形式。

(4)深层搅拌水泥土围护墙。深层搅拌水泥土围护墙是采用深层搅拌机就地将土和输入的水泥浆强行搅拌，形成连续搭接的水泥土柱状加固体挡墙。水泥土围护墙的优点：由于一般坑内无支撑，便于机械化快速挖土；具有挡土、止水的双重功能；一般情况下较经济；施工中无振动、无噪声、污染少、挤土轻微，因此在闹市区内施工更显出优越性。水泥土围护墙的缺点：①位移相对较大，尤其是

在基坑长度大时，为此可采取中间加墩、起拱等措施以限制过大的位移；②厚度较大，只有在红线位置和周围环境允许时才能采用，而且在水泥土搅拌桩施工时要注意防止影响周围环境。

（5）土钉墙。土钉墙是一种边坡稳定式的支护，其作用与被动的具备挡土作用的围护墙不同，它起主动嵌固作用，增加边坡的稳定性，使基坑开挖后坡面保持稳定。土钉墙主要用于土质较好地区，我国华北和华东北部一带应用较多，目前我国南方地区也有应用，有的已用于坑深 10 m 以上的基坑，稳定可靠、施工简便且工期短、效果好、经济性好、在土质较好地区应积极推广。采用土钉墙的一般要求：①土钉墙可适用于塑、不塑或坚硬的黏性土；②在有地下水的土层中，土钉支护应该在充分降排水的前提下采用；③土钉墙容易引起土体位移，采用土钉墙支护应慎重考虑墙体变形对周围环境的影响。

（6）排桩支护。基坑开挖时，对不能放坡或由于场地限制不能采用搅拌桩支护，开挖深度在 6～10 m 的情况，即可采用排桩围护。排桩可采用钻孔灌注桩、人工挖孔桩、预制钢筋混凝土板桩或钢板桩等。当基坑开挖深度较大时，可设置多道支撑，以减小内力，采用冲钻孔桩能够穿越条石、旧基础。在护壁桩间做旋喷帷幕达到止水的效果，但由于基坑开挖深度大，护壁不可能采用锚拉或内支撑，锚杆无法施工，也无法采用锚拉，南北两侧亦无法对称采用排桩，在设立支护时没有合适的支护方式。

（7）槽钢钢板桩。这是一种简易的钢板桩围护墙，由槽钢正反扣搭接或并排组成。槽钢长 6～10 m，型号由计算确定。其特点：槽钢具有良好的耐久性，基坑施工完毕回填土后可将槽钢拔出回收再次使用；施工方便，工期短；不能挡水和土中的细小颗粒，在地下水位高的地区需采取隔水或降水措施；抗弯能力较弱，多用于深度小于 4 m 的较浅基坑或沟槽，顶部宜设置一道支撑或拉锚；支护刚度小，开挖后变形较大。

（8）钻孔灌注桩。钻孔灌注桩围护墙是排桩式中应用最多的一种，在我国得到广泛的应用。其多用于坑深 7～10 m 的基坑工程，在我国北方土质较好地区已有 8～9 m 的臂桩围护墙。钻孔灌注桩支护墙体的特点：施工时无振动、无噪声等环境公害，无挤土现象，对周围环境影响小；墙身强度高，刚度大，支护稳定性好，变形小；当工程桩也为灌注桩时，可以同步施工，有利于组织施工，工期短；桩间缝隙易造成水土流失，特别是在高水位软黏土质地区，需根据工程条件采取注浆、水泥搅拌桩、旋喷桩等施工措施以解决挡水问题；适用于软黏土质和砂土地区，但是在沙砾层和卵石中施工困难，应该慎用；桩与桩之间主要通过桩顶冠梁和围檩连成整体，因而相对整体性较差，当在重要地区、特殊工程及开挖深度很大的基坑中应用时需要特别慎重。

（9）钢板桩。采用钢板桩支护时，施工方便，工期短，在基坑施工完毕回填土后将槽钢拔出，重新利用，可以将支护费用降到最低。但采用钢板桩支护有一致命的弱点，即不能挡水和土中的细小颗粒，且在地下水位高时还要求降水或隔水。另外，钢板桩支护抗弯能力较弱，开挖挠曲变形较大，一般适用深度不超过 4 m。很显然，基坑软弱含水的地质条件 10 m 的开挖深度，以及地处城市建筑密集区对挠曲位移的严格要求等均不适宜采用钢板桩支护，一经采用必将造成严重后果。

(10)SMW 工法。SMW 工法也称为劲性水泥土搅拌桩法，即在水泥土桩内插入 H 型钢等(多数为 H 型钢，也有插入拉森式钢板桩、钢管等)，将承受荷载与防渗挡水结合起来，使之成为同时具有受力与抗渗两种功能的支护结构的围护墙。SMW 支护结构的主要特点：施工时基本无噪声，对周围环境影响小；结构强度可靠，凡是适合应用水泥土搅拌桩的场合都可使用，特别适合于以黏土和粉细砂为主的松软地层；挡水防渗性能好，不必另设挡水帷幕；可以配合多道支撑应用于较深的基坑；此工法在一定条件下可代替作为地下围护的地下连续墙。在费用上如果能够采取一定施工措施成功回收 H 型钢等受拉材料，则施工成本大大低于地下连续墙，因而具有较大发展前景。

(11)地下连续墙。通常连续墙的厚度为 600 mm、800 mm、1 000 mm，也有厚度达 1 200 mm 的。地下连续墙刚度大，止水效果好，是支护结构中最强的支护形式，适用于地质条件差和复杂、基坑深度大、周边环境要求较高的基坑，但是造价较高，施工要求使用专用设备。

优点：①施工时振动小，噪声低；②墙体刚度大，特别适合复杂的地质条件，尤其是对松散填土及软塑淤泥质粉质黏土的支挡效果明显，基坑安全性能够得到保证；③防渗性能好，地下连续墙现今工艺已成熟，在墙体接头和施工方法上都得到改进，墙体几乎不透水；④采用地下连续墙可以充分利用建筑红线以内有限的地面和空间，能够充分发挥其经济效益，在施工过程中，不会引起地面沉降，因此对周围建筑没有丝毫影响；⑤工效高，工期短，质量可靠，经济效益高。采用地下连续墙是真正的优质高效，符合现代都市的竞争理念，业主容易接受。

缺点：①对废泥浆处理，不但会增加工程费用，而且可能造成新的环境污染；②槽壁坍塌问题。如地下水位急剧上升，护壁泥浆液面急剧下降，土层中有软弱的砂性砂层，泥浆的性质不当或已变质，施工管理不当等均可能引起槽壁坍塌，导致地面沉降，危害邻近工程结构和地下管理的安全。同时也可能使墙体混凝土体积超方，墙面粗糙结构尺寸超出允许界线。

二、基坑特点

综合分析工程的地理位置、土质条件、开挖深度及周围环境的影响，基坑有以下特点：

(1)基坑开挖面积较大，下方市政管线较多。

(2)基坑开挖深度范围内土层的工程性较差。开挖层包含较多层不同性质的土层。

（3）基坑周围存在高层建筑及待建高层，对沉降要求较高，且可能牵涉文物的保护，环境条件复杂。

（4）开挖深度超过 17.4 m，属一级基坑。

（5）基坑所在地地下水在 24 m 以下，而开挖深度在 17.4 m，所以无须做降水处理。

三、基坑施工特点

建筑基坑工程施工主要由支护结构以及土方开挖两部分组成。建筑基坑施工主要有以下特点：

（1）随着建筑高度的增加，基坑逐渐朝深度方向发展。

（2）基坑工程正向大深度、大面积、技术含量高、施工难度大的方向发展，并经常在密集的建筑群中施工，常受到场地、邻近建筑物、地下管线等的影响，在基坑平面以外没有足够的空间安全放坡，对基坑稳定和位移控制的要求又很严。所以不得不设计规模较大的开挖支护系统，以保证施工的顺利进行。

（3）基筑的施工逐渐考虑到水文、地质、相邻建筑、市政地下的管网位置以及抵御变形能力等一系列因素影响，有效制定合理力学的专项方案更为重要。

（4）施工过程中除了保证基坑自身的安全，还要尽量减少对周围环境的影响。这是深基坑施工中的一个难题：不但要考虑邻近建筑物的影响，还要考虑对周围地下的煤气、上水、下水、电信、电缆等管线的影响。

（5）深基坑虽是临时性的，但若不采用合理的支护体系，有可能导致严重的后果，因此，其支护投资较大，通常沿基坑周边每沿长米需上万元，如何在确保安全可靠的基础上，根据不同的土质条件和施工技术、设备水平，选择合理、经济的支护结构方案，一直是深基坑支护问题研究的一个重要内容。

（6）基坑工程施工周期较长。深基坑开挖与支护工程是一个多系统工程，深基坑的设计与施工都是综合性很强的工作。因此，不仅要考虑工程地质、水文地质、工程力学、土力学、地基与基础等方面的专业知识，还要考虑工程施工与组织管理。

四、支护方案选择、施工、检测

1. 方案选择

根据工程的特点，设计时，应对此基坑有可能采用的几种支护形式从技术上和经济上进行比较，并选择最优方案。

（1）采用钻孔灌注桩作为挡土结构、深层水泥搅拌桩为止水帷幕及结合三道钢管内支撑的支护体式。

优点：钻孔灌注桩施工容易、造价较低，目前技术比较成熟。另外，深层水泥搅拌桩为止水帷幕时有较好的防水效果。钢管内支撑具有拼装方便、施工速度快并可以多次重复使用等优点,还可施加预应力。此时支护结构具有一定的安全性和经济性。

缺点:主体结构深度太大,地下水位较高,施工难度较大。

(2)主体采用地下连续墙及钢支撑。

优点:施工振动小,噪声小,非常适用于城市施工;墙体刚度大,防渗性能好,可以贴近施工;适用于多种地基条件,可以作为刚性基础;占地少,可以充分利用建筑红线以内有限的地面和空间;工效高,工期短,质量可靠,经济效益高。主体采用地下连续墙,强度高又可以止水,并成为基础的结构部分,与后浇的内衬共同组成永久性结构的侧墙。机械化程度高,能保证工期,是比较安全可靠的施工方法。交通层高度不大,采用人工挖孔桩是安全有效的,并在一定程度上降低了工程造价。

缺点:地下连续墙作为挡土结构时造价比较高;在一些特殊地质条件下施工难度大;须有泥浆处理条件,对废泥浆的处理会造成环境污染。施工中如果出现槽壁坍塌问题,会引起邻近地面沉降,墙体混凝土超方。

地下连续墙工法是有绝对优势的:①可以不用考虑噪声对周围居民的影响,在施工工期问题上也有一定的优势,整个施工过程机械化程度高,使施工效率大大提高,可以减少按预定工期完成建设的压力;②施工场地占用空间有限,工作展开比较困难,而连续墙可以充分利用建筑红线以内有限的地面和空间,能够充分发挥其经济效益,在施工过程中,不会引起地面沉降,因此对周围建筑没有丝毫影响的优点,在这一问题的解决上有绝对的优势;③地下连续墙作为基坑的开挖支护方案,在防渗性能方面也有相当的作用,根据地质勘察报告,3~7 中砂层存在上层滞水,而连续墙作为开挖支护方案对中砂层的滞水有很好的防渗能力,也对建成后的车站有防水防渗方面的保护。

地下连续墙工法在许多方面都满足周围环境的要求,所以通过综合比较选择第二种开挖支护方案,也就是采用地下连续墙工法作为基坑的开挖支护方案。

2. 施工

(1)施工方法。基础拟采用机械放坡开挖,人工配合清底的方式进行。开挖过程中如果遇岩石,采取浅眼爆破,但在基底以上 30 cm 时,不得爆破,采用人工开挖基坑边坡的坡度视地质情况而定,一般采用 1:0.5~1:1,基底挖至接近设计标高时,保留 0.3 m 厚的一层,待灌注混凝土前由人工开挖至设计标高,迅速检验,随即进行基础施工。如果施工便道需经过基顶,坑顶与便道之间设置 1 m 宽的护道,并在基坑顶面设置截水沟防止地面水流入基坑。放坡开挖前首先根据平面点及高程点,计算并放出开挖边线。钢板桩或开挖边线准备完成后,采用机械开挖,首先用挖掘机清除表面松土,然后根据现场和岩层情况在桩间进行浅眼爆破至扩大基础底标高 0.3 m 以上位置,剩余部分人工配合风镐开挖至设计标高 5 cm 以下处，砂浆封底(如果基底岩层较好，人工挖至承台底标高即可，可不再作 5 cm 的封底)。基坑开挖面积放坡开挖时，每边留出大约 80 cm 的工作面，钢板桩挡护内开挖时，顺钢板桩往下挖即可，开挖完成后根据现场渗水情况，在基底四周设置排水沟和集水井。开挖后，对基坑四周的危石进行处理，必要时进行挂网锚喷处理。

(2)施工要求。基坑应避免超挖，松动部分应清除。使用机械开挖时，不得破坏基底土的结构，可以在设计高程上保留一定厚度由人工开挖。当施工便道需经过基顶时，坑顶与便道之间设置 1 m 宽的护道，并在基坑顶面设置截水沟，防止地面水流入基坑。

所有墩台基础开挖时应做好防水设施并及时浇筑基础，以免基坑暴露过久或受地表水浸泡而影响地基承载力，基础施工完成后，基坑需及时回填，回填部分应夯实。

对岩石地基采用松动爆破法开挖，控制装药量，以保证基岩的完整性不被破坏。其底层基础基坑开挖应尽量不超挖，在施工最下层基础时不得立模，满基坑灌注混凝土。

应采取有效措施减少桥梁基础施工时对环境的污染。

扩大基础在施工开挖至基底标高后，需对基础范围内四角及中心深约 5 m 的范围内的地质资料进行验证，以确保基础范围内不存在溶洞、溶槽。若在基础范围内发现溶洞、溶槽或者地质情况与设计不符，应立即通知设计单位，在经设计单位现场确认并做出相应变更设计等处理后，方可以设计单位的变更设计等处理意见为依据继续施工。

基坑开挖到距设计基底标高 30 cm 左右时，禁止爆破开挖，以免对基底的持力层产生扰动，此 30 cm 岩石禁止爆破，采用人工风镐或风钻进行开挖，以免破坏桩身混凝土质量。

3. 检测

(1)基底检验。灌注基础混凝土前，对基坑进行隐蔽工程检查。检查内容：①基底平面位置、尺寸、标高、嵌入岩层是否满足要求，是否符合设计图纸要求；②基底承载力是否满足设计要求；③确定地基层是否能保证墩台的稳定；④基底是否无积水、杂物，清洁。

(2)基坑支护(临时支护结构)质量检测制度。

1)基坑支护检测方案制定。基坑支护检测方案经设计单位提出，由建设、设计、勘察、施工、监理单位共同确认，方案中应明确填写拟检测结构名称、类别、数量、检测方法及要求内容，并由上述各方单位加盖公章确认。基坑支护检测方案确定后建设单位(或其委托单位)应到区检测中心办理登记告知手续。

2)基坑支护质量检测要求。

①基坑支护结构使用的水泥、钢筋、型钢等原材料和加工的成品，按现行有

关施工验收规范和标准进行检验。

②混凝土灌注桩质量检测按下列规定进行：

a. 采用低应变动测法检测桩身结构完整性，检测数量不少于总桩数的10%，且不得少于10根。

b. 当按低应变动测法判定的桩身缺陷可能影响桩的水平承载力时，应用钻芯法进行补充检测，检测数量不小于总桩数的2%，且不得少于3根。

③混凝土地下连续墙采用声波透射法检测墙身结构完整性，检测槽段数不少于总槽数的10%，且不得少于3个槽段。

④锚杆质量检测应符合下列规定：a. 锚杆承载力应用抗拔验收试验法确定，抗拔验收试验数量为锚杆总数的5%，且不得少于6根。b. 锚杆锁定质量应通过在锚头安装测试元件进行检测，若发现锁定锚固力达不到设计要求，应重新张拉。检测数量不少于锚杆总数的5%，且不得少于5根。

⑤搅拌桩应在设计开挖龄期采用钻芯法检测墙身完整性，并取样做抗压强度试验，检测的数量不少于总桩数的1%，且不得少于5根。

⑥土钉墙按下列规定进行检测：a. 土钉抗拔力应由抗拔试验确定，在同一条件下，试验数量不少于土钉总数的1%，且不得少于10根。b. 墙面喷射混凝土厚度应采用钻孔法检测，钻孔数为每100 m² 墙面积一组，每组不得少于3个点。

⑦基坑周边止水帷幕的止水效果，应在基坑开挖前进行抽水试验检测，抽水试验点数不少于3个点。

⑧对钢筋混凝土支撑结构或钢支撑焊缝施工质量有怀疑时，采用回弹法或超声探伤等非破损方法进行检测，检测数量根据现场情况确定。

3)检测结果处理。当检测结果符合要求时，基坑可按有关规定转入下一道工序的施工；当检测结果不合格的数量大于或等于抽检数的30%时，按不合格数量加倍复测，其检测方法由相关单位组织设计、监理等人员根据实际情况确定，并根据检测结果提出处理意见。

第二节　基坑稳定性分析

一、施工过程中基坑失稳的原因分析

在基坑的支护过程中，基坑发生失稳可以分为两种不同的类型：一种是由于基坑的坡顶变形过大，对周围的建筑物造成的影响；另一种是基坑的边坡产生不规则的滑移，以一种较为严重的基坑的失稳形式使整个基坑倾覆。影响基坑失稳的因素主要有水、土的抗剪强度降低等这些外界因素和设计、施工等，下面对基坑支护失稳的施工影响因素进行分析。

1. 设计和检测不到位

在基坑的支护过程中由于设计不到位导致失稳的现象发生，如在设计的过程中如果出现缺陷和漏洞，考虑的问题不够全面，计算不精确，就可能会导致支护失稳，另外在施工过程中检测不到位，一些检测数据的变化可能就是支护失稳的先兆，如果不注意检测数据的变化，导致基坑支护失稳，进而导致基坑出现坍塌的问题也是非常严重的。

2. 锚索成孔施工不到位

在基坑的开挖和支护过程中采用的成孔方式主要采用的是钻机成孔。采用这种方式成孔，如果控制不好施工用水的保障和污水的排放，就会造成成孔的底部位置处泥浆的浓度过大。如果泥浆的浓度过大，就会影响锚索的锚固力。

在成孔之后需要及时进行注浆处理，在护孔之后，孔周围的基坑土体内部的应力会得到一定的释放，应力的释放会导致基坑土体的抗剪强度发生下降。

基坑边坡坡度是直接影响基坑稳定的重要因素。当基坑边坡土体中的剪应力大于土体的抗剪强度时，边坡就会失稳坍塌。其次，施工不当也会造成边坡失稳，主要表现为：

(1)没有按设计坡度进行边坡开挖；

(2)基坑边坡坡顶堆放材料、土方及运输机械车辆等增加了附加荷载；

(3)基坑降排水措施不力，地下水未降至基底以下，而地面雨水、基坑周围地下给水排水管线漏水渗流至基坑边坡的土层中，使土体湿化，土体自重加大，增加土体中的剪应力；

(4)基坑开挖后暴露时间过长，经风化而使土体变松散；

(5)基坑开挖过程中，未及时刷坡，甚至挖反坡，使土体失去稳定性。

二、基坑稳定性与安全性的内因和外因

基础施工是建筑施工的重要组成部分，搞好基础施工的安全防范十分重要。在建筑基坑施工时，为确保施工安全，防止塌方事故发生，必须对开挖的建筑基坑采取支护措施。建筑基坑支护设计与施工应综合考虑工程地质与水文地质条件、基坑类型、基坑开挖深度、降排水条件、周边环境对基坑侧壁位移的要求、基坑周边荷载、施工季节、支护结构使用期限等因素，做到合理设计、精心施工、经济安全。

近几年来，高层建筑的迅速兴起，促进了深基坑支护技术的发展。各地在深基坑开挖和支护技术方面积累了丰富的设计和施工经验，新技术、新结构、新工艺不断涌现。但是，现在的城市建筑间距很小，有的基坑边缘距已有建筑仅十几米甚至几米，给基础工程施工带来很大的难度，给周围环境带来极大威胁，也相应地增加了施工工期和施工费用。另外，原来的深基坑支护结构的设计理论、设

计原则、运算公式、施工工艺等，已不符合深基坑开挖与支护结构的实际情况，导致一些基坑工程出现事故，造成巨大的损失。因此，工程技术人员应高度重视深基坑支护的安全问题。根据近几年的事故统计，在基础施工中，基坑基槽、人工挖孔桩施工造成的坍塌占坍塌事故总数的65%，说明基坑基槽的安全性对保证建筑基础施工的安全至关重要。随着城市建设发展，高层建筑和地铁的修建逐步进入了普及时代，涉及深基坑的工程越来越多，而且对其施工的质量要求越来越高。其中围护结构的稳定就成为深基坑质量的重要保证。下面从基坑的变形原因和防护措施入手对影响因素进行分析，进而利用实际的施工案例对基坑围护结构的重要作用和施工措施进行分析。说明基坑施工中围护结构应当以合理设计、细化施工为基本原则，以此来分析基坑稳定性与安全性的内因和外因。

基坑开挖后，其边坡失稳坍塌的实质是边坡土体中的剪应力大于土体的抗剪强度。而土体的抗剪强度又来源于土体的内摩擦力和黏聚力。因此，凡是能够影响土体中剪应力、内摩擦力和黏聚力的，都能影响基坑边坡的稳定与安全。

1. 内因

（1）土类别的影响。不同类别的土，土的颗粒矿物组成，颗粒形状、尺寸，颗粒级配，空隙比、干密度及土中的含水量皆不同，其土体的内摩擦力和内聚力不同。例如，沙土的黏聚力为0，只有内摩擦力，靠内摩擦力来保持边坡的稳定平衡。而黏土则同时存在内摩擦力和黏聚力。因此，对于不同类别的土，能保持其边坡稳定的最大坡度也不同。

（2）土湿化程度的影响。土内含水量越多，湿化程度越高，使土壤颗粒之间产生润滑作用，内摩擦力和黏聚力均越低，土的抗剪强度降低，边坡容易失去稳定。同时含水量增加，使土的自重增加，裂缝中产生静水压力，增加了土体内剪应力。

（3）支护结构施工质量不符合设计要求。因基坑支护结构是建筑施工过程中的一项临时设施，目前许多施工单位对其施工质量重视不够，护壁施工单位的施工行为没有得到有效的约束，不按设计方案施工的现象时有发生，造成支护结构的施工质量达不到设计要求，存在坑壁坍塌隐患。如某工程采用土钉墙作基坑支护，设计土钉间距为1.2 m，施工单位施工时却将土钉间距扩大至1.8 m，降低了支护结构的强度，护壁开裂，出现了坍塌的先兆。

边坡失稳往往是在外部不利因素影响下触发和加剧的。这些外部因素往往导致土体剪应力的增加或抗剪强度的降低，使土体中剪应力大于土体的抗剪强度而造成滑动失稳。造成边坡土体中剪应力增加的主要原因有坡顶堆物，行车，基坑边坡太陡，开挖深度过大，土体遇水使土的自重增加，地下水的渗流产生一定的动水压力，土体竖向裂缝中的积水产生侧向静水压力等。引起土体抗剪强度降低的主要因素有土质本身较差，土体被水浸润甚至泡软，气候影响和风化作用使土质变松软、开裂，饱和的细砂和粉砂因受振动而液化等。

2. 外因

(1)气候的影响。气候使土质松软或变硬，如冬季在我国北方气温能达到−10 ℃以下，能使边坡土体冻结，使土体的内摩擦力和黏聚力提高，从而提高土体的抗剪强度，春季气温回升至 0 ℃以上，能使边坡土体融化，使土体的内摩擦力和黏聚力降低，从而降低土体的抗剪强度，进入雨季，随着降雨量的增加，土质松软，从而降低土体的抗剪强度。

(2)基坑边坡上面附加荷载或外力的影响。基坑边坡上面附加的荷载或外力能使土体中的剪应力增加，甚至超过土体的抗剪强度，从而使边坡失稳而塌方。

(3)基坑边坡坡度的影响。土方边坡的坡度用其高度与底宽度之比表示，坡度越大越安全，但其土方量增大，同时增加施工成本，为了防止塌方，保证施工安全，当土方挖到一定深度时，边坡均应做成一定的坡度。土方边坡坡度的大小与土质、开挖深度、开挖方法、边坡留置时间的长短、排水情况、附近堆载等因素有关。在挖土边坡上侧堆土或材料以及移动施工机械时，应与挖土边坡保持一定距离，以保证边坡的稳定。当土质良好时，堆土或材料距挖方边缘 0.8 m 以外，高度不宜超过 1.5 m。比较典型的外力影响为爆破震动。随着近几年旧城改造的深入发展，爆破应用日益广泛，由此造成的爆破震动影响也日益凸显。边坡岩体在爆破震动的瞬时冲击作用下，由于爆破冲击波向四周扩散，当压缩波到达边坡自由面后，开始产生拉伸波，使岩体受到拉伸作用，可使原裂隙张开、扩展或产生新的裂隙，使岩体产生变形和破坏。

(4)坑壁的形式选用不合理。基础施工时，坑壁的形式主要有两种：第一种是采用坡率法，即自然放坡；第二种是采用支护结构。实践证明，基坑坑壁的形式直接影响基坑的安全性，若选用不当，会为基坑施工埋下隐患。许多施工单位在进行施工组织设计时，过多考虑节省投资和缩短工期，忽视对坑壁形式的正确选用，从而出现坑壁形式选用不当的情况。在大多数工程中，由于采用坡率法比采用支护结构节省投资，因此，这种方式常被施工单位作为基坑施工的首选形式。但坡率法只能在工程条件许可时才能采用，如果施工场地有限不能满足规范所要求的坡率或者地下水丰富、土质稳定性差，一般不能考虑使用坡率法，否则，容易出现隐患，造成坑壁坍塌。当不具备采用坡率法的条件时，应对基坑采用支护措施。成都地区常用的支护结构有土钉墙支护、喷锚支护、混凝土灌注桩支护等。施工前，应根据工程所处周边环境、地质水文条件以及工程施工工艺要求对支护形式进行合理选择、设计，为节省资金，仅凭经验确定支护形式，很可能达不到支护的目的，同样容易出现坑壁坍塌的情况，造成安全事故。如 2001 年 5 月，某工地喷锚护壁发生坍塌事故，坍塌范围长 13 m，宽 2.5 m，高 6 m，造成紧邻该施工现场的某大楼汽车通道中断，基坑边地下供水管漏水，排水沟破裂，基坑周围民房、围墙及道路开裂严重。究其原因，就是该处基坑与某大楼地下室仅相隔一条汽车通道，采用喷锚护壁，锚杆的长度受到限制，因此，对这种坑壁，采用混凝土灌注桩效果更为理想，安全性更高。

（5）坑壁土方施工不规范。一些施工单位在基坑施工中，不重视施工管理控制，随意更改施工设计，违反技术规范要求，也是带来基坑施工隐患、造成坑壁坍塌的主要原因。主要表现在：一是采用坡率法时坡率值不足。当工程条件许可时，基坑施工一般采用坡率法。但采用坡率法必须严格按照技术规范的要求，搞好基坑施工的坡率控制。然而，在实际工作中，施工单位常常因为土方开挖时坡率控制不好或地勘资料不准确，造成开挖深度大于预计深度，出现基坑坑壁坡率小于设计值的情况，使基坑坑壁处于不稳定的状态，容易出现坑壁坍塌。如某工地基坑施工，依据地勘报告设计开挖深度为 2.7 m，开挖后发现土质情况与地勘报告不符，需要超挖 2.1 m，由于场地所限，无法满足设计放坡系数，造成基坑坑壁坡率小于设计值，施工过程中坑壁出现坍塌，在对坑壁采取支护措施后才继续施工。二是支护结构施工时未按要求进行土方开挖。在进行土钉墙支护或喷锚支护结构施工时，按照规范要求，应根据土钉或锚杆的排距分层开挖，开挖一层土方后立即进行支护，待支护结构达到设计要求后再开挖下一层土方。但现场施工时，常因土方开挖作业与护壁施工未紧密配合，土方挖运速度过快，使坑壁直立土方大面积长时间裸露，为坑壁坍塌创造了条件。

（6）对地表水的处理不重视。基坑施工的"水患"：一是地下水，二是地表水。由于地下水处理不好将直接影响基础工程的施工并对基坑坑壁的稳定性造成威胁，因此建筑工程相关各方都对地下水的处理非常重视，从勘察、设计和资金投入等方面均能得到保证。现在，成都地区普遍采用管井降水，降水效果良好，有效地消除了地下水对基坑坑壁的不良影响，而地表水因其对基础施工影响不明显而常常被忽略，其实，地表水对基坑坑壁稳定性的作用同样影响很大。地表水可分为"一明一暗"两种情况："明"主要是指施工现场内地面上可能出现的地表水，如雨水、施工用水、从降水井中抽出的地下水等；"暗"主要是指基坑周边地面以下的管网渗漏、爆管等产生的地表水。这两种情况若不及时处理，都会对坑壁的稳定性产生威胁，有可能造成坑壁坍塌，特别是地下管网产生的地表水，因其不易被发现，造成的后果往往更为严重。

3. 深基坑工程实例

在施工中要克服围护结构的变形，并且保证基坑的稳定和施工质量，就需要合理设计，细化施工，针对不同的工程实际情况采取不同的施工工艺。采用盖挖逆作法施工，顶板、中板、底板处利用钢筋接驳器与墙体结构相互连接形成一个整体，共同承担荷载。主体结构三层板顶之间的高度分别为 8.15 m、8.3 m、10.757 m，顶板至原地面高度约 3 m，土方开挖分层分段跳仓进行，结构板及时跟进施工，基坑不宜暴露时间过久。根据对连续墙的施工监测，只有一幅连续墙最大水平位移为 32.48 mm 超过 30 mm，发生在深度 23 m 处，其余连续墙均在 30 mm 以下，从监测数据分析水平位移量比较大的点集中在深度 20～25 m 处的连续墙，从结构尺寸图上可以看出此处为底板至负二层板的中间位置,底板垫层顶至负二层板高度为 12.157 m,是最高的一层,连续墙在此处的弯矩最大。可以看出,采用预留土台,跳仓开挖的施工工艺有效地控制了连续墙的水平位移,保证了围护结构的稳定,为后续施工提供了安全的施工场地,也保障了地上高层建筑物的结构稳定。

4. 防止基坑坍塌的措施

(1)选择适合的基坑坑壁形式。基坑施工前,首先应按照规范的要求,依据基坑坑壁破坏后可能造成后果的严重性确定基坑坑壁的安全等级,然后根据坑壁安全等级、基坑周边环境、开挖深度、工程地质与水文地质、施工作业设备和施工季节的条件等因素选择基坑坑壁的形式。

(2)加强对土方开挖的监控。基坑土方一般采用机械挖运,开挖前,应根据基坑坑壁形式、降排水要求等制订开挖方案,并对机械操作人员进行交底。开挖时,应有技术人员在场,对开挖深度、坑壁坡度进行监控,防止超挖。对采用土钉墙支护的基坑,土方开挖深度应严格控制,不得在上一段土钉墙护壁未施工完毕前开挖下一段土方。对采用自然放坡的基坑,坑壁坡度是监控的重点,当基坑实际深度大于设计深度时,应及时调整坑顶开挖线,保证坑壁坡率满足要求。

(3)加强对支护结构施工质量的监督。建立健全施工企业内部支护结构施工质量检验制度,是保证支护结构施工质量的重要手段。质量检验的对象包括支护结构所用材料和支护结构。对支护结构原材料及半成品,应遵照有关施工验收标准进行检验,主要内容:①材料出厂合格证检查;②材料现场抽检;③锚杆浆体和混凝土的配合比试验、强度等级检验。对支护结构的检验要根据支护结构的形式选择检测项目,如土钉墙应对土钉,采用抗拉试验检测承载力;对混凝土灌注桩,应检测桩身完整性等。

(4)加强对地表水的控制。在基坑施工前,应摸清基坑周边的管网情况,避免在施工过程中对管网造成损害,出现爆管或渗漏。同时,为减少地表水渗入坑壁土体,基坑顶部四周应用混凝土进行封闭,施工现场内应设地表排水系统,对雨水、从降水井中抽出的地下水等进行有组织的排放,对坑边的积水坑、降水沉砂池应做防水处理,防止出现渗漏。对采用支护结构的坑壁应设置泄水孔,保证护壁内侧土体内水压力能及时消除,减小土体含水率,也便于观察基坑周边土体内地表水的情况,及时采取措施。泄水孔外倾坡度不宜小于 5%,并宜按梅花形布置。

(5)搞好支护结构的现场监测。支护结构的监测是防止支护结构发生坍塌的重要手段。监测方案应包括监测目的、监测项目、测试方法、测点布置、监测周期、监测项目报警值、信息反馈制度和现场原始状态资料记录等内容。监测项目的内容有基坑顶部水下位移和垂直位移、基坑顶部建(构)筑物变形等。监测项目的选择应考虑基坑的安全等级、支护结构变形控制要求、地质和支护结构的特点。监测方案可根据设计要求、护壁稳定性、周边环境和施工进程等因素确定。监测单位应定期向施工单位和监理单位通报监测情况，当监测值超过报警值时应立即通知设计、施工和监理单位，分析原因，采取措施，防止事故的发生。基坑支护设计方案的选定取决于基坑开挖深度、地基土的物理力学性质、水文地质条件、基坑周边环境(包括相邻建筑物、构筑物的重要性，相邻道路、地下管线的限制程度)、设计控制变形要求、施工设备能力、工期、造价及支护结构受力特征等诸多因素。

总而言之，基坑支护作为一个结构体系，应满足稳定和变形的要求，即通常规范所说的两种极限状态——承载能力极限状态和正常使用极限状态。一般的设计要求是不允许支护结构出现承载能力极限状态的。而正常使用极限状态则是指支护结构的变形或是由于开挖引起周边土体产生的变形过大，影响正常使用，但未造成结构的失稳。因此，基坑支护设计相对于承载力极限状态要有足够的安全系数，不至于使支护产生失稳，而在保证不出现失稳的条件下，还要控制位移量，不至于影响周边建筑物的安全使用。因而，作为设计的计算理论，不但要能计算支护结构的稳定问题，还应计算其变形，并根据周边环境条件，控制变形在一定的范围内。影响基坑稳定性的因素繁杂，一个工程的基础要根据实际地质条件进行处理，再综合各种要素，确保基坑的稳定。实践证明，只有合理的设计再加上正确的施工方法，在施工过程中按照设计方案逐层逐段地进行递进式的施工，同时还要注意针对不同的地质情况采用相应的处理办法和结构形式，才能保证施工达到预期目的，并避免出现结构上和工艺上的误差而导致整个围护结构稳定性的失效。

三、稳定性分析

基坑开挖的过程是基坑开挖面上卸荷的过程。在基坑开挖时，由于坑内土体挖出后，地基的应力场和变形场发生变化，可能导致地基的失稳。近年来，城市基坑边坡失稳、坑底隆起及涌砂等事故时有发生，基坑的失稳与破坏可以是缓慢的，也可以是突然的，但都有明显的触发因素，诸如震动、暴雨、外荷或者其他的人为因素，所以在进行支护设计时，需要验算基坑的稳定。必要时应采取加强防范措施，使地基的稳定性具有一定的安全度。

下面分析基坑的整体稳定性、基坑的抗渗稳定性以及基坑底部土体的抗隆起稳定性。后者对保证基坑稳定和控制基坑变形有重要的意义。

1. 基坑的整体稳定性分析

放坡开挖的基坑或者有支护的基坑，整体稳定性验算分析通常采用圆弧滑动法(如条分法)。在放坡开挖的基坑中，边坡失稳主要由土方开挖引起的基坑内外压力差(包括水位差)造成。在有支护的基坑中，采用圆弧滑动法验算支护结构和地基的整体抗滑动稳定性时，应注意支护结构一般有内支撑或外侧的锚拉结构和墙面垂直的特点，不同于边坡稳定验算的圆弧滑动，滑动面的圆心一般在挡墙上方，靠近内侧附近。通常试算应确定最危险的滑动面和最小安全系数。考虑内支撑作用时，通常不会发生整体稳定破坏。因此，对于只设一道支撑的支护结构，需验算整体滑动，对设多道内支撑时可不作验算。

2. 基坑的抗渗稳定性分析

深度较大的基坑在动水压力的作用下，比较容易发生管涌。所谓管涌，是指在渗流水的作用下，土中的细小颗粒被冲走，土的空隙扩大，逐渐形成管状渗流通道的现象。基坑开挖过程中，由于降水使基坑内外形成较大的水力梯度，产生较大的渗流力，如不加处理，则可能在坑底或坑壁产生流砂或管涌的现象，造成基坑破坏或邻近建筑物的毁坏。因此，实际工程中通常在基坑周围设置止水帷幕，来抵抗渗流力。

3. 基坑底部土体的抗隆起稳定性分析

在许多隆起稳定性的验算公式中，验算抗隆起的安全系数时，仅仅给出纯黏土($\varphi=0$)或纯砂土($c=0$)的公式，很少同时考虑c、φ。同济大学汪炳鉴等参照普朗特尔及太沙基的地基承载力公式，并将墙底面的平面作为求极限承载力的基准面，建议采用下式进行抗隆起稳定性验算，以求得墙体的插入深度：

$$K_s = (\gamma D N_q + c N_c)/[\gamma(H+D)+q] \tag{4-1}$$

式中　q——基坑顶面的地面超载，kPa；

$\quad\quad D$——桩(墙)的嵌入长度，m；

$\quad\quad H$——基坑的开挖深度，m；

$\quad\quad c$——桩(墙)底面处土层的黏聚力，kPa；

$\quad\quad \varphi$——桩(墙)底面处土层的内摩擦角，°；

$\quad\quad \gamma$——桩(墙)顶面到底处各土层的加权平均重度，kN/m³；

$\quad\quad N_q$、N_c——地基极限承载力的验算系数。

用普朗特尔公式：

$$N_q = \tan^2[45+\varphi/2]e^{\pi\tan\varphi} \tag{4-2}$$

$$N_c = (N_q-1)/\tan\varphi \tag{4-3}$$

用太沙基公式：

$$N_q = 1/2[e^{(3/4\pi-\varphi/2)\tan\varphi}/\cos(45+\varphi/2)]^2 \tag{4-4}$$

$$N_c = (N_q-1)/\tan\varphi \tag{4-5}$$

【例 4-1】　某工程基坑开挖深度为 12.89 m，采用桩内支护结构。

(1)整体稳定验算。整体稳定验算简图如图 4-1 所示。

计算方法：瑞典条分法应力状态；总应力法条分法中的土条宽度为 0.40 m。

滑裂面数据：

整体稳定安全系数：$K=1.394$。

圆弧半径：$R=13.316$ m。

圆心坐标：$X=-2.144$ m。

$\quad\quad\quad\quad Y=9.030$ m。

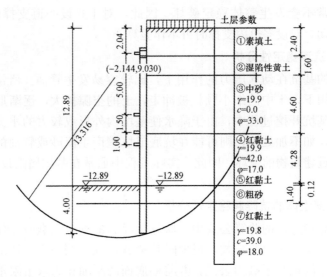

图 4-1　整体稳定验算简图(单位：m)

(2)抗倾覆稳定性验算。抗倾覆安全系数为

$$K_s = M_p/M_a \tag{4-6}$$

式中　M_p——被动土压力及支点力对桩底的抗倾覆弯矩(对于内支撑，支点力由内支撑抗压力决定；对于锚杆或锚索，支点力为锚杆或锚索的锚固力和抗拉力的较小值)；

　　　　M_a——主动土压力对桩底的倾覆弯矩。

经计算：工况 1～工况 7 满足规范要求。工况 8～工况 14 已存在刚性铰，不计算抗倾覆。

(3)抗隆起验算。抗隆起验算简图如图 4-2 所示。

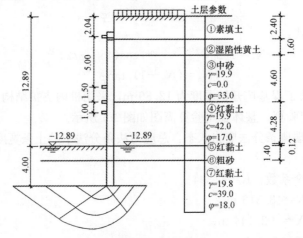

图 4-2　抗隆起验算简图(单位：m)

①普朗特尔公式($K_s \geq 1.1 \sim 1.2$)：

$N_q = \tan^2[45° + 18°/2] e^{3.142 \tan 18°} = 5.258$

$N_c = (5.258 - 1)/\tan 18° = 13.104$

$K_s = (19.663 \times 4 \times 5.258 + 39 \times 13.104)/[19.271 \times (12.890 + 4.000) + 20.000]$

$= 2.676 \geq 1.1$，满足规范要求

②太沙基公式($K_s \geq 1.15 \sim 1.25$)：

$$N_q = \frac{1}{2}\left[\frac{e^{\left(\frac{3}{4} \times 3.142 - \frac{18°}{2}\right)\tan 18°}}{\cos\left(45° + \frac{18°}{2}\right)}\right]^2 = 6.042;$$

$$N_c = (6.042 - 1) \times \frac{1}{\tan 18°} = 15.517;$$

$$K_s = \frac{19.663 \times 4.000 \times 6.042 + 39.000 \times 15.517}{19.271 \times (12\,890 + 4\,000) + 20.000}$$

$= 3.127 \geq 1.15$，满足规范要求。

(4)隆起量的计算。

$\delta = -875/3 - 1/6 \times (246.8 + 20.0) + 125 \times (4.0/12.9)^{-0.5} + 6.37 \times 19.3 \times$
$\qquad 39.0^{-0.04} \times (\tan 18°)^{-0.54}$

$= 83(\text{mm})$

在基坑开挖时，由于坑内土体挖出后，使地基的应力场和形变场发生变化，可能导致基坑的失稳。例如，基坑整体或局部滑坡，基坑底隆起及管涌等，从而引发工程事故。所以，在进行基坑支护设计时，需要验算基坑稳定性，必要时应该采取适当的加强防范措施，使基坑的稳定性具有一定的安全度，保证基坑开挖整个过程的安全。

基坑的稳定性验算主要是指除对支护结构进行抗倾覆、抗滑移及各种内力计算外，还应进行基坑底隆起、抗渗流稳定性、管涌等各种稳定性验算。基坑稳定性分析的目的在于基坑侧壁支护结构在给定条件设计出合理的嵌固深度或验算已拟定支护结构的设计是否稳定和合理。

四、基坑的整体稳定性验算

采用圆弧滑动法验算支护结构和地基的整体稳定抗滑动稳定性，应该注意支护结构一般有内支撑或外土锚拉结构、墙面垂直的特点。不同于边坡稳定验算的圆弧滑动，滑动面的圆心一般在挡土上方，基坑内侧附近。通过试算，稳定最危险的滑动面和最小安全系数。考虑支撑作用时，通常不会发生整体稳定破坏，因此对支护结构，当设置多道支撑时可不做基坑的整体稳定性验算。

五、基坑稳定性验算整理

下面收集了国内各地区基坑规范基坑稳定性验算方法，以供探讨和学习。

(一)《广州地区建筑基坑支护技术规定》(GJB 02—1998)

1. 放坡设计

遇到下列情况，土质边坡宜按圆弧滑动简单条分法验算，岩质边坡宜按由软弱夹层或结构面控制的可能滑动面进行验算。

(1)坡顶有堆载和动载；

(2)边坡高度和坡度超过本规范表 6.3.1 的允许值；

(3)有软弱结构面的倾斜地层；

(4)岩层和主要结构层面的倾斜方向与边坡开挖面倾斜方向一致，且两者走向的夹角小于 $45°$。

2. 土钉墙设计

土钉墙应根据施工期间不同开挖深度及基坑底面以下最危险滑动面，采用圆弧滑动简单条分法(图 4-3)，按下式进行整体稳定性验算。

$$\sum_{i=1}^{n} c_i l_i s + \sum_{i=1}^{n} (w_i + q_0 b_i) \cos\theta_i \tan\varphi_i s + \sum_{i=1}^{n} \sum_{j=1}^{m} T_{nj} \left[\cos(\alpha_j + \theta_i) + \frac{1}{2} \sin(\alpha_j + \theta_i) \tan\varphi_i \right]$$

$$- 1.3\gamma_0 \left[\sum_{i=1}^{n} (q_0 b_i + w_i) \sin\theta_i s \right] \geq 0 \qquad (4-7)$$

式中　n——滑动体分条数；

　　　m——滑动体内土钉数；

　　　γ_0——基坑侧壁重要性系数；

　　　w_i——第 i 分条土重，滑裂面位于黏性土或粉土中时，按上覆层的饱和土重计算；滑裂面位于砂土或碎石类土中时，按上覆土层的浮重度计算；

　　　b_i——第 i 分条宽度；

　　　c_i——第 i 分条滑裂面处土体不固结快剪黏聚力标准值；

　　　φ_i——第 i 分条滑裂面处土体不固结快剪内摩擦角标准值；

　　　θ_i——第 j 分条滑裂面中点切线与水平面的夹角；

　　　α_j——土钉与水平面间的夹角；

　　　l_i——第 i 分条滑裂面弧长；

　　　s——计算滑动体单元厚度；

　　　T_{nj}——第 i 根土钉在圆弧滑裂面外锚固体与土体的极限抗拔力。

在下列情况下，土钉墙应进行整体稳定性验算：

(1)开挖到各作业面深度时，还未设置该层作业面土钉时的稳定性分析；

(2)支护完成后，最危险滑裂面通过基坑底部的整体稳定性分析；

（3）基坑开挖深度范围内存在软弱夹层时，沿软弱夹层的稳定性分析。

（二）《深圳市深基坑支护技术规范》(SJG 05—2011)

1. 坡率法

下列情况之一的基坑边坡，应进行整体或局部稳定性验算，其稳定安全系数 K 值均应大于或等于 1.2：

（1）土质边坡高度大于 5 m 或基坑周围超载过大时，对均质土推荐采用简化 Bishop 条分法进行验算。

（2）土质边坡中有软弱夹层时，宜按可能在夹层处滑动进行验算。

（3）岩质边坡岩层层面或主要结构面的倾斜方向与边坡开挖面的坡向一致，且两者走向的夹角小于 30°时，宜按可能沿层面或主要结构面滑动进行验算。验算方法和安全系数取值应符合《建筑边坡工程技术规范》(GB 50330—2013) 的有关规定。

2. 土钉墙与复合土钉墙支护

墙设计应进行整体稳定性分析，并应考虑施工期间不同开挖深度和完成后不同标高（包括开挖面以下一定深度）等多种工况。分析时可采用简化圆弧滑裂面条分法，应按下式进行验算：

$$K_{smin} = \left[\sum c_i L_i s + \sum W_i \cos\theta_i \tan\varphi_i s + \sum T_{uk} \cos(\theta_i + \alpha_i) + \right.$$
$$\left. \xi \sum T_{uk} \sin(\theta_i + \alpha_i) \tan\varphi_i \right] / \sum W_i \sin\theta_i s \tag{4-8}$$

式中　K_{smin}——土钉墙最小整体稳定系数；

c_i——土体的黏聚力；

φ_i——土体的内摩擦角；

L_i——土条滑动面弧长；

W_i——土条重力；

T_{uk}——土钉在滑裂面处极限抗拔承载力标准值；

s——土钉的水平间距；

θ_i——滑动面某处切线与水平面之间的夹角；

α_i——土钉与水平面间的夹角；

ξ——折减系数，根据经验取 0.5。

每种验算情况中，需通过试验确定最危险滑裂面，即计算出最小整体稳定系数对应的滑裂面，作为最危险的滑裂面，且应满足下式的要求：

$$K_{smin} > [K_s] \tag{4-9}$$

式中　$[K_s]$——圆弧滑动整体稳定性安全系数，对基坑开挖的最终工况取 1.3，对基坑开挖过程的各工况取 1.2。

复合土钉墙的整体稳定性分析可采用圆弧面法，计算时应考虑截水帷幕、微型桩、预应力锚杆等的作用，验算工况与土钉墙要求相同，按图 4-4 和式（4-7）、式（4-10）进行验算：

$$K_{pmin} = K_{smin} + \eta \tau_s A_s / \sum W_i \sin\theta_i S_L + [\xi \sum N_{uk} \cos(\theta_i + \alpha_i) \tan\varphi +$$

$$\xi \sum N_{uk} \sin(\theta_i + \alpha_i) \tan\varphi] / \sum W_i \sin\theta_i S_m \qquad (4\text{-}10)$$

式中　K_{pmin}——复合土钉墙最小整体稳定系数；

　　　　τ_s——搅拌桩或微型桩的抗剪强度标准值；

　　　　A_s——搅拌桩或微型桩的截面积；

　　　　N_{uk}——预应力锚杆极限抗拔承载力标准值；

　　　　S_L——搅拌桩、微型桩的间距；

　　　　S_m——预应力锚杆的水平间距；

　　　　ξ——折减系数，根据经验取 0.5～0.7；

　　　　η——组合折减系数，根据组合情况在 0.1～0.5 之间选取。

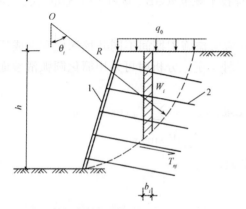

图 4-3　复合土钉墙稳定性分析计算简图

1—喷射混凝土面层；2—土钉

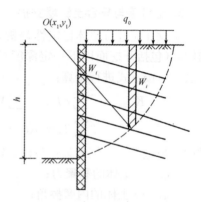

**图 4-4　复合土钉墙稳定性
分析计算简图**

在复合土钉墙设计中应满足：

$$K_{pmin} > [K_p]$$

式中　$[K_p]$——圆弧滑动整体稳定性安全系数，对基坑开挖的最终工况取 1.3，对
基坑开挖过程的各工况取 1.2。

3. 排桩支护

锚拉式支挡结构应按下列规定进行基坑整体滑动稳定性验算：

基坑整体滑动稳定性验算可采用圆弧滑动条分法。对于一、二、三级基坑的支挡结构，圆弧滑动稳定安全系数应分别不小于 1.35、1.3 和 1.25。圆弧滑动稳定安全系数应按下列规定计算（图 4-5）：

$$K_s = \min[K_1, K_2, \cdots, K_i, \cdots]$$

$$K_i = (\sum \{c_j b_j / \cos\theta_j + [(q_j b_j + \Delta G_j) \cos\theta_j - u_j b_j / \cos\theta_j] \tan\varphi_j\} +$$

$$\sum [N_{uk} \cos(\theta_j + \alpha_j) + \psi_N N_{uk}] / S_{x,k}) / \sum (q_j b_j + \Delta G_j) \sin\theta_j \qquad (4\text{-}11)$$

式中　K_s——圆弧滑动稳定安全系数，应取所有潜在滑动体中抗滑力矩与滑动力
　　　　　　矩比值的最小值；圆弧滑动稳定安全系数宜通过搜索不同圆心、半
　　　　　　径的潜在滑动圆弧确定；

　　　　K_i——任一圆弧滑动抗滑力矩与滑动力矩的比值；

　　　　c_j、φ_j——第 j 土条在滑弧面上的黏聚力、内摩擦角；

　　　　b_i——第 j 土条的宽度；

　　　　q_j——作用在第 j 土条上的附加分布荷载标准值；

　　　　ΔG_j——第 j 土条的自重，按天然重度计算；

　　　　u_j——第 j 土条在滑弧面处的孔隙水压力；对地下水位以下的砂土、碎石土、
　　　　　　粉土，当地下水是静止的或渗流水力梯度可忽略不计时，可取 $u_j = \gamma_w$
　　　　　　$(z - z_{wa})$；在地下水位以上或对地下水位以下的黏性土，取 $u_j = 0$；

　　　　θ_j——第 j 土条滑弧面中点处的法线与垂直面的夹角；

　　　　N_{uk}——第 k 层锚杆在圆弧滑动面以外部分的极限抗拔承载力标准值；应取
　　　　　　锚杆在滑动面以外锚固体的极限抗拔承载力值与锚杆杆体受拉承载
　　　　　　力标准值的较小值；

　　　　α_k——第 k 层锚杆的倾角；

　　　　$S_{x,k}$——第 k 层锚杆的水平间距；

　　　　ψ_N——计算系数，可取 $\psi_N = 0.5\sin(\theta_k + \alpha_k)\tan\psi_k$；

　　　　φ_k——第 j 土条在滑弧面与第 k 层锚杆相交处土的内摩擦角。

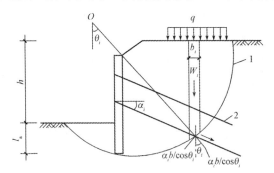

图 4-5　圆弧滑动条分法整体稳定性验算
1—圆弧滑动面；2—锚杆

当挡土构件底端以下存在软弱下卧土层时，还应对圆弧与软弱土层面组成的复合滑动面进行整体滑动稳定性验算。

4. 钢板桩支护

桩支护的基坑抗隆起、抗渗流破坏稳定性计算和整体稳定性计算等宜符合下列规定：

整体稳定性（圆弧滑动）验算，应符合本规范第 4.2.2 条的规定，但计算时宜假

定滑弧面通过桩底端处。

5. 地下连续墙支护

连续墙嵌入坑底面以下的有效深度，应满足基坑抗隆起稳定性要求、抗渗流稳定性要求和整体稳定性要求，对于多支点的支护体系，可不进行抗倾覆稳定性验算。

地下连续墙嵌入坑底面以下的深度，还应按本规范第 6.2.12 条进行墙体及土体整体稳定性验算，并满足其安全系数的要求。

6. 水泥土挡墙支护

支护结构应进行抗滑稳定性和抗倾覆稳定性验算；当墙体下部为软土时，还应进行整体稳定性和抗隆起稳定性验算；当墙体底面下存在承压水，或基坑底部具有产生渗透变形条件时，还应进行抗突涌、抗渗流破坏稳定性验算。

(三)《建筑基坑支护技术规程》(DB 11489—2007)(北京市)

1. 放坡

(1)设计应进行边坡整体稳定性验算，必要时进行有效加固及支护处理。

(2)土质边坡的整体稳定性验算，可按平面问题考虑，采用瑞典条分法计算。对于多级边坡，应验算不同工况的整体稳定性。

(3)整体稳定性验算，其危险滑裂面均应满足下式要求：

$$M_S/M_R \geqslant 1.2 \tag{4-12}$$

式中　M_R——作用于危险滑裂面上的总滑动力矩标准值，kN·m；

　　　M_S——作用于危险滑裂面上的抗滑力矩标准值，kN·m。

2. 排桩、地下连续墙

支点的排桩、地下连续墙等支护结构的嵌固深度宜按圆弧滑动简单条分法确定，并应符合《建筑基坑支护技术规程》(JGJ 120—2012)的有关规定。

3. 土钉墙

土钉墙应根据施工期间不同开挖深度及可能滑动面，采用圆弧滑动简单条分法(图 4-6)，按下式进行整体稳定性验算：

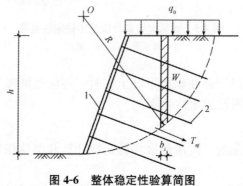

图 4-6　整体稳定性验算简图

1—喷射混凝土面层；2—土钉

$$\sum_{i=1}^{n} c_{ik}L_i s + s\sum_{i=1}^{n}(W_i + q_0 b_i)\cos\theta_i \tan\varphi_{ik} + \sum_{j=1}^{m} T_{nj} \times \big[c\cos(\alpha_j + \theta_i) + $$

$$1/2\sin(\alpha_j + \theta_i)\tan\varphi_{ik}\big] - s\gamma_k \gamma_0 \sum_{i=1}^{n}(W_i + q_0 b_i)\sin\theta_i \geqslant 0 \qquad (4\text{-}13)$$

式中　n——滑动体分条数；

　　　m——滑动体内土钉数；

　　　γ_k——整体滑动分项系数，可取 1.3；

　　　γ_0——基坑侧壁重要性系数；

　　　W_i——第 i 分条土重；

　　　b_i——第 i 分条宽度；

　　　c_{ik}——第 i 分条滑裂面处土体固结不排水(快)剪黏聚力标准值；

　　　φ_{ik}——第 i 分条滑裂面处土体固结不排水(快)剪内摩擦角标准值；

　　　θ_i——第 i 分条滑裂面处中点切线与水平面的夹角；

　　　α_j——土钉与水平面之间的夹角；

　　　L_i——第 i 分条滑裂面处的弧长；

　　　s——计算滑动体单元的厚度；

　　　T_{nj}——第 j 根土钉在圆弧滑裂面外锚固体与土体的极限抗压力，可按下式确定：

$$T_{nj} = \pi d_{nj}\sum q l_{nj} \qquad (4\text{-}14)$$

式中　l_{nj}——第 j 根土钉在圆弧滑裂面外穿越第 i 层稳定土体内的长度。

(四)《建筑基坑工程技术规程》(DB 29—202—2010)(天津市)

1. 放坡

当无地下水时，边坡整体稳定性按下式计算：

$$K_z = \big[\sum(q + \gamma h)b\cos\alpha_i \tan\varphi + \sum cL\big] / \sum(q + \gamma h)b\sin\alpha_i \qquad (4\text{-}15)$$

式中　K_z——放坡整体稳定性安全系数，不应小于 1.2；

　　　γ——土的天然重度，kN/m^3；

　　　h——土条高度，m；

　　　α_i——土条底面中心至圆心连线与垂线的夹角，°；

　　　φ、c——土的抗剪强度指标标准值，°、kPa；

　　　L——每一土条弧面的长度；

　　　q——地面超载，kPa；

　　　b——土条宽度，m。

当有地下水位差时，如图 4-7 所示，边坡整体稳定性按下式验算：

$$K_z = \big[\sum(q + \gamma_1 h_1 + \gamma_2 h_2 + \gamma_3 h_3)b\cos\alpha_i \tan\varphi + cL\big] /$$

$$\sum(q + \gamma_1 h_1 + \gamma_2 h_2 + \gamma_3 h_3)b\sin\alpha_i \qquad (4\text{-}16)$$

式中　K_z——放坡整体稳定性安全系数，不应小于1.3；

　　　c、φ——第 i 土条圆弧滑面处土的黏聚力标准值、内摩擦角标准值，kPa、°；

　　　L——第 i 土条圆弧滑动面的弧长，m；

　　　b——第 i 土条的宽度，m。

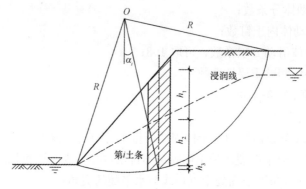

图 4-7　边坡整体稳定性验算

2. 土钉墙

土钉墙整体稳定性可按图 4-8 采用圆弧滑动条分法按下式验算：

$$\gamma_0 \gamma_s M_S \leqslant M_R + M_T$$

$$M_S = \sum_{i=1}^{n} (q_i b_i + \Delta G_i) \sin\theta_i$$

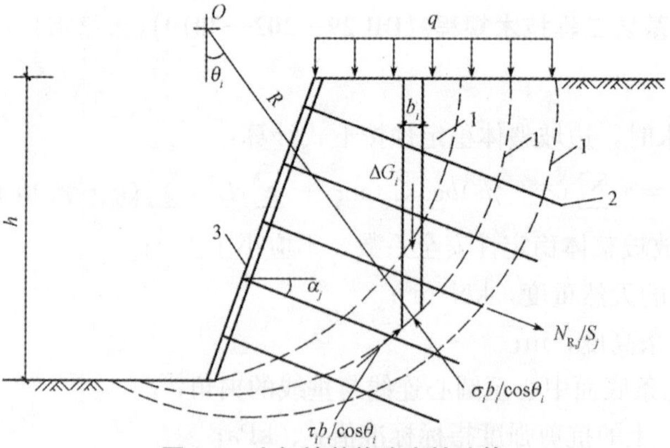

图 4-8　土钉墙整体稳定性验算

1—滑动面；2—土钉；3—喷射混凝土面层

$$M_R = \sum \left[c_i l_i + (q_i b_i + \Delta G_i) \cos\theta_i \tan\varphi_i \right]$$

$$M_T = \left[\sum N_{R,j} \cos(\theta_i + \alpha_j) + \xi N_{R,j} \sin(\theta_i + \alpha_j) \tan\varphi_i \right] / S_j$$

式中　γ_s——圆弧滑动稳定安全系数，对基坑开挖的各工况均不应小于1.3；

　　　M_S——滑动土体的滑动力矩标准值，kN·m；

M_R——滑动面上土体的抗滑力矩标准值，kN·m；

M_T——各土钉或锚杆在滑动面外的锚固段对滑动体的抗滑力矩标准值之和，kN·m；

q_i——作用在第 i 土条上的附加分布荷载值，kPa；

b_i——第 i 土条的宽度，m；

ΔG_i——第 i 土条的天然重度；

θ_i——第 i 土条上的圆弧滑动面中点处切线与水平面的夹角，°；

l_i——第 i 土条上的圆滑弧动面的弧长，m；

$N_{R,j}$——第 j 个土钉或锚杆在滑动面外的锚固段的抗拔力，应取土钉在圆弧滑动面外锚固体的极限抗拔力与土钉筋体受拉承载力设计值的最小值，kN；

α_j——第 j 个土钉或锚杆与水平面之间的夹角，°；

S_j——第 j 个土钉或锚杆的水平间距，m；

ξ——经验系数，取 $\xi=0.5$。

3. 水泥土重力式挡墙

水泥土重力式挡墙沿墙底以下土中整体滑动的稳定性，可采用圆弧滑动法进行验算。采用圆弧滑动法时，其整体稳定性应符合下列规定(图 4-9)：

$$K_z \sum (q_i b_i + \Delta G_i)\sin\theta_i \leqslant \sum c_i l_i + \sum (q_i b_i + \Delta G_i)\cos\theta_i \tan\varphi_i \qquad (4\text{-}17)$$

式中 K_z——整体稳定性安全系数，不应小于 1.3；

c_i、φ_i——第 i 土条圆弧滑面处土的黏聚力标准值、内摩擦角标准值，kPa、°；

l_i——第 i 土条上的圆弧滑动面的弧长，m；

b_i——第 i 土条的宽度，m；

q_i——第 i 土条顶面作用的竖向均布荷载标准值，kPa；

ΔG_i——第 i 土条的自重；

θ_i——第 i 土条上的圆弧滑动面中点处的切线与水平面的夹角，°。

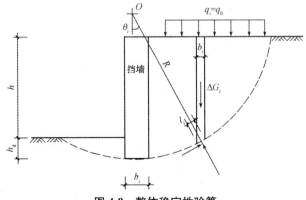

图 4-9 整体稳定性验算

4. 桩墙支护结构

桩墙支护结构基坑稳定性验算应包括支护结构抗倾覆稳定性、坑底抗隆起稳定性、基坑整体稳定性和坑底抗渗透稳定性的验算。

桩墙支护结构应进行极限平衡状态下结构与土的整体稳定性验算。整体稳定性验算可采用圆弧滑动条分法(图 4-10),并应符合下列规定:

$$K_z M_T \leqslant M_R + M_T$$

$$(M_R + M_T)/M_S = \min[[(M_R + M_T)/M_S]^1, [(M_R + M_T)/M_S]^2, \cdots] \quad (4\text{-}18)$$

式中　K_z——整体稳定性安全系数,不应小于 1.3;

　　　M_S——滑动土体的滑动力矩标准值,kN·m;

　　　M_R——滑动面上土体的抗滑力矩标准值,kN·m。

　　　M_T——各支锚对滑动体的抗滑力矩标准值之和。

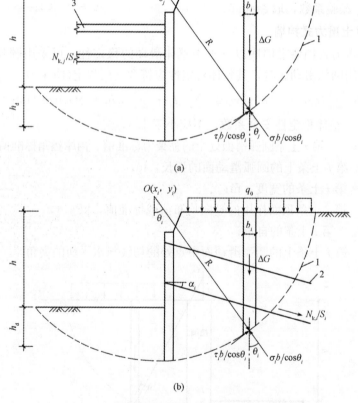

图 4-10　圆弧滑动条分法整体稳定性验算

(a)内支撑式;(b)拉锚式

1—任一圆弧滑动面;2—拉锚;3—内支撑

对任一圆心和半径的圆弧滑动体，其抗滑力矩与滑动力矩的比值可按下列公式计算：

$$(M_{\mathrm{R}} + M_{\mathrm{T}})/M_{\mathrm{S}} = \Big[\sum c_i l_i + \sum (q_i b_i + \Delta G_i)\cos\theta_i \tan\varphi_i +$$
$$\sum N_{\mathrm{R},j}\cos(\theta_i + \alpha_j)/s_j + \xi \sum N_{\mathrm{R},j}\sin(\theta_i + \alpha_j)\Big]/ \qquad (4\text{-}19)$$
$$\sum (q_i b_i + W_i)\sin\theta_i$$

式中　c_i——第 i 土条上的滑弧面上土层的黏聚力标准值；

φ_i——第 i 土条上的滑弧面上土层的内摩擦角标准值；

l_i——第 i 土条上的滑弧面弧长；

q_i——作用在第 i 土条上的附加分布荷载标准值；

b_i——第 i 土条的宽度；

ΔG_i——第 i 土条的天然重度；

θ_i——第 i 土条上的圆弧面中点处切线与水平面的夹角；

$N_{\mathrm{R},j}$——第 j 个支点的支锚对圆弧滑动体的抗滑力；对支撑，$N_{\mathrm{R},j}$ 取支撑承载力设计值 $N_{\mathrm{d},j}$；对锚杆，$N_{\mathrm{R},j}$ 取锚杆的极限抗拔力值，但锚杆的锚固段应取计算滑动面以外的长度；

α_j——第 j 个支点的支锚与水平面之间的夹角；对水平支撑，取 $\alpha_j = 0$；

s_j——第 j 个支点的支锚水平间距；当支锚与两侧相邻支锚的间距不同时，取 $s = (s_1 + s_2)/2$，此处，s_1、s_2 分别为支锚与两侧相邻支锚的间距；

ξ——经验系数，取 $\xi = 0.5$。

拉锚式桩墙支护结构整体稳定性验算，还应考虑可能发生的非圆弧滑动面情况。

六、基坑的抗隆起稳定性验算

采用同时考虑 c、φ 值的抗隆起法，以求得地下墙的入土深度。基本假定：将墙底面作为求极限承载力的基准面，滑移线形状见计算简图，参照普朗特尔的地基承载力公式。不考虑基坑尺寸的影响。

计算分析简图见图 4-11。

$$K = (\gamma_2 D N_q + c N_c)/[\gamma_1 (H+D) + q] \qquad (4\text{-}20)$$

式中　D——墙体入土深度，m；

H——基坑开挖深度，m；

γ_1、γ_2——墙体外侧及坑底土体重度，m^3；

q——底面超载，kN/m^3；

N_c、N_q——地基承载力系数。

用普朗特尔公式，N_q、N_c 分别为

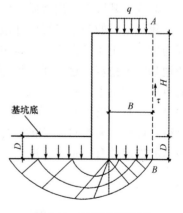

图 4-11　计算分析简图

$$\begin{cases} N_q = \tan^2(45° + \varphi/2)\mathrm{e}^{\pi\tan\varphi} \\ N_c = (N_q - 1)/\tan\varphi \end{cases}$$

用本法验算抗隆起安全系数时，要求 $K_s \geqslant 1.10 \sim 1.20$。

计算过程：$H = 17.4$ m，$D = 11.9$ m，$c = 33.4$ kPa，$\varphi = 24.1°$。

$$N_q = \tan^2\left(45° + \frac{24.1°}{2}\right)\mathrm{e}^{\pi\tan 24.1°} = 9.61$$

$$N_c = \frac{N_q - 1}{\tan 24.1°} = 19.25$$

用本法验算抗隆起安全系数时，由于图 4-11 中 AB 面上的抗剪强度抵抗隆起作用，假定墙体外侧及坑底土体重 $\gamma_1 = \gamma_2 = 30$ kPa。

解得 $K = 4.48 > 1.10 \sim 1.20$，满足要求。

实践证明，本法基本上可适用于各类土质条件。

七、基坑的抗渗流稳定性验算

由于工程勘察期间测得地下水水位埋深为 24.70～26.80 m，地下水位高程为 366.91～369.00 m。拟建车站基坑深度在 18 m 以内，故可以不进行抗渗流验算。

基坑支护问题是一个综合性的岩土问题，随着高层建筑的增多，基坑支护问题也日益突出。在基坑的施工过程中发生的安全生产事故，多数是由于基坑支护的不稳定造成的，主要表现在起到支护作用的结构产生较大位移甚至发生破坏，导致基坑发生大面积的坍塌，进而引起周围地下管线的破坏或对周围的建筑物造成安全威胁。由于基坑的开挖和支护涉及工程地质、水利与水文等多个方面，且所选择的支护方案和施工中的控制参数等还没有具体详细的标准等，这在一定程度上造成了基坑支护出现质量问题，导致基坑施工事故发生。

建筑基坑的开挖过程同样也是在基坑开挖表面卸荷的一个过程，基坑开挖时，因为坑内的土体挖出之后，地基的变形场与应力场发生了一系列变化，有可能会使地基失去稳定，这几年，城市坑底涌砂及隆起或者城市基坑的边坡失去稳定土的事故经常发生，对于基坑破坏和失稳一般是比较缓慢的，同样也可以突然发生，但是都没有比较明显的触发因素，如暴雨、震动、人为、外荷等，所以在对支护进行设计时，需要对基坑的稳定性进行检验，必要时需要应用加强防护措施，让地基的稳定性有一定安全度。

第三节　基坑变形分析

一、基坑变形类型

(1)基坑变形类型见表 4-1。

表 4-1 坑外地面沉降与水平位移

序号	类型	主要原因	主要危害
1	坑外地面沉降	(1)支挡结构发生水平位移; (2)基坑降水使土层固结沉降; (3)桩、墙施工的钻孔、开槽; (4)坑边地面堆土、堆载、交通运输; (5)由于降水或锚杆钻孔引起饱和砂土颗粒流失; (6)坑底流土; (7)坑底隆起	(1)使相邻的建(构)筑物不均匀沉降; (2)使地面、路面和市政管线坍陷与开裂
2	坑外地面水平位移	(1)支挡结构发生水平位移; (2)桩、墙施工的钻孔、开槽; (3)坑边地面堆土、堆载、交通运输	使相邻的建(构)筑物和市政设施的管线开裂与错位
3	坑底隆起	(1)坑底地基土承载力不足; (2)地面超载大; (3)插入比过小,被动区支挡结构物向基坑前移(踢脚); (4)坑底开挖减载土体回弹; (5)坑底下承压水的扬压力使坑底土层突涌; (6)基坑暴露时间长,产生过大的蠕变变形	(1)引起坑外土体的变形; (2)不利于主体工程地下部分的施工; (3)增加主体工程的工后沉降; (4)破坏内支撑结构; (5)使预先施工的工程桩上浮
4	支挡结构侧向位移	(1)支挡墙及锚杆(内支撑)变形; (2)超挖及支撑(锚固)不及时; (3)插入比小	(1)是坑外地面沉降和水平位移的主要原因; (2)增加了主体工程地下部分施工的困难; (3)使支挡结构物开裂和破坏
5	支挡结构竖向位移	(1)基坑开挖使土体回弹,引起向上位移; (2)孔底和槽底沉渣使桩、墙向下位移; (3)出现基坑降水、坑边堆载的负摩擦力	(1)影响支护结构的稳定性; (2)影响周边土体变形

（2）基坑围护墙的变形形式（图 4-12）。

图 4-12(a)所示形式主要表现在深厚软土层中，且当有支撑的围护墙埋入坑底以下深度不太大时最为常见；

图 4-12(b)所示形式主要用于围护墙插入深度大，且采用内支撑时；

图 4-12(c)所示形式主要用于无支撑的悬臂挡墙结构；

图 4-12(d)所示形式主要用于基坑位于深厚淤泥中，且墙体插入深度不大时。

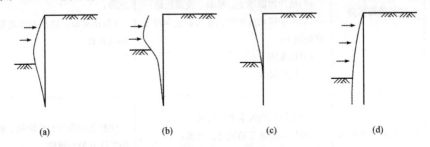

图 4-12　基坑围护墙的变形形式

(a)弓形；(b)上正弯、下反弯；(c)前倾型；(d)踢脚型

（3）坑外地面沉降曲线（图 4-13）。

图中，Ⅰ区地表沉降最小，最大沉降小于 $1\%H$（H 为最终的基坑开挖深度），适用于砂土和软—硬黏土。Ⅱ区和Ⅲ区根据坑底以下软土的厚度及坑底抗隆起稳定系数而定，最大沉降可达 $(1\% \sim 3\%)H$，主要采用排桩和板桩等刚度较小的支护结构。

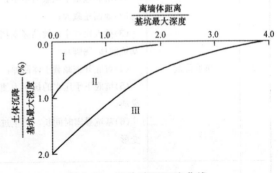

图 4-13　坑外地面沉降曲线

Clough & O'Rourke（1990）墙后地表沉降的分布模式见图 4-14。

欧章煜等的坑外土体沉降模式见图 4-15。

（4）沉降影响范围（图 4-16）。

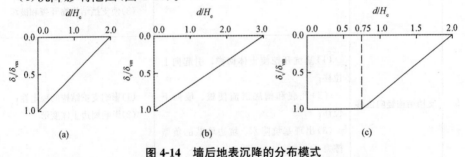

图 4-14　墙后地表沉降的分布模式

(a)砂土；(b)硬黏土；(c)中等硬度黏土及软黏土

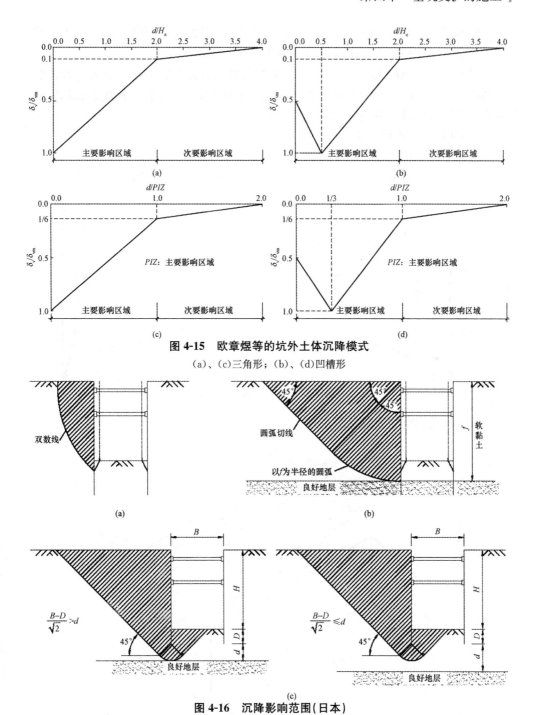

图 4-15 欧章煜等的坑外土体沉降模式

（a）、（c）三角形；（b）、（d）凹槽形

图 4-16 沉降影响范围（日本）

（a）砂土及非软黏土；（b）软黏土（墙底嵌入良好地层）；（c）软黏土（墙底未嵌入良好地层）

　　Peck：对于砂土及硬黏土，其沉降槽影响范围为开挖深度的 2 倍；对于软黏土，影响范围为开挖深度的 2~4 倍。

Clough & O'Rourke：对于砂土、软到中等硬度黏土，沉降区域范围为开挖深度的2倍；对于硬黏土，沉降区域范围为开挖深度的3倍。

Hsieh et al. 和 Ou et al.：将三角形和凹槽形的沉降影响范围分为主要影响区域和次要影响区域，其中主要影响区域范围为开挖深度的2倍，而次要影响区域范围为主要影响区域之外的开挖深度的2倍。

(5)基坑平面内的水平位移。

坑外土体位移曲线见图4-17。

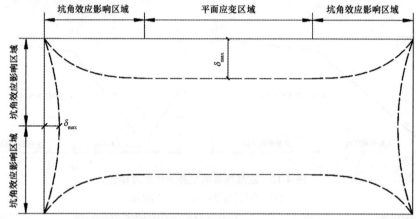

图4-17 坑外土体位移曲线

基坑阳角的空间效应见图4-18。

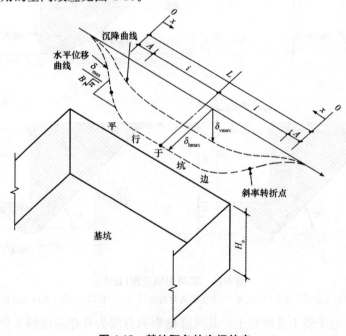

图4-18 基坑阳角的空间效应

计算区域见图 4-19。

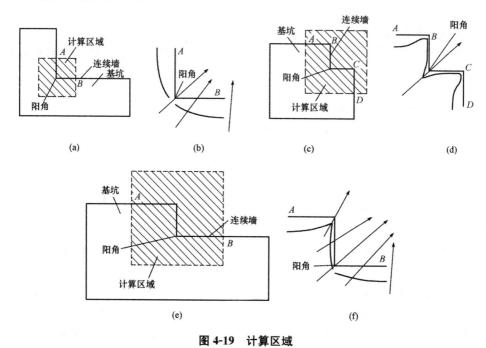

图 4-19　计算区域

(6)开挖过程中的墙后土体的水平位移(图 4-20)。

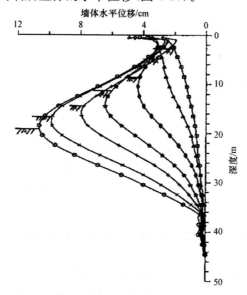

图 4-20　墙后土体的水平位移

第一道支撑的位置对基坑的变形有重要意义；

在第一道支撑未架设时，围护墙处于悬臂状态，当悬臂长度过大时，围护墙的变形将较大；

当墙顶的位移发生后，在后续的开挖工序中基本保持不变；

合理控制第一道支撑的架设位置，控制未支撑的开挖深度，对于控制基坑的变形有着重要的作用。

二、基坑变形的影响因素

1. 基坑开挖前的变形影响因素

（1）围护墙施工的影响。围护墙施工对周边土体位移的影响程度与围护墙的形式有关。

挤土式挡土墙包括钢板桩、预制桩等桩墙，非挤土式挡土墙包括钻孔或者掏槽的桩墙。

（2）地连墙施工的影响。地连墙施工对周边土体位移的影响程度，主要与沟槽的宽度、深度、长度，以及泥浆护壁效果紧密相关。

由地连墙成槽施工引起的土体的位移占整个基坑开挖变形总量的比例很小，但是在一些工程中，地连墙成槽施工引发的沉降量却占总沉降量的 40%～50%。其水平位移及沉降影响范围一般为槽深的 1.5～2.0 倍，最大的沉降值可达槽深 0.05%～0.15%，最大水平位移一般小于槽深的 0.07%。

地连墙成槽施工引发的地表沉降包络图见图 4-21。

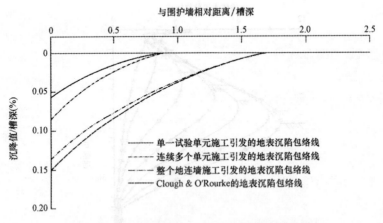

图 4-21　地连墙成槽施工引发的地表沉降包络图

如图 4-22 所示，某地下连续墙围护地铁车站基坑，开挖前 10 d，在基坑内进行降水，结果地下连续墙侧移。由图可知，随着降水的开展，地下连续墙发生了悬臂式位移，墙顶最大位移达到了 9.7 mm，基坑开挖前的降水对地连墙的位移产生了明显的影响。

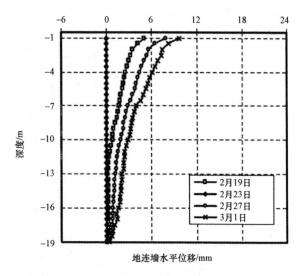

图 4-22　开挖前降水影响

2. 基坑开挖过程中的变形影响因素

(1)土层特点及地下水条件。软弱土层的影响。地下水位以及渗流也将对基坑变形产生影响，尤其是当承压水头较大时，将对坑底隆起产生重要的影响；在条件允许的情况下，尽可能避开对基坑施工或建(构)筑物承载不利的地层及地下水条件。

(2)基坑的几何形状及尺寸。基坑的几何形状的影响主要体现为基坑的空间效应，如长条形基坑、不规则基坑的阳角等均表现出特殊的变形特点；基坑开挖深度的大小直接影响原状土体的应力变化；大面积基坑的开挖对基坑的变形有更大的影响。

(3)围护墙与支撑的性能。

①围护墙类型、厚度、插入深度，支撑与锚固的种类、水平与竖向间距、预加载大小，反压土的预留；

②对于地铁车站或者宽 20 m 左右的条形深基坑工程，围护墙的插入深度一般取基坑开挖深度的 0.6～0.8，当周边环境对变形要求较为严格时，可适当增大插入深度；

③除了满足支撑间距的布置要求外，第一道支撑的位置对基坑的变形有重要意义；

④最下一道支撑距离开挖面的高度对于基坑变形有较大的影响；

⑤施工超载、交通荷载、周围建(构)筑物及管线荷载等；

⑥无支护暴露时间、未架设支撑的开挖深度、支撑安装的快慢，开挖初始阶段的悬臂深度、挡墙接缝以及水平冠梁和腰梁的设置与刚度也影响基坑的变形。

挡墙最大侧移与支撑系统刚度关系曲线见图 4-23。

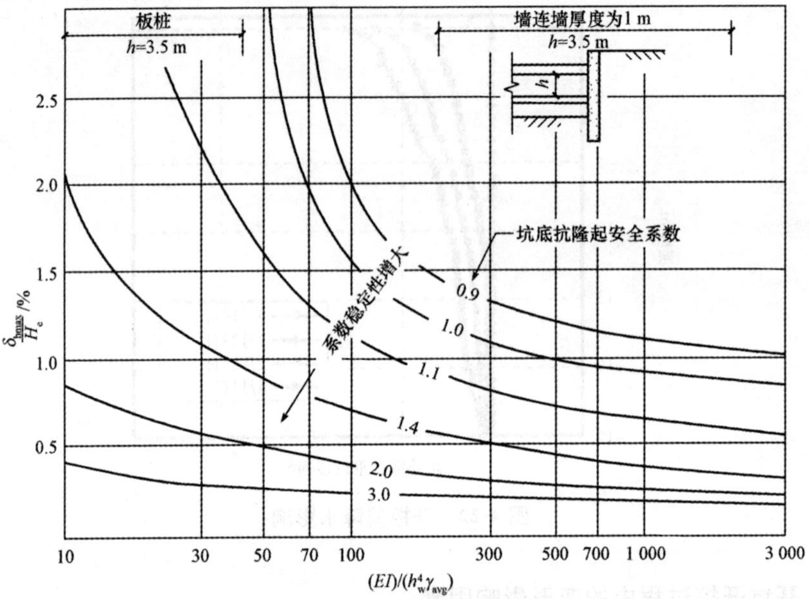

图 4-23　挡墙最大侧移与支撑系统刚度关系曲线

（4）围护墙刚度及插入深度。

（5）支撑的横向与竖向间距。

3. 基坑开挖完成后的变形影响因素

（1）渗流固结。在浇筑地下室楼板后形成强度期间，随着土体内部超孔压水压的消散及土颗粒间有效应力的形成，土体的固结变形仍在不断进行，基坑内部及外部的荷载将不断发生变化，对于软黏土，其固结的时间往往远大于施工的周期，并将在施工后较长的时间内发生位移。

（2）土体的蠕变。基坑开挖完成后，坑底封底并实施地下结构施工的阶段，随着地下结构的施工及支撑的拆除，基坑周边的土体仍将发生一定的变形。一般情况下，此后土体的位移速率将随时间不断减小，并随着施工的逐渐完成而趋于稳定。

三、平面围护墙的变形计算

弹性地基梁法计算示意图见图 4-24。

对于 $z \leqslant H$：

$$EI \frac{\mathrm{d}^4 x}{\mathrm{d}z^4} + b_0 k_\mathrm{h} v_\mathrm{s} - (p_\mathrm{a} + p_\mathrm{w}) b_\mathrm{a} = 0$$

对于 $z > H$：

$$EI \frac{\mathrm{d}^4 x}{\mathrm{d}z^4} - (p_\mathrm{a} + p_\mathrm{w}) b_\mathrm{a} = 0$$

（1）土的水平抗力系数 k_h（基床系数）（$\mathrm{kN/m^3}$）。

$$EI\frac{\mathrm{d}^4 x}{\mathrm{d}z^4} + b_0 k_h v_s - (p_a + p_w)b_a = 0$$

$$k_h = mz$$

单桩水平载荷试验公式：$m = \dfrac{\left(\dfrac{H_{cr}}{x_{cr}}v_x\right)^{\frac{5}{3}}}{b_0(EI)^{\frac{2}{3}}}$

经验公式：$m = \dfrac{1}{\Delta}(0.2\varphi_k^2 - \varphi_k + c_k)$

水平抗力系数 k_h 的比例系数 m 计算示意图如图 4-25 所示。

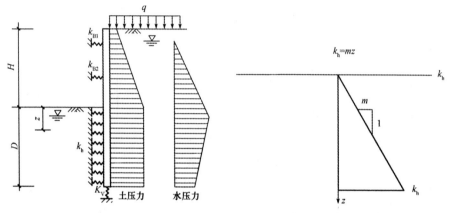

图 4-24 弹性地基梁法计算示意图　图 4-25 水平抗力系数 k_h 的系数 m 计算示意图

③经验数值(表 4-2、表 4-3)。

表 4-2　地基土水平抗力系数的比例系数 m 值

序号	地基土类别	预制桩、钢桩		灌注桩	
		m /(MN·m^{-4})	桩顶水平位移/mm	m /(MN·m^{-4})	桩顶水平位移/mm
1	淤泥；淤泥质土；饱和湿陷性黄土	2～4.5	10	2.5～6	6～12
2	流塑($I_L \geqslant 1$)、软塑($0.75 < I_L \leqslant 1$)状黏性土；$e > 0.9$ 粉土；松散粉细砂；松散、稍密填土	4.5～6.0	10	6～14	4～8
3	可塑($0.25 < I_L \leqslant 0.75$)状黏性土；湿陷性黄土 $e = 0.75～0.9$ 粉土；中密填土；稍密细砂	6.0～10	10	14～35	3～6
4	硬塑($0 < I_L \leqslant 0.25$)、坚硬($I_L \leqslant 0$)黏性土；湿陷性黄土；$e < 0.75$ 粉土；中密的中粗砂；密实老填土	10～22	10	35～100	2～5
5	中密密实的砾砂；碎石	—	—	100～300	1.5～3

表 4-3　上海地区 m 的经验取值

地基土分类		$m/(kN \cdot m^{-4})$
流塑的黏性土		1 000～2 000
软塑的黏性土、松散的粉砂性土和砂土		2 000～4 000
可塑的黏性土、稍密～中密的粉性土和砂土		4 000～6 000
坚硬的黏性土、密实的粉性土、砂土		6 000～10 000
水泥土搅拌桩加固，置换率>25%	水泥掺量<8%	2 000～4 000
	水泥掺量>13%	4 000～6 000

（2）围护墙的变形形式（图 4-26）。

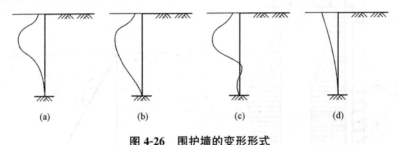

图 4-26　围护墙的变形形式

(a)标准型；(b)旋转型；(c)多折型；(d)悬臂型

（3）围护墙最大水平位移的位置（图 4-27）。

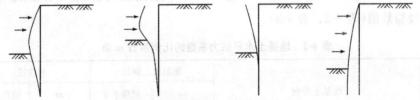

图 4-27　围护墙最大水平位移的位置

　　在基坑开挖初期，支撑尚未架设时，围护墙处于悬臂状态，其最大水平位移发生在墙顶。

　　随着开挖深度的增大及墙顶支撑的架设，墙顶水平位移受到了限制，墙体中部逐渐向坑内凸出，最大水平位移也相应地逐渐下移，并发生在开挖面附近。

　　对于深度在 16 m 以上的深基坑，上海地区的工程经验则表明：围护墙的最大水平位移的位置逐渐上移，底部的土体为土质更好的黏土层，故当开挖这层黏土时，最大水平位移仍保持在上部淤泥质土层位置。

　　墙体最大水平位移的发生位置还与最下道支撑的位置及墙体的插入深度等有密切的关系。

　　（4）围护墙水平位移最大值。支护结构的最大侧移与土层条件、围护结构种类、支撑形式等密切相关，不同地区的统计结果差别较大。

针对具体的某个地区的基坑工程，其支护结构的最大侧移的预测可参考总结的工程经验(表 4-4)，对基坑变形进行初步的预测。

表 4-4　墙体最大水平位移与开挖深度的关系

研究学者	土质及支护特点		$\delta_{hmax}/H(\%)$
Goldberg et al. (1976)	软黏土	钢板桩	>1
		地连墙	0.25
	砂土、砂砾土、硬黏土		<0.35
Clough & O'Rourke(1990)	软到中等硬度黏土		0.2
Ou et al. (1993)	台北，黏土及砂土交替地层		0.2～0.5
Masuda(1993)	日本，黏土，地连墙支护		0.05～0.5
Carder(1995)	硬黏土	支撑刚度高	0.125
		支撑刚度中等	0.2
		支撑刚度低	0.4
吴佩轸等(1997)	地连墙(台北地区)		0.07～0.2
Wong et al. (1997)	下卧良好土层	开挖深度内软土层厚度<$0.9H_e$	<0.5
		开挖深度内软土层厚度<$0.6H_e$	<0.35

四、坑外土体位移的预测

1. Peck 经验曲线法

Peck 经验曲线法如图 4-28 所示。

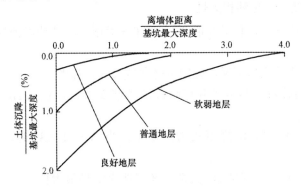

图 4-28　Peck 经验曲线法

坑外土体位移为

$$\delta = 10 \times k \times \alpha \times H \tag{4-21}$$

式中　k——修正系数，围护墙取 $k=0.3$，柱列式支护结构取 $k=0.7$，板桩墙取 $k=1.0$；

　　　H——基坑开挖深度，m；

　　　α——地层沉降值与基坑开挖深度的比值。

2. 地层损失法——面积相关性

(1)计算墙体的变形曲线——挠度曲线。

(2)计算墙体挠度曲线与原始轴线之间的面积 S_w，$S_w = \sum_{i=1}^{n} \delta_i \Delta H$，并根据地质条件、支护类型、基坑深度等各种因素对 S_w 进行经验修正。

(3)假设地表沉降影响范围为 x_0，H_w 为围护墙的高度，φ 为土体的平均内摩擦角，则 $x_0 = H_w \tan(45° - \varphi/2)$。

(4)选取典型的地表沉降曲线(图 4-29)，并根据地表沉降曲线面积 S_s 与围护墙侧移面积 S_w 相等的原则，求得地表沉降曲线，这种情况适用于饱和软黏土不排水条件。

图 4-29　典型的地表沉降曲线

3. 地层损失法——位移相关性

(1)预测支挡墙水平位移最大值 δ_{hm}，可采用有限元方法或者弹性地基梁的方法进行计算；

(2)通过支挡墙的变形情况，确定沉降曲线模式，如图 4-30 所示。

①分别计算初始阶段和最终开挖阶段的挡墙变形量，包括 A_{c1}、A_{c2}、A_s，取 $A_c = \max(A_{c1}, A_{c2})$；

②当 $A_s \geq 1.6 A_c$ 时，沉降模式为凹槽形；当 $A_s < 1.6 A_c$ 时，沉降模式为三角形；

③通过 $\delta_{vm} = (0.5-0.7)\delta_{hm}$ 的关系，确定地表沉降最大值 δ_{vm}，δ_{hm} 为墙体最大水平位移。对于极软的黏性土，也可能 $\delta_{vm} > \delta_{hm}$；

④根据第②步的曲线模式和第③步计算得到的 δ_{vm}，确定相应的地表沉降曲线。

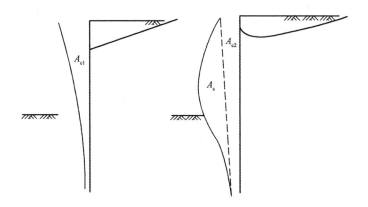

图 4-30　沉降曲线模式的确定

4. 稳定安全系数法

墙体最大水平位移 δ_{hm} 与坑外土体最大沉降值 δ_{vm} 的关系，如图 4-31 所示。

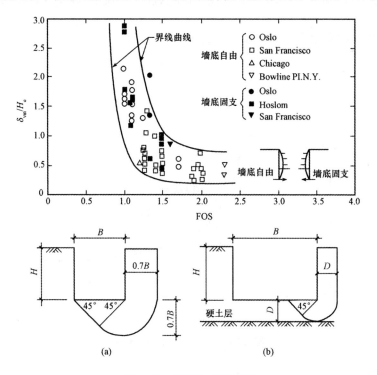

图 4-31　稳定安全系数法

墙体最大水平位移、坑外土体最大沉降与坑底抗隆起安全系数关系如图 4-32 所示。

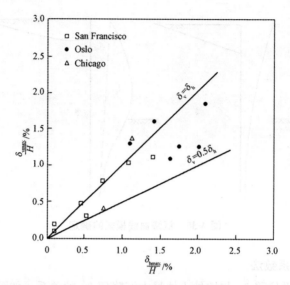

图 4-32　墙体最大水平位移、坑外土体最大沉降与坑底抗隆起安全系数关系

坑底抗隆起安全系数如图 4-33 所示。

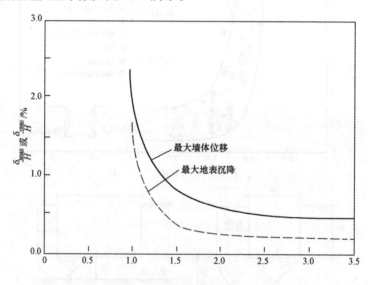

图 4-33　坑底抗隆起安全系数

$$\delta'_{hmax} = \alpha_w \alpha_s \alpha_D \alpha_B \alpha_P \alpha_M \delta_{hmax}$$

$$\delta'_{vmax} = \alpha_w \alpha_s \alpha_D \alpha_B \alpha_P \alpha_M \delta_{vmax}$$

各修正系数：

(1)围护墙刚度和支撑横向间距，修正系数为 α_w；

（2）支撑刚度与间距，修正系数为 α_s；

（3）硬土层埋深，修正系数为 α_D；

（4）基坑宽度，修正系数为 α_B；

（5）支撑预加轴力，修正系数为 α_P；

（6）土体模量乘子，即模量与不排水抗剪强度之间的关系的修正系数为 α_M。

五、坑底抗隆起的估算

1. 规范建议法

日本《建筑基础构造设计基准》：

$$\delta = \sum \frac{C_{si}h_i}{1+e_{0i}}\log\left(\frac{P_{Ni}+\Delta P_i}{P_{Ni}}\right) \tag{4-22}$$

《建筑地基基础设计规范》（GB 50007—2002）：

$$S_c = \Psi_c \sum_{i=1}^{n} \frac{p_c}{E_{ci}}(Z_i\bar{\alpha}_i - Z_{i-1}\bar{\alpha}_{i-1}) \tag{4-23}$$

2. 模拟试验取得的经验公式

同济大学对基坑隆起进行了系统的模拟试验研究，提出了如下经验公式：

$$S = -29.17 - 0.0167\gamma H' + 12.5(D/H)^{-0.5} + 0.53\gamma(0.1c)^{-0.04}(\tan\varphi)^{-0.54}$$

$$H' = H + \frac{q}{\gamma} \tag{4-24}$$

3. 残余应力法

$$\delta = \eta_a\eta_t \sum_{i=1}^{n} \frac{\sigma_{zi}}{E_{ti}}h_i + \frac{z}{h_r}\Delta\delta \tag{4-25}$$

式中　σ_{zi}——第 i 层土的卸荷量，kPa；

η_a——开挖面积修正系数；

η_t——坑底暴露时间修正系数；

h_r——残余应力影响深度，m；$h_r = \dfrac{H}{0.0612H+0.19}$；

$\Delta\delta$——考虑插入比的坑底回弹增量，按表 4-5 选用。

表 4-5　不同插入比下坑底回弹增量 $\Delta\delta$　　　　单位：cm

t/H	>1.5	1.4	1.3	1.2	1.1	1.0	0.9	0.8	0.6	0.4	0.2	0.1
$\Delta\delta$	0	0.15	0.31	0.50	0.70	0.90	1.20	1.50	2.41	3.90	7.19	11.88

$$残余应力系数\ \alpha = \frac{残余应力}{卸荷应力}$$

六、数值计算法

数值计算法包括有限元法、有限差分法等，计算时需要注意以下问题。

1. 本构关系的选取与模型计算参数

(1)选择适合其变形特点的本构关系,如对于软黏土,采用修正剑桥模型或者硬化模型;对于硬黏土、砂土、岩石以及加固体,采用摩尔-库仑模型和弹-塑性模型;对于支护结构,采用线弹性模型。

(2)合理地考虑基坑工程中地基土的特殊的应力路径。

(3)模型计算参数至关重要,通过有效的室内及室外试验,得到模型所需的计算参数。

(4)在大量的工程实测中给予验证和调整,才能真正合理地反映实际工程基坑的变形性状。

2. 合理地对施工过程进行简化模拟

(1)在数值分析中,合理地模拟围护结构与支撑之间、支撑与立柱之间、楼板与立柱之间的连接关系。

(2)对于逆作法施工时,楼板与围护结构的连接关系,对整个支撑系统的受力及变形有一定的影响。

(3)围护结构与土体之间的接触面处理,对于预测坑外土体的位移有重要的影响。

3. 流固耦合的问题

(1)基坑地下水的运动土体的土水压力有很大影响;

(2)降水对基坑变形有影响;

(3)基坑地基土中的超静孔隙水压力的渗流固结对基坑的变形也有很大的影响;

(4)当需要对基坑的变形进行准确模拟时,考虑渗流及固结的耦合计算是十分必要的。

4. 时空效应考虑的必要性

在一般的数值分析中,常常忽略基坑的三维空间效应,仅仅采用平面应变状态进行模拟,而且常因考虑基坑的对称性而仅取1/2的基坑模型,这样简化的结果能够极大地减少计算量,且能满足计算需求。

当实际工程中的空间效应显著,或基坑存在显著的非对称性时,有必要采用三维数值分析来对模型进行准确模拟。

在模拟坑内土体开挖的过程中,如何准确地模拟实际土方开挖的过程,并合理地模拟支撑的架设工序,将直接影响基坑的变形模拟的准确性。

开挖后带有支撑的网格见图4-34。

结语:

与基坑稳定比较,基坑的变形问题更加依靠经验,上海环球金融中心塔楼区基坑不同方法计算的基坑隆起对比见表4-6。

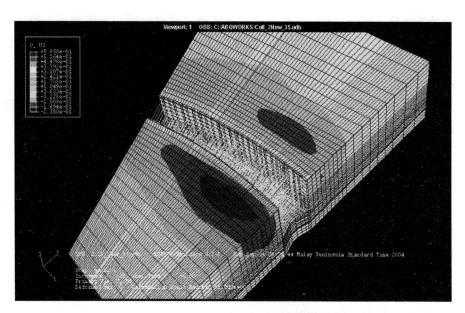

图 4-34　开挖后带有支撑的网格

表 4-6　上海环球金融中心塔楼区基坑不同方法计算的基坑隆起对比

计算方法	日本规范	规范(GB)	模型试验法	有限元法	有限元法	实测值
回弹量/cm	10.96	14.52	22.91	19.8(未考虑桩)	5.1(考虑桩及降水)	2.2

七、基坑变形估算

1. 概述及研究现状

深基坑开挖不仅要保证基坑的安全与稳定，而且要有效地控制基坑周围地层移动以保护环境。在地层较好的地区（如可塑、硬塑黏土地区，中等密实以上的砂土地区，软岩地区等），基坑开挖所引起的周围地层变形较小，如适当控制，不至于影响周围的市政环境，但在软土地区（如天津、上海、福州等沿海地区），特别是在软土地区的城市建设中，由于地层软弱复杂，进行基坑开挖往往会产生大的变形，严重影响紧靠深基坑周围的建筑物、地下管线、交通干道和其他市政设施，因而是一项很复杂而带风险性的工程。

目前，国内外有多种预测深基坑稳定性的计算理论，但很少有对基坑周围地层移动性进行估算的方法。近几年，人们通过大量的基坑工程实践积累了丰富的经验，也总结了一些令人满意的地层移动经验预测方法，实际应用效果较好。

基坑的变形计算理论能否较好地反映实际情况受很多因素的制约，除围护体系及周围土体特性外，较多地受施工因素的影响，计算参数难以准确确定，每一个计算理论都有其适用范围，故计算中必须充分考虑到这一点。

此外，在软土地区，基坑的变形计算还需要考虑时空效应的影响，一般认为，在具有流变性的软土中，基坑的变形(墙体、土体的变形)随着时间的增长而增长，分块开挖时，留土的空间作用对基坑变形具有很好的控制作用，时间和空间两个因素同时协调控制，可有效地减少基坑的变形。

目前，在城市基坑工程设计中，基坑变形控制要求越来越严格，此前以强度控制设计为主的方式逐渐被以变形控制设计为主的方式取代，因而基坑的变形分析成为基坑工程设计中的一个极其重要的组成部分，这一点在软土地区尤为重要。

(1)基坑变形控制的研究现状。土建工程施工控制的概念最初是由 Yao J. T. P. 于1972年首次提出的，它的基本思想是依靠结构物与控制系统间的优化匹配，共同抵御工程及其他外荷载，进而控制其变形位移在允许的限值以内。

在我国，基坑工程施工变形控制的研究始于20世纪90年代。变形控制的基本思想是要求支护结构在满足强度及结构稳定的前提下，还需满足控制变形位移的使用要求，即地下工程施工中既要保证其结构安全、不失稳，又要对周围环境不造成超出允许变形限值的不利影响。

对施工变形的主要研究方法有安全系数法、经验公式法、数值法(正分析与反分析)、地层损失法、系统分析方法。

典型预测方法有灰色系统预测法、时间序列预测法、人工神经网络预测法和深基坑变形预测方法及警戒值研究。

1)灰色系统预测法。对灰色系统模型分析可发现，其实质为一种曲线拟合。其使用条件为：①灰色系统建模的前提是数据序列为光滑的离散函数，其关系可用一个初等函数来表达；②灰色系统模型仅描述一个随时间按指数规律单调增长或衰减的过程。

灰色系统模型的应用范围非常狭小，它既不适用于数据变化规律上凸的情况，又不适用于数据中有负数的情况。

因此，在岩土工程位移预测中应慎用灰色系统建模进行预测研究。

2)时间序列预测法。对时间序列 ARMA 模型进行分析，可发现此模型为一种线性自回归模型，是一种差分方程形式的参数模型。其应用条件为：①要求数据序列为平稳、正态的序列；②序列中的数据应该是其历史数据的线性组合。

由于时间序列模型表示一种随机信号的统计特性，从而要求数量比较大，这就使在允许观测时间短且位移变化不大的情况下，量测有一定难度，实施起来并不方便。

在实际的岩土工程中，所观测得到的位移序列一般不可能为平稳、正态的随机序列；在很多情况下，观测序列都不能符合其历史数据线性组合的特点。这些均限制了时间序列模型的应用。

3)人工神经网络预测法。从神经网络模型的建模过程中可发现，该方法实质为非线性自回归模型。对观测序列几乎没有什么要求，它几乎可以对任何可能的序列进行分析。目前，岩土工程位移预测均采用最简单、常用的无反馈前向神经网络模型(BP模型)，预测方法采用自回归法。分析这种构造的模型，可发现使用中存在大量有待解决的问题，如：①网络结构的确定；②节点单元作用函数的确定；③BP算法问题；④神经网络的外延性。

尽管人工神经网络模型的观测数据序列要求不多，但正是这种普适性增大了神经网络模型建模的难度。

神经网络在土木工程领域内的应用已有大量的工程实例，目前主要应用于结构探伤、震动分析、结构优化和控制等方面。袁金荣博士等曾将其作为一种工具引入地下工程，研究其在地下工程设计、施工各方面的应用可行性，并将其同模糊控制相结合，建立一套集地下工程施工变形预测和控制为一体的智能化控制系统。

在基坑工程方面，神经网络目前主要用于变形预测、工程或研究分类、评估与分析等。

4)深基坑变形预测方法及警戒值研究。

①深基坑变形预估方法综述。采用的方法主要有物理模拟法、数值模拟法、半理论解析法、经验公式预测法以及非线性预测方法等。

在实际工程中常采用一种或几种相结合的预测方法，而以经验公式所计算的墙后地面最大沉降量和以半理论解析法所计算的墙体最大水平位移量，为验证和调整各种计算方法所用参数及计算结果的主要可信参照数据。

总体上，采取理论导向、测试定量和经验判断相结合的方法，以求可靠、实用、简易的技术效果。

②深基坑变形预估方法。

a. Clongh 和 Schmidt 经验方法。G. Wayne Clongh 和 Birger Schmidt 将深基坑开挖释放应力而引起的墙体移动分为"Ⅰ"和"Ⅱ"两种基本形式，如图 4-35 所示。

b. 侯学渊经验方法。

对于第Ⅰ种形式：

沉降影响范围

$$\chi_0 = (H+D)\tan\left(45° - \frac{\varphi}{2}\right)$$

最大地面沉降

$$\delta_0 = 2S_w/(H+D)\tan\left(45° - \frac{\varphi}{2}\right)$$

对于第Ⅱ种形式：

沉降影响范围 x_0 同上；

地面沉降量

$$\delta(\chi) = a\left[1 - \exp\frac{\chi + \chi_m}{\chi_0} - 1\right]$$

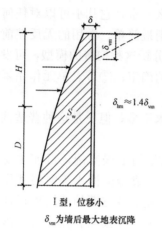
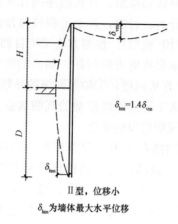

图 4-35 墙体移动类型

③基坑变形预警值的研究。

研究中采用的各类变形预警值如下：

a. 允许地面最大沉降量 $\delta \leqslant 0.3\%H$，H 为坑深，如按 50 m 计算，则 $\delta \leqslant$ 15 cm；

b. 允许围护墙体的最大水平位移值 $\Delta \leqslant 0.4\%H$，则 $\Delta \leqslant 20$ cm；

c. 允许的最大坑深高程处的基底隆起量 $\Delta \leqslant 0.7\%H$，则 $\Delta \leqslant 35$ cm；

d. 变形速率：墙体水平位移 $\leqslant 6$ mm/d；坑周地表位移 $\leqslant 4$ mm/d；

e. 对长江大堤变形控制的警戒值：最大允许变形，$\delta \leqslant 5$ cm；最大允许变形速率，$\delta \leqslant 2$ mm/d。

(2)基坑变形。其包括基坑变形现象和基坑破坏现象。

1)基坑变形现象。墙体的变形包括墙体水平变形和墙体竖向变位。

①墙体水平变形。当基坑开挖较浅，还未设支撑时，不论对刚性墙体(如水泥搅拌桩墙、旋喷桩桩墙等)还是柔性墙体(如钢板桩、地下连续墙等)，均表现为墙顶位移最大，向基坑方向水平移位，呈三角形分布[图 4-36(a)]，随着基坑开挖深度的增加，刚性墙体继续表现为向基坑内的三角形水平移位或平行刚体移位，而一般柔性墙如设支撑，则表现为墙顶位移不变或逐渐向基坑外移动，墙体腹部向基坑内突出[图 4-36(b)]。

②墙体竖向变位。在实际工程中，墙体竖向变位量测往往被忽视，事实上由于基坑开挖土体自重应力的释放，墙体有所上升。有工程报道，某围护墙上升达 10 cm 之多。墙体的上移给基坑的稳定、地表沉降以及墙体自身的稳定性均带来极大的危害。特别是对于饱和的极为软弱的地层中的基坑工程，更是如此。当围护墙底下因清孔不净有沉渣时，围护墙在开挖中会下沉，地面也会下沉。

③基坑底部隆起。在开挖深度不大时，坑底为弹性隆起，其特征为坑底中部

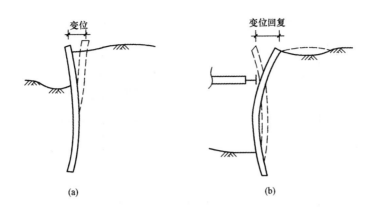

图 4-36 墙体的变形

隆起最高[图 4-37(a)]。当开挖达到一定深度且基坑较宽时，出现塑性隆起，隆起量也逐渐由中部最大转变为两边大、中间小的形式[图 4-37(b)]。但对于较窄的基坑或长条形基坑，仍是呈中间大、两边小分布。

图 4-37 基坑隆起变形

④地表沉降。根据工程实践经验，地表沉降的两种典型的曲线形状如图 4-38 所示。图 4-38(a)的情况主要发生在地层较软弱且墙体的入土深度又不大时，墙底处显示较大的水平位移，墙体旁边出现较大的地表沉降。图 4-38(b)的情况主要发生在有较大的入土深度或墙底入土在刚性较大的地层内，墙体的变位类似于梁的变位，此时地表沉降的最大值不是在墙旁，而是位于距墙一定距离的位置上。

地表沉降的范围取决于地层的性质、基坑开挖深度 H、墙体入土深度、下卧软弱土层深度、基坑开挖深度以及开挖支撑施工方法等。沉降范围一般为(1~4)H，日本对于基坑开挖工程，提出如图 4-39 所示的影响范围。基坑变形过大将导致基坑失稳破坏。

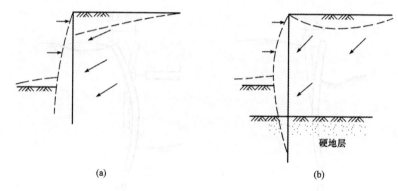

(a)   (b)

图 4-38   地表的沉降曲线形状

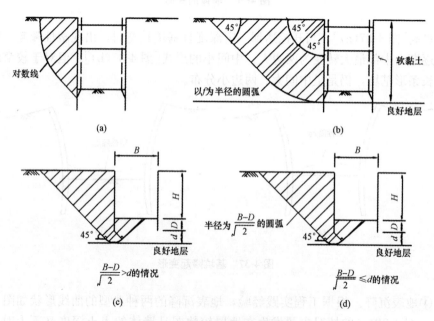

图 4-39   基坑开挖变形的影响范围

(a)砂土及非软黏土时的影响范围；(b)软黏土时的影响范围(入土在良好地层的情况)；

(c)、(d)软黏土时的影响范围(围护墙入土在软弱地层的情况)

　　2)基坑破坏现象。当由于设计上的过错或施工上的不慎，往往造成基坑的失稳。致使基坑失稳的原因很多，主要归纳为两个方面：一是结构(包括墙体、支撑或锚杆等)的强度或刚度不足而使基坑失稳；二是地基土的强度不足而造成基坑失稳。

　　基坑破坏主要表现为以下形式：

　　①放坡开挖基坑。由于设计放坡太陡，或雨水、管道漏水等原因导致土体抗剪强度降低，引起基坑边土体滑坡，如图 4-40 所示。

图 4-40　基坑边土体滑坡

②无支撑刚性挡土墙基坑。刚性挡土墙为水泥土搅拌桩、旋喷桩等加固土组成的宽度较大的一种基坑围护形式，其破坏方式有以下几种：

a. 由于墙体的入土深度不够或由于墙底土体太软弱、抗剪强度不够等，导致墙体及附近土体整体滑移破坏，基底土体隆起，如图 4-41(a)所示。

b. 由于基坑周围打排土桩或其他挤土施工、基坑边堆载、重型施工机械行走等引起墙后土压力增加，或由于设计抗倾覆安全系数不够，导致墙体倾覆，如图 4-41(b)所示。

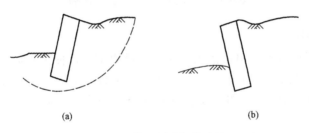

(a)　　　　　　　　　　　　(b)

图 4-41　基坑周围打排土桩

c. 当设计抗滑安全系数不够或墙前被动区土体强度较低时，导致墙体变形过大或整体刚性移动，如图 4-42(a)所示。

d. 当设计挡土墙抗剪强度不够或由于施工不当造成墙体的抗剪强度达不到设计要求时，导致墙体剪切破坏，如图 4-42(b)所示。

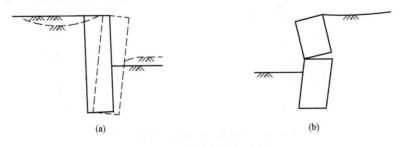

(a)　　　　　　　　　　　　(b)

图 4-42　墙体的剪切破坏

③无支撑柔性围护墙围护基坑。柔性围护墙是相对于刚性围护墙而言的，包括钢板桩墙、钢筋混凝土板桩墙、柱列式墙、地下连续墙等，其主要破坏形式如下：

a. 当挡土墙刚度较小时，会导致墙后地面产生较大的变形，危及周围地下管线、建筑物、地下构筑物等，如图 4-43(a)所示。

b. 当挡土墙强度不够而插入又较深或插入较好的土层时，在土压力的作用下会导致墙体折断，如图 4-43(b)所示。

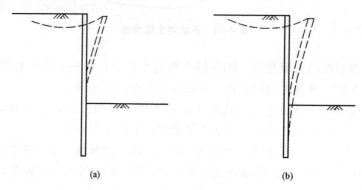

(a)   (b)

图 4-43   无支撑柔性围护墙围护基坑

④内支撑基坑。

a. 由于施工抢进度，超量挖土，支撑架设跟不上，使围护墙缺少大量设计上必需的支撑，或者由于施工单位不按图施工，抱侥幸心理，少加支撑，致使围护墙体应力过大而折断，或支撑轴力过大而破坏，或产生危险的大变形，如图 4-44(a)所示。

b. 由于支护体系设计刚度太小，周围土体的压缩模量又很低，而产生很大的围护墙踢脚变形，如图 4-44(b)所示。

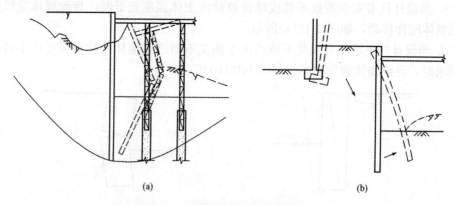

(a)   (b)

图 4-44   内支撑基坑的破坏形式(一)

c. 在饱和含水地层(特别是有砂层、粉砂层或其他的夹层等透水性较好的地层)，由于围护墙的止水效果不好或止水结构失效，大量的水夹带沙粒涌入基坑，严重的水土流失会造成支护结构失稳和地面坍陷的严重事故，还可能先在墙后形成洞穴而后突然发生地面坍陷，如图 4-45(a)所示。

d. 由于支撑的设计强度不够或由于支撑架设偏心较大达不到设计要求而导致基坑失稳，有时也伴随着基坑的整体滑动破坏，如图 4-45(b)所示。

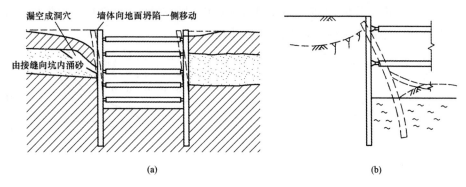

(a)　　　　　　　　　　　　　　(b)

图 4-45　内支撑基坑的破坏形式(二)

e. 由于基坑底部土体的抗剪强度较低，坑底土体产生塑性流动从而产生隆起破坏，如图 4-46 所示。

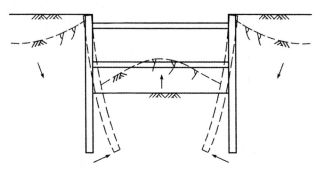

图 4-46　内支撑基坑的破坏形式(三)

f. 在隔水层中开挖基坑时，当基底以下承压含水层的水头压力冲破基坑底部土层，发生坑底突涌破坏，如图 4-47 所示。

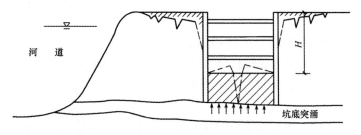

图 4-47　内支撑基坑的破坏形式(四)

g. 在砂层或粉砂地层中开挖基坑时，在不打井点或井点失效后，会产生冒水翻砂（管涌），严重时会导致基坑失稳，如图 4-48(a)所示。

h. 在超大基坑，特别是长条形基坑（如地铁车站、明挖法施工隧道等）内，分区放坡挖土，由于放坡较陡、降雨或其他原因引致滑坡，冲毁基坑内先期施工的支撑及立柱，导致基坑破坏，如图 4-48(b)所示。

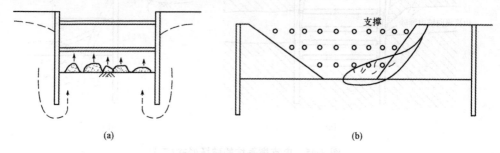

图 4-48　基坑失效

i. 由于支撑设计强度不够或加支撑不及时，或由于坑内滑坡，围护墙自由面过大，使已加支撑轴力过大，或由于外力撞击，基坑外注浆、打桩、偏载造成不对称变形等，导致围护墙四周向坑内倾倒破坏，俗称"包饺子"，如图 4-49 所示。

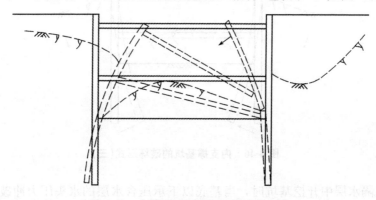

图 4-49　支撑设计强度不够造成的变形

⑤锚拉基坑。

a. 由于锚杆和围护墙、锚杆和锚碇连接不牢或由于锚杆张拉不够、太松弛，设计上或施工上的失误造成锚杆强度或抗拔力不够，施作锚杆后出现未预料的超载，以及锚碇处有软弱夹层存在，导致基坑变形过大或基坑破坏，如图 4-50(a)所示。

b. 由于围护墙入土深度不够或基坑底部超挖，导致基坑踢脚破坏，如图 4-50(b)所示。

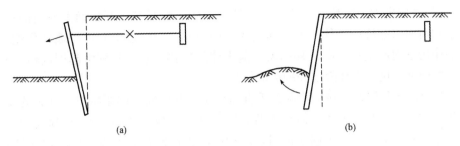

图 4-50　拉锚板桩基坑的破坏形式

c. 由于选用围护墙截面太小，对土压力作了不正确的估计，墙后出现未预料的超载，导致围护墙折断，如图 4-51(a)所示。

d. 由于设计锚杆太短、锚杆整体均位于滑裂面以内致使基坑整体滑动破坏，如图 4-51(b)所示。

e. 由于墙后地面超量沉降使锚杆变位或产生附加压力，危及基坑安全，如图 4-51(c)所示。

锚杆基坑的破坏形式类似于拉锚基坑，此处略。

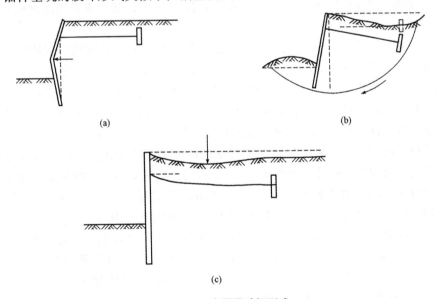

图 4-51　墙周围破坏形式

2. 基坑变形机理

基坑变形包括围护墙的变形、坑底隆起及基坑周围地层移动。基坑周围地层移动是基坑工程变形控制设计中首要考虑的问题，故这里主要讨论地层移动机理。

基坑变形机理包括基坑周围地层移动的机理和影响周围地层移动的相关因素。

（1）基坑周围地层移动的机理。基坑开挖的过程是基坑开挖面上卸荷的过程，由于卸荷而引起坑底土体产生以向上为主的位移，同时也引起围护墙在两侧压力差的作用下而产生水平向位移和墙外侧土体的位移。基坑开挖引起周围地层移动的主要原因是坑底土体隆起和围护墙位移。

1）坑底土体隆起。坑底隆起是垂直卸荷而改变坑底土体原始应力状态的反应。在开挖深度不大时，坑底土体在卸荷后发生垂直的弹性隆起。当围护墙底下为清孔良好的原状土或注浆加固土体时，围护墙随土体回弹而抬高。坑底弹性隆起的特征是坑底中部隆起最高，而且坑底隆起在开挖停止后很快停止。这种坑底隆起基本不会引起围护墙外侧土体向坑内移动。随着开挖深度增加，基坑内外的土面高差不断增大，当开挖到一定深度时，基坑内外土面高差所形成的加载和地面各种超载的作用，就会使围护墙外侧土体向基坑内移动，使基坑坑底产生向上的塑性隆起，同时在基坑周围产生较大的塑性区，并引起地面沉降。

在旧金山勒威斯特拉斯大楼（Levi Strauss Building）的黏性土深基坑工程中，曼纳（Mana）按不同开挖深度以理论预测，作出基坑周围地层移动矢量场及塑性区分布。这个基坑工程地层的不排水抗剪强度为 $S_u = 8.83 + 0.2\sigma'_{v0}$，$\sigma'_{v0}$ 为有效垂直压力，土体重度 $\gamma = 17.8 \text{ kN/m}^3$，压缩模量 $E = 300S_u$，基坑支护墙用钢板桩打入硬土层，基坑宽度为 12 m。

在宝钢最大薄钢板基坑工程中，成功地在黏性土层中采用圆形围护墙从事深基坑施工。其内径为 24.9 m，开挖深度为 32.0 m，围护墙插入深度为 28 m，墙厚度为 1.2 m，围护墙有内衬。由于圆形围护墙结构在周围较均匀的荷载作用下，受到环向箍压力，因此槽段接头压紧，结构稳定。在开挖过程中不用支撑，墙体变形很小，在该深基坑工程中，基坑周围地层移动几乎都是由于坑底隆起引起的，施工单位对此圆形基坑的坑底隆起随开挖加深而增大的变化，进行了较详细的观测。观测结果说明：在开挖深度为 10 m 左右时，坑底基本为弹性隆起，坑中心最大回弹量约 8 cm，而在标高 $-13 \sim -32.2$ m 的开挖过程中，坑底发生塑性隆起，观测到的坑底隆起线呈两边大、中间小的形式，如图 4-52 所示。

①为挖至 -0.7 m 时，坑底隆起线；②为挖至 -10.4 m 时，坑底隆起线；③为挖至 -13.2 m 时，坑底隆起线；④为挖至 -22.6 m 时，坑底隆起线；⑤为挖至 -23.4 m 时，坑底隆起线；⑥为挖至 -32.2 m 时，坑底隆起线。

在坑底塑性隆起中，基坑外侧土体向坑内移动。图 4-53 表示出开挖深度到标高 32.2 m 时，围护墙底下及围护墙外侧 3 m、9 m、18 m、30 m 处土体向基坑的水平位移曲线。

圆形基坑坑底隆起在直径与开挖深度之比较小的条件下，由于圆形基坑的支护结构和坑底土体的空间作用，在隆起形式和幅度上与条形支护基坑有所不同，但两种基坑坑底隆起都是随开挖深度的增加而由弹性隆起发展到塑性隆起，而塑性隆起又伴随着基坑外侧土体向坑底移动。只是条形支护基坑由于支护结构及坑底土体不像圆形

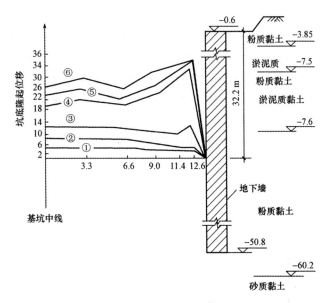

图 4-52 坑底隆起量

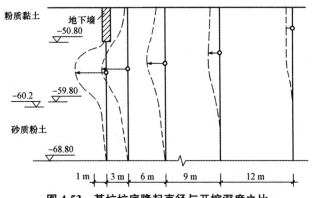

图 4-53 基坑坑底隆起直径与开挖深度之比

支护基坑有空间作用，因而在基坑宽度与开挖深度较小时，会发生坑底的塑性隆起。当支护结构无插入深度时，基坑更易在开挖深度较小时发生坑底的塑性隆起和相伴随的基坑周围地层移动。当塑性隆起发展到极限状态时，基坑外侧土体便向坑内产生破坏性的滑动，使基坑失稳，基坑周围地层发生大量沉陷。

2)围护墙位移。围护墙墙体变形从水平向改变基坑外围土体的原始应力状态而引起地层移动。

基坑开始开挖后，围护墙便开始受力变形。在基坑内侧卸去原有的土压力时，在墙外侧则受到主动土压力，而在坑底的墙内侧则受到全部或部分的被动土压力。由于总是开挖在前，支撑在后，所以围护墙在开挖过程中，安装每道支撑以前总是已发生一定的先期变形。挖到设计坑底标高时，墙体最大位移发生在坑底面下 1～2 m 处。

围护墙的位移使墙体主动压力区和被动压力区的土体发生位移。墙外侧主动压力区的土体向坑内水平位移，使背后土体水平应力减小，以致剪力增大，出现塑性区，而在基坑开挖面以下的墙内侧，被动压力区的土体向坑内水平位移，使坑底土体加大水平应力，以致坑底土体增大剪应力而发生水平向挤压和向上隆起的位移，在坑底处形成局部塑性区。

围护墙水平位移与围护墙外侧地面沉降的比值及沉降大小与沉降范围的关系，如图 4-54 所示。

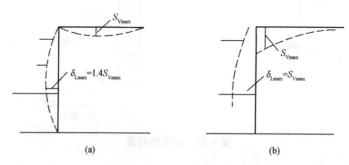

图 4-54　围护墙水平位移与围护墙外侧地面沉降的比值及沉降大小与沉降范围的关系

从图中可看出，墙体位移量小时，墙外侧地面最大沉降量约为墙体位移的 70% 或更小，由于墙体位移小，墙外侧与土体间的摩擦力可以制约土体下沉，故靠近围护墙处沉降量很小，沉降范围小于开挖深度的 2 倍；而当墙体位移量大时，地面最大沉降量与墙体位移量相等，此时，墙外侧与土体间摩擦力已丧失对墙后土体下沉的制约能力，所以最大沉降量发生在紧靠围护墙处，沉降范围大于开挖深度的 4 倍。

墙体变形不仅使墙外侧发生地层损失而引起地面沉降，而且使墙外侧塑性区扩大，因而增加了墙外土体向坑内的位移和相应的坑内隆起（图 4-55）。

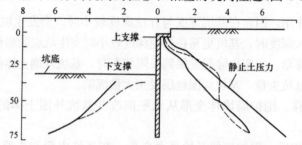

图 4-55　加支撑预应力后墙体上水平土体应力变化预测（Clough）

注：——表示下支撑加预应力之前的土压力；

　　- - - -表示下支撑加预应力之后的土压力。

有无及时加支撑预应力时，墙体及地面变形的对比如图 4-56 所示。

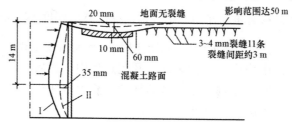

图 4-56　有无及时加支撑预应力时，墙体及地面变形的对比

注：Ⅰ表示未及时加支撑预应力；

Ⅱ表示及时加支撑预应力。

因此，在相同的工程地质和埋深条件下，深基坑周围地层变形范围及幅度因墙体的变形不同而有很大差别，墙体变形往往是引起周围地层移动的重要原因。

在上海软黏土中的深基坑，墙体变形和基坑坑底隆起不仅在施工阶段因产生地层损失引起基坑周围地层移动，而且由于地层移动使土体受到扰动，故在施工后期相当长的时间内，基坑周围地层还有渐渐收敛的固结沉降。

(2)影响周围地层移动的相关因素。在基坑地质条件、长度、宽度、深度均相同的条件下，许多因素会使周围地层移动产生很大差别，因此可以采取相应的措施来减小周围地层的移动。

①支护结构系统的特征。

a. 墙体的刚度、支撑水平与垂直向的间距。一般大型钢管支撑的刚度是足够的。如现在常用 ϕ609 mm、长度为 20 m 的钢管支撑，承受 1 765 kN(180 t)的压力时，其弹性压缩变形也只有约 6 mm。但垂直向间距的大小对墙体位移影响很大。从图 4-57 中可见，刚度参数与支撑间距 h 的 4 次方成反比，所以当墙厚已定时，加密支撑可有效控制位移。

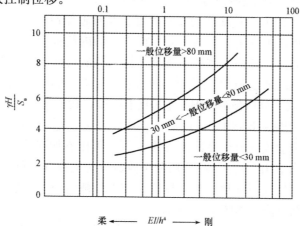

图 4-57　墙体位移与墙体刚度 EI、支撑间距 h 的关系

减小第一道支撑前的开挖深度以及减小开挖过程中最后一道支撑距坑底面的高度，对减小墙体位移有重要作用。第一道支撑的开挖深度 h_1 应小于 $\frac{2S_u}{\gamma}$（S_u 为土体不排水抗剪强度，γ 为土体重度），以防止因 h_1 过大而使墙体外侧土体发生较大水平移动和在较大范围内产生地面裂缝。开挖过程中，最后一道支撑距坑底面的高度越大，则插入坑底墙体被动压力区的被动土压力也相应增大，这势必增大被动压力区的墙体及土体位移，如图 4-58 所示。

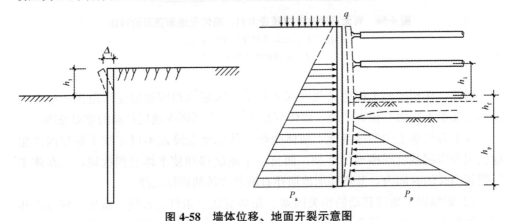

图 4-58 墙体位移、地面开裂示意图

注：墙体、土体位移 P_p 为被动土压力；P_a 为主动土压力。

b. 墙体厚度及插入深度。在保证墙体有足够强度和刚度的条件下，适当增加插入深度，可以提高抗隆起稳定性，减小墙体位移，但对于有支撑的围护墙，按部分地区的工程实践经验，当插入深度＞0.9H 时，其效果不明显。根据上海地铁车站或宽 20 m 左右的条形深基坑工程经验，围护墙厚度一般采用 0.05H（H 为开挖深度），插入深度一般采用(0.6～0.8)H，对于变形控制要求较严格的基坑，可适当增加插入深度；对于悬臂式挡土墙，插入深度一般采用(1.0～1.2)H。

c. 支撑预应力的大小及施加的及时程度。及时施加预应力，可以增加墙外侧主动压力区的土体水平应力，而减少开挖面以下墙内侧被动土压力区的土体水平应力，从而增加墙内、外侧土体抗剪强度，提高坑底抗隆起的安全系数，有效地减小墙体变形和周围地层位移。对加支撑预应力后围护墙内侧水平应力的变化，Clough 曾作过有限元分析预测。根据上海已有经验，在饱和软弱黏土基坑开挖中，如能连续用 16 h 挖完一层（约 3 m 厚）中一小段（约 6 m 宽）土方后，即在 8 h 内安装好 2 根支撑并施加预应力至设计轴力的 70%，可比不加支撑预应力时，至少减小 50%的位移。如在开挖中不按"分层分小段、及时支撑"的顺序，或开挖、支撑速度缓慢，则必然较大幅度地增加墙体位移和墙外侧地面沉降层的扰动程度，因而增大地面的固结沉降，如图 4-59 所示。

d. 安装支撑的施工方法和质量。支撑轴线的偏心度、支撑与墙面的垂直度、

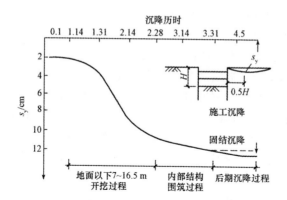

图 4-59 围护墙外侧最大沉降点沉降过程曲线

支撑固定的可靠性、支撑加预应力的准确性和及时性，都是影响位移的重要因素。

②基坑开挖的分段、土坡坡度及开挖程序。长条形深基坑按限定长度 L 分段开挖时，可利用基坑的空间作用，以提高基坑抗隆起安全系数，减少周围地层移动。Skempton 曾对长条形、方形和长宽比为 2 的矩形基坑抗隆起安全系数提出如下计算公式：

$$F_s = \frac{S_u N_c}{\gamma H + q} \qquad (4-26)$$

式中 S_u——不排水抗剪强度，kN/m^2；

γ——土体重度，kN/m^3；

H——开挖深度，m；

N_c——系数，从图 4-60 中查出；

q——地面超载，kN/m^2。

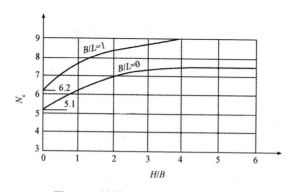

图 4-60 按基坑长、宽、深尺寸查 N_c

参照上述算法，长条形深基坑按限定长度（不超过基坑宽度）进行分段开挖时，基坑抗隆起安全系数必有一定的增加，增加比例为 $10\% \sim 20\%$。

根据上海地区的经验，当某长条形深基坑抗隆起安全系数为 1.5 时，如不分段开挖，墙体最大水平位移 δ 为 1‰H，这属于大的墙体位移。当墙体位移量大时，$S_{Vm}=\delta_{Lm}$，则相应的地面最大沉降 $S_{Vm}=\delta=1‰H$，地面沉降范围＞2H。如分段开挖，基坑抗隆起安全系数增加 20%，$K_s=1.5\times(1+20\%)=1.8$，墙体最大水平位移 δ 为 0.6‰H，这属于小的墙体位移，参照图，当墙体位移量小时，$S_{Vm}=\delta_{Lm}/1.4$，则相应的地面最大沉降 $S_{Vm}=\delta/1.4=0.43‰H$，地面沉降范围＜2H。

由此可清楚地看到：将长条形的基坑按比较短的段，分段开挖，对减小地面沉降、墙体位移和地层水平位移是有效的，同样地，将大基坑分块开挖也具有相同的作用。

在每个基坑的开挖过程中，如分层、分小段开挖，随挖随撑，就可在分步开挖中，充分利用土体结构的空间作用，减小围护墙被动压力区的压力和变形，还有利于尽快迅速施加支撑预应力，及时使墙体压紧土体而增加土体抗剪强度。这不仅可减少各道支撑安装时的墙体先期变形，而且可提高基坑抗隆起的安全系数。否则将明显增大土体位移。

如某基坑在挖到最后的第 5 道支撑的一层土时，开挖了 12 m 一段后延搁了 24 h 未加支撑，使地面沉降明显比及时支撑的部分大了 3～4 mm，如图 4-61 所示。这里表现出基坑开挖中时间效应对墙体和地面变形的明显影响。

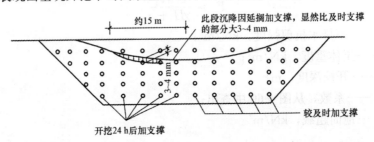

图 4-61　支撑时间与沉降大小关系

③基坑内土体性能的改善。在基坑内外进行地基加固以提高土的强度和刚性，对治理基坑周围地层位移问题的作用，无疑是肯定的，但加固地基需要一定代价和施工条件。在坑外加固土体，用地和费用问题都很大，非特殊需要很少采用。一般来说，在坑内进行地基加固以提高围护墙被动土压力区的土体强度和刚性，是比较常用的合理方法。

在软弱黏性土地层和环境保护要求较高的条件下，基坑内土体性能改善的范围，应考虑自地面至围护墙底下被挖槽扰动的范围。井点降水、注浆加固等方法都是有效的加固方法。但在上海黏性土夹有薄砂层（$K_h\geq10\sim100\,K_v$，K_h 为水平渗透系数，K_v 为垂直渗透系数）或黏性土与砂性土互层的地质条件下，以井点降水加固土体，效果明显，使用广泛。当基坑黏性土夹薄砂层时，如开工前一段时间就开始降水，对基坑土体强度和刚性可有很大提高，根据上海已有经验，降水一个月后土体强度可提高 30%，再参照 Teyake Broome 等国际岩土专家试验，黏性土深基坑土体抗剪强度为 $S_u = 10 + 0.2\sigma'_{0v}$，$\sigma'_{0v} = \gamma' h$。

如对基坑自地面至基坑以下 6 m 厚的土层进行井点降水，则疏干区以上土层的有效应力为 $\sigma'_{0v} = \gamma h$。

当计算有效应力 σ'_{0v} 时，γ 为土体重度。将土浮重度改为重度，其数值增加一倍多，这对降水范围及其下卧地层的各层土层可能起到预压固结作用。因此超前一段时间降水，还可因排水固结增加强度。特别是夹砂层的水降除后，围护墙内力计算模型中的土体水平向弹簧系数也可提高约一倍，这对提高基坑抗隆起安全系数以及减少围护墙的位移有很大的作用。采用注浆等地基加固法，对提高被动区的土体刚度和强度、减少周围地层移动，也有明显作用。但要先从技术经济上与降水加固法做比较论证。

这里要指出，不适当地加深降水滤管也会影响围护墙外围地层下沉，这要根据地质条件做细致研究，如图 4-62 所示为基坑内降水后对基坑外侧地层静水压力的影响。应注意，当围护墙底部存在渗透系数较大的砂性土层时，就有坑内降水对坑外地层产生排水固结的影响（图 4-63）。

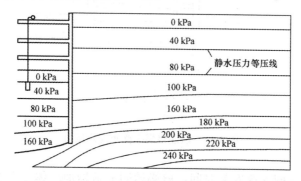

图 4-62　基坑内降水后，基坑底下及外侧静水压力变化

为减少此影响，必要时采取加隔水帷幕或回灌水措施。当基坑坑底黏性土层以下存在承压水的砂性土层时，坑底黏性土层要被承压水顶托上抬，乃至被承压水顶破涌砂，产生破坏性隆起，在此地质条件下，应考虑在砂性土中注浆以形成平衡承压水压力的不透水层，如图 4-64 所示。而确定基坑底至注浆层（不透水层）底面的高度 h，应使 $h\gamma > P_w$，γ 为注浆层底面以上至坑底面的加权平均土体重度。

④开挖施工周期和基坑暴露时间。在黏性土的深基坑施工中，周围土体均达到一定的应力水平，还有部分区域为塑性区。由于黏性土的流变性，土体在相对稳定的状态下随暴露时间的延长而产生移动是不可避免的，特别是剪应力水平较高的部位，如在坑底下墙内被动区和墙底下的土体滑动面，都会因坑底暴露时间过长而产生相应的位移，以致引起地面沉降的增大。特别要注意的是，每道支撑

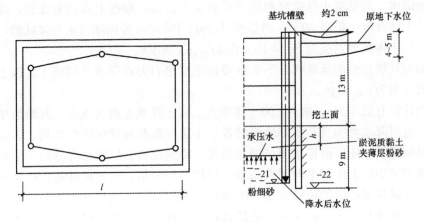

图 4-63　某基坑坑内降水引起墙外地表沉降

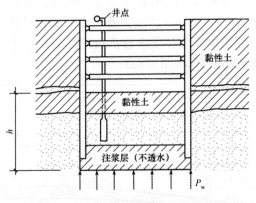

图 4-64　以注浆层平衡承压水压力

挖出槽以后，如延搁支撑安装时间，就必然明显地增加墙体变形和相应的地面沉降。在开挖至设计坑底标高后，如不及时浇筑好底板，使基坑长时间暴露，则因黏性土的流变性也将增大墙体被动压力区的土体位移和墙外土体向坑内的位移，因而增加地表沉降，雨天尤甚，如图 4-65 所示。

⑤水的影响。雨水和其他积水无抑制地进入基坑，不及时排除坑底积水时，会使基坑开挖中边坡及坑底土体软化，从而导致土体发生纵向滑坡，冲断基坑横向支撑，增大墙体位移和周围地层位移。

⑥地面超载和振动荷载。地面超载和振动荷载会减少基坑抗隆起安全度，增加周围地层位移。

⑦围护墙接缝的漏水及水土流失、涌砂。

3. 地层损失法

(1)概述。由于墙前土体的挖除，破坏了原来的平衡状态，墙体向基坑方

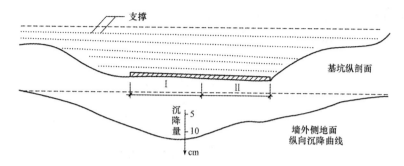

图 4-65 墙外侧地面沉降量随坑底暴露时间延长而增大

注：Ⅰ. 约 50 m，自开挖到第 5 道支撑到浇好底板历时 47 d；

Ⅱ. 约 40 m，自开挖到第 5 道支撑到浇好底板历时 30 d。

向的位移，必然导致墙后土体中应力的释放和取得新的平衡，引起墙后土体的位移。现场量测和有限元分析表明：此种位移可以分解为两个分量，即土体向基坑方向的水平位移以及土体竖向位移。土体竖向位移的总和表现为地面的沉陷。

同济大学侯学渊教授在长期的科研与工程实践中，参考盾构法隧道地面沉降Peck 和 Schmidt 公式，借鉴了三角形沉降公式的思路，提出了基坑地层损失法的概念。地层损失法即利用墙体水平位移和地表沉降相关的原理，采用杆系有限元法或弹性地基梁法，然后依据墙体位移和地面沉降的地层移动面积相关的原理，求出地面垂直位移即地面沉降。也有用一个经验系数乘以墙体水平位移而求得地面沉降的。我国在地下结构和地基基础设计中，较习惯于用经工程考验过的半经验半理论公式，此法已在沿海软土地区逐步普及，加上适当经验系数后，与量测结果较一致。

(2)杆系有限元法。杆件系统有限元单元法简称杆系有限元法，也称竖向弹性地基梁杆系有限元法，其计算原理是假设围护墙为竖向梁，墙后土压力已知(一般假定为主动土压力)，墙前基坑开挖面以下用弹簧模拟地基抗力，用基床系数表示(可根据实际情况假设不同的 K 值分布形式)，支撑假设成弹簧，形成一个平衡系统，求解其内力和变形。

杆系有限元法在计算时是不考虑时间影响的，但在具有流变性的软土地层中(如沿海一带软土等)，时间对墙体的位移是有明显的影响的，因此，为了在计算中考虑时间的影响，可作如下处理：杆系有限元法在每一步计算时，均对支撑处的位移进行修正(支撑架设前的位移)，故可借此机会将时间因素考虑进去，即在修正位移上再加上由于土体流变而产生的位移。一般认为，修正位移增加时，墙体弯矩也增加。

(3)实用公式法求地层垂直沉降。为了掌握墙后土体的变形(沉陷)规律，不少学者先后进行了大量的模拟试验，特别是针对柔性板桩围护墙，在软黏土和松软无黏性土中不排水条件下模拟土体变形情况。

恒定体积时变形的简单速度场如图 4-66 所示。

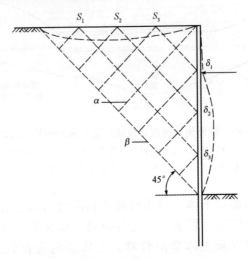

图 4-66   恒定体积时变形的简单速度场

零拉伸线 α 和 β 与主应变的垂直方向成 45°，它们之间相互垂直。

墙后地表任一点的位移与墙体相应点的位移相同，因此地表沉降的纵剖面与墙体挠曲的纵剖面基本相同。

1966 年 Peck 和 1974 年 Bransby 都曾指出，软黏土中支撑基坑的地表沉降的纵剖面图与墙体的挠曲线的纵剖面基本相同。

这里有两个前提条件：一个条件是开挖施工过程正常，对周围土体无较大扰动；另一个条件是支撑的安设严格按设计要求进行。但是实际工程是难以完全做到的，所以工程实测得到的地表沉陷曲线往往与墙体变形曲线不同。对它们进行比较后发现：对于柔性板桩墙，插入深度较浅，插入比 $D/H < 0.5D$（D 为插入深度，H 为开挖深度），最大地表沉陷量比最大墙体位移量大；对于地连墙，插入较深的（$D/H > 0.5D$）柱列式灌注桩墙等，墙体水平位移 δ_{hm} 约为墙后地表沉降 δ_{vm} 的 1.4 倍，即 $\delta_{hm} \approx 1.4\delta_{vm}$；地面沉陷影响范围为基坑开挖深度的 1.0～3.0 倍。

可采用以下步骤将墙体变形和墙后土体的沉陷联系起来。

1)用杆系有限元法计算墙体的变形曲线，即挠曲线。

2)计算出挠曲线与初始轴线之间的面积。

$$S_w = \sum_1^n \delta_n \Delta H$$

3)将上述计算面积乘以 m 的系数，该系数应考虑下列诸因素凭经验选取：

①沟槽较浅(3 m 左右)，地质是上海地表土硬层和粉质黏土，无井点降水，施工条件一般，暴露时间较短(< 4 个月)，轻型槽钢(< [22)，回填土条件一般，

$m=2.0\sim2.5$；

②沟槽较深（5.0 m左右），地质为淤泥质粉质黏土夹砂或粉质砂土，采用井点降水，施工条件较好，暴露时间较短（<6个月），重型槽钢，还填土夯实质量较好，$m=1.5\sim2.0$；

③深沟槽（>6.0 m），地质为淤泥质粉质黏土夹砂或粉质砂土，采用井点降水，施工条件较好，暴露时间较长（<10个月），重型槽钢，$m=2.0$；

④其他情况同上，钢板桩采用拉森型或包钢生产企口钢板桩，$m=1.5$；

⑤基坑较深（>10 m），地质为淤泥质粉质黏土、黏土夹砂或粉质黏土，采用拉森型或包钢生产企口钢板桩，采用井点降水，施工条件较好，支撑及时并施加预应力，$m=1.0\sim1.5$；

⑥其他类型的基坑根据实际工程经验选取，如插入较深的地下连续柱列式灌注桩墙，一般$m=1.0$。

（4）经验系数法求地面垂直沉降。如果认为围护墙水平位移量和坑底隆起量与墙后地面沉降量的关系还难以从理论上分析清楚，则可把理论计算与经验观测结合起来。从围护墙最大水平位移量的计算结果加以经验修正，可预测墙后地面最大沉降量。

上海市隧道工程设计院等单位根据对国内外有关计算理论和工程实践经验的研究，采用如图4-67所示的弹塑性法的计算模型。根据现场测试，围护墙内侧被动区土体在开挖和支撑施工过程中随着坑底基土暴露时间的增加而加大蠕变量，这时按弹塑性法计算出的不考虑时间效应的围护墙变形量，就需要按施工和地质条件乘以经验系数α，以使计算结果与实测值相符。α值按土的性质、土体加固条件、各施工工序历时、开挖到设计标高处的坑底暴露时间以及支撑的及时性和应力程度而定。

从多个工程测试资料中得出施工阶段墙后最大地面沉降量：

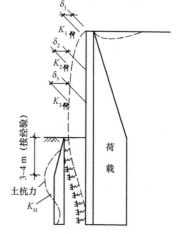

图4-67 围护墙受荷载模型

$$\delta_{vm}=\frac{\alpha\delta_{hm}}{\beta} \tag{4-27}$$

式中 α——经验系数；

δ_{hm}——理论计算围护墙最大位移；

β——围护墙实际最大水平位移与施工阶段墙后地面最大沉降量的比值。

α根据工程经验取值，以上海地铁工程经验为例，即使按目前上海地铁工程所提供的施工要求进行施工，α也大于1，α参照表4-7视现场条件选取。β根据表4-8选取。

表 4-7　α 系数

地质条件	基坑加固情况	基坑抗隆起安全系数	α
软塑黏土夹薄砂	开挖前降水、排水固结	≥1.5	2～3
流塑黏土夹薄砂	开挖前降水、排水固结	≥1.5	3～4
流塑黏土无夹砂	分层劈裂注浆加固坑底土层，加固厚度＞3 m	≥1.5	1.5～2.0
流塑黏土无夹砂层或有黏土层	无注浆加固和排水加固	≥1.5	6
黏性土与砂性土互层	开挖前降水、排水固结	≥1.5	1.5～2.0

表 4-8　β 系数

水平位移量比挖深	α	β
≥1%	≥4	1～1.2
≥0.8%	≤4	1.3～1.4

4. 估算法

这里主要介绍时空效应法、经验估算法（Peck 法）、稳定安全系数法、反分析法。

(1)时空效应法。时空效应法是我国工程院院士刘建航为解决深基坑整体稳定和坑周地层位移的控制问题，参考新奥法隧道施工面时空效应理论和上海大量软土基坑实践而提出的一种计算和控制基坑结构变形及周围地层位移的方法。他在和同济大学侯学渊教授近 20 年合作中结合上海软土深大基坑工程实践，初步认识到在基坑施工过程中每个开挖步骤的开挖空间几何尺寸和围护墙无支撑暴露面积和时间[对于悬臂围护墙，支撑意味着垫层或底板（分块浇）等施工参数]，对基坑的稳定和变形具有明显的相关性，从而开始运用时间和空间效应的概念，初步试行按已有工程经验，考虑时空效应的施工工艺和以控制围护墙无支撑暴露时间为主的施工参数，在已试行的深基坑工程中，均取得了显著的技术经济效果。

正确运用时空效应规律的新施工工艺可以使软土基坑工程的设计施工实现重大变革，以改变现在国内外那些软土基坑单纯以大量加固基坑土体来控制变形的做法，而以科学的经济合理的施工工艺达到基坑稳定和控制变形的要求。时空效应法用于地层自稳性较差、需要支护（内支撑或锚杆等）的情况时效果显著，特别适用于具有流变性的软黏土地层中的基坑工程。时空效应法提出并应用的时间不长，理论尚不完善，正在改进中。时空效应法强调设计和施工密切配合，通过合理的施工工艺，采取相应的措施，达到控制变形的目的。下面从预估变形角度简要叙述。

①时间效应。在具有流变性的地层中进行基坑开挖，当施工进行到某一阶段因某种原因暂停一段时间时，变形会随着时间不断地增长（实际上在施工期间，土

体也具有这种流变性，只是出于时间较短相对而言不明显罢了），直到稳定或引起基坑因变形过大而破坏。

②施工阶段墙后最大地面沉降估算。最大地面沉降 δ_{vm} 由两部分组成，一部分是由于正常施工条件下产生的，定义为 δ'_{vm}；另一部分是由于非正常因素所增加的施工沉降量，定义为 $\Delta\delta_{vm}$，因此，$\delta_{vm}=\delta'_{vm}+\Delta\delta_{vm}$。

正常施工条件下所引起的地面沉降 δ'_{vm}，可按前述求地面垂直沉降的方法得到，也可由基坑抗隆起安全系数 F_s 与墙后最大地面沉降关系确定。

根据上海地区的大量工程实践，F_s 和最大地面沉降存在如图 4-68 所示的关系，即 $\delta'_{vm}=aH$，a 从图下图中根据 F_s 查得，H 为基坑开挖深度，F_s 按圆弧滑裂面验算公式计算，即

$$F_s=\frac{M_r}{M_s}$$

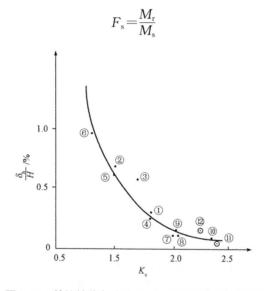

图 4-68　基坑抗隆起安全系数与最大地面沉降关系

①上体馆站；②徐家汇站；③衡山路站；④黄陂路站；

⑤人民广场站；⑥新客站；⑦新世界商厦东坑；

⑧新世界商厦西坑；⑨工商大厦；⑩上海大厦 A；

⑪上海大厦 B；⑫延安东路隧道 106 段

式中　M_r——抗滑力矩；

　　　M_s——滑动力矩。

非正常因素所增加的施工沉降量 $\Delta\delta_{vm}$ 主要是由于开挖缓慢、支撑滞后、坑底暴露时间长以致引起因土体流变性而产生的地面沉降量，可用下式表示：

$$\Delta\delta_{max}=\sum\alpha_i t_i+\sum K_i\alpha H \tag{4-28}$$

式中　α_i——某道支撑拖延 1 d 而引起的沉降量；

　　　t_i——拖延天数；

K_i——某种施工因素所引起的沉降增量系数。

α_i、t_i、K_i 可根据实际工程经验取值，按上海地区地铁工程中基坑经验，α_i、K_i 值列于表 4-9。

表 4-9　α_i、K_i 的值

施工因素		
支护不及时，超过规定时间8 h以上或坑底暴露时间超过10 d	α_i	2.3 mm/d(第二道支撑深度)
		2.4 mm/d(第三道支撑深度)
		3.4 mm/d(第四道支撑深度)
		4.1 mm/d(第五道支撑深度)
		1 mm/d(基坑坑底)
未预加应力	K_i	$0.2\delta_{vm}$
开挖段超过限定长度		$0.2\delta_{vm}$

表 4-10 为几个工程的实测值与计算值的对比，从表中可以看出，较为接近。

表 4-10　经验估算和实测值对比

实际工程项目	K_s	H(开挖深度)	实测 S_{max}	按上述经验公式估算值
地铁上体馆车站深开挖，施工正常	1.5	14 m	<6 cm	$0.005 \times 1\ 400 = 7$(cm)
徐家汇车站某段深开挖支撑不及时，基坑暴露时间较长	1.5	17 m	16～20 cm	$0.005 \times 1\ 700 + (5 \sim 8) \times$ $(2.3 + 2.4 + 3.4 + 4.1 \times 1) \div 10$ $= 15 \sim 19$(cm)
徐家汇车站南段深开挖，施工正常	1.5	17 m	8～10 cm	$0.005 \times 1\ 700 = 8.5$(cm)

③施工后期墙后地面最大沉降估算。施工后期指深基坑开挖和封底完成后，基坑周围受扰动的地层以逐渐减少沉降速率的趋势增加地表沉降量。预测这种延续时间较长的沉降量，可用两种后期沉降曲线方程求出。

自底板浇筑后满养护期(28 d)起经历 7 d 的后期地面沉降量为：

双曲线方程 $\delta = \dfrac{\delta_{vm}}{1 + \beta/t}$，指数方程 $\delta = \delta_{vm}(1 - e^{gt})$，式中值取决于地质和工程条件，按工程中实测的沉降和历时变化值，用最小二乘法回归求出。

④墙后横向地面沉降曲线估算。根据上海地区基坑工程实测资料分析，墙后横向地面沉降曲线可用下式表示：

$$\delta(x) = a\left[1 - \exp\left(\frac{x + x_m}{x_0} - 1\right)\right]$$

当墙体变形较小时，$0.5x_0 \geqslant x_m \geqslant 0.35x_0$，可用下式求得 a：

$$a = \frac{\delta_{vm}}{\left[1 - \exp\left(\dfrac{0.7H}{x_0} - 1\right)\right]}$$

代入上式得：

$$\delta(x) = \frac{\delta_{vm}\left[1 - \exp\left(\dfrac{x + x_m}{x_0} - 1\right)\right]}{\left[1 - \exp\left(\dfrac{0.7H}{x_0} - 1\right)\right]}$$

当 x_m 不在上述范围时，可用下式求得：

$$\delta(x) = a\left\{1 - \exp\left[\frac{x^2}{(x_0 - x_m)^2}\right] - 1\right\}$$

式中

$$a = \frac{\delta_{vm}}{1 - \exp\left[\dfrac{x_m^2}{(x_0 - x_m)^2} - 1\right]}$$

⑤空间效应。在基坑开挖施工过程中，有计划地对基坑中的土体进行各种形式的划分，分层、分条、分块进行开挖，以期在每一时刻都利用土体结构的抵抗力形成的空间作用，形成对围护墙稳定的支撑，减小围护墙的位移，提高基坑的稳定性，进而也减少了周围地层的移动，保护了周围的环境。

利用土体的空间效应的方式有多种，如分条分段、分层开挖、盆式开挖和岛式开挖等。

⑥时间效应和空间效应的协同作用。时间效应和空间效应往往是密切相关、协同作用的。例如，仅仅确定了分块的大小、方式是不够的，还需要确定每块的开挖时间和加支撑的时间。时空效应协同作用目前尚无较好的理论计算分析，实际应用中一般按工程经验估算，有限元法作理论探讨。

a. 经验法。经验法是根据某地区长期的基坑工程实践经验，确定每次开槽挖土的宽度、厚度及每次开挖和支撑的时间等，以限制基坑的变形。现以上海软土基坑为例，一般用 16 h 挖完一层（约 3 m 厚）中的一小段（约 6 m 宽）的土方后，在 8 h 内安装好支撑，这样效果最好。

b. 有限元法。考虑时空效应的基坑工程有限元分析，需采用连续介质黏弹塑性三维有限元法，目前在分析中可采用如下假设：土体假设为黏弹性体，根据计算参数、容易确定、计算结果较符合实际情况的原则选择本构模型；挡土墙和支撑一般采用线弹性假设；分块挖土模拟实际施工过程；挖土和加支撑的时间按具体情况假定等。

根据上述假设计算出围护结构的内力以及围护结构和基坑周围土体的位移，计算出的内力必须满足围护结构的强度要求，位移必须满足周围环境的要求，如果内力和位移中任一项不满足，可调整挖土、支撑方案，直到满足要求，由此可确定分块挖土和支撑的方案。

采用有限单元法初步考虑时空效应已有人作过尝试，由于土的工程性质研究的滞后和计算设备的限制等，还难以用于实际工程分析，目前理论方面的研究进展很快。

（2）经验估算法（Peck 法）。基坑周围地面下沉的估算是工程判断中的重要课题。Peck 曾给出如图 4-69 所示的无因次曲线，可用以得到下沉的数量级及沉降分布曲线。

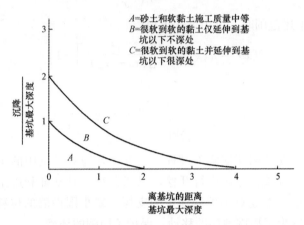

图 4-69　预估地面下沉沉降曲线

图 4-69 所示的沉降曲线认为沉降大小主要受地区条件的控制，考虑的因素较简单，1969 年提出后便作为施工单位的一种估算，流行于世界各国。沉降的曲线宽度也作为工程参考。

长期估算地面沉降的时间对 Peck 法进行了修正和完善，如前所述。

（3）稳定安全系数法。

（4）反分析法。反分析法预测基坑变形特别适用于现场信息反馈施工，它根据前期施工情况预测基坑后期变形，预测结果准确度较高，因而对现场施工有较好的指导作用。

岩土工程由于地质、水文条件以及实际地下结构受力机理的复杂性，通过室内试验或现场钻探获得土层物理力学参数都有其局限性与离散性。显然，在应用这样的物性参数计算得到的支护结构的应力、变形状态以及地面沉降等，不可能完全与施工过程中实际量测到的数据相同。为了使量测数据、理论计算值相一致，必须根据实测得到的数据信息，修正计算模型中的参数（经修改后的参数比前面计算中应用的参数要准确），使计算结果与这次的实测数据相一致，再根据修正后的物性参数，通过计算预测下一施工阶段的墙体、基底、地表等的变位和应力状态。在下一施工阶段中又得到实测数据，再将这批实测数据反馈给计算机，第二次修改物性参数（经修正后的参数更趋于精确），然后根据第二次修正后的物性参数，经过与上一次相同的计算，再预测下阶段的工程状态。如此反复，直至施工结束。

在施工过程中对一些重要数据进行实地量测，是反分析法实施的首要条件。

对于一般的工程，主要量测地面沉降量（包括地层的分层沉降及管线的沉降）、近旁建筑物的相对沉降、基底隆起量、墙体变位、墙体钢筋应力、支撑轴力、孔隙水压力、土压力等，量测项目根据实际需要增减。

反分析法在工程中的应用方法如图 4-70 所示。

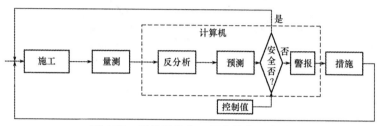

图 4-70　反分析法在工程中的应用方法

反分析法分为概率论方法与非概率论方法两类。工程中常用的是直接法，直接法属于非概率论方法的一种，应用范围很广，无论是线性、非线性、连通、非连通问题都可应用。由于它采用了最小二乘法原理，因此它较少受量测误差的影响。此法的缺点是计算工程量较大，高速计算机的出现使反分析法获得越来越广泛的应用。

5. 纵向沉降

基坑两侧地层纵向不均匀沉降对于平行于基坑侧墙的地下管道线的安全影响至关重要，对这方面问题的研究和治理，在国内外文献中还少见到。通过上海地区地铁工程的实践，初次对此取得了预测和治理方法。

同济大学对长条形基坑外地面的纵向沉降采用三维有限元进行了初步的研究。计算模型如图 4-71 所示。

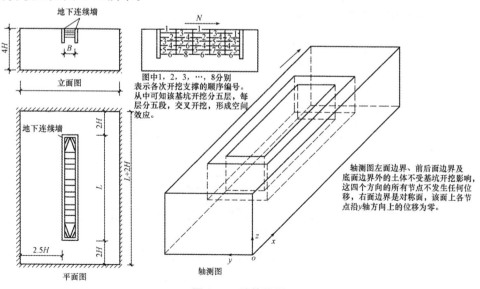

图 4-71　计算模型

分析发现，基坑长方向两端由于空间作用，对沉降有约束作用，显现沉降骤减的规律，如图 4-72 所示，离基坑越远，这种约束作用越小。

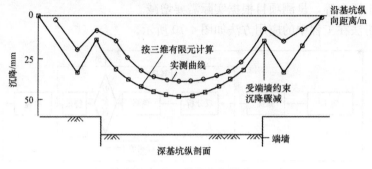

图 4-72　三维有限元曲线

从三维有限元分析结果及已有实测资料综合分析中，可得到纵向沉降的变化规律：

基坑内侧围护墙背后宽度为开挖深度 H 的地带，自地面以下 $0\sim6$ m 范围的沉降幅度及不均匀性与地面者基本一致，因此对此地带中的地下管线保护问题应给予充分重视。

在地面纵向沉降曲线中，在围护墙基坑两端，因地层沉降受到刚度很大的端墙的约束而出现沉降抑制点，在此点附近沉降曲线的曲率骤然变大，差异沉降坡度骤增，在基坑侧墙外边以外约 $1.0H$(H 为开挖深度)的范围内，地面纵向沉降有约束点，见图 4-73 中的 A 沉降槽。这种沉降形式目前尚无较好的估算方法；超过 $1.0H$ 范围，沉降曲线无约束点，见图 4-74 中的 B 沉降槽，这种沉降形式可用上海地区现在试用的经验方法估算。

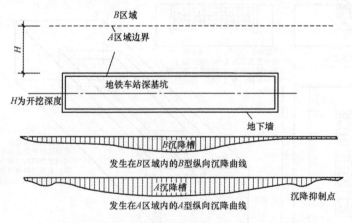

图 4-73　地铁车站深基坑纵向沉降分布

理想的纵向沉降曲线可用以下方法预测：在一个基坑的开挖段中因开挖引起的纵向沉降曲线的范围及线型根据观测经验资料初步提出如下经验公式：

$$l = 2(H-h)s + L$$

式中 H——基坑开挖深度，m；

h——基本不产生地面沉降的挖深，软土地区在正常施工条件下可取 $3\sim 4$ m；

s——开挖段中的开挖坡度；

L——分段开挖的长度，m。

纵向沉降曲线的线型：图 4-74 中 a 段为曲率半径为 A 的圆弧，b 段为两个 a 段的连接切线，δ_{vm} 为开挖段处预测墙后横向最大地面沉降量或横向沉降曲线某点的地面沉降（视预测的纵向沉降曲线距墙边距离而定）。

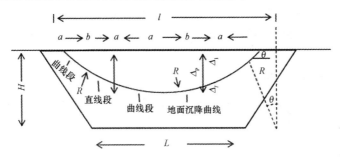

图 4-74 墙后纵向地面沉降曲线

沉降曲率半径 $R = \dfrac{al - 2a^2}{2\delta_{vm}}$，按经验 $a = \dfrac{l}{6}$，则

$$R = \frac{l^2}{18\delta_{vm}}$$

式中 l——纵向沉降影响范围；

δ_{vm}——沉降曲线中心的最大地面沉降量。

因施工进展的不均匀性，上述预测纵向沉降曲线局部与实际沉降量不吻合，但按此预测，可判断：平行于围护墙的坑外侧各种类型的地下管线，可以不予搬动而采取跟踪监测和以注浆调整管底高度的方法来保证管线安全。该方法特别适用于预测长条形基坑在离开端墙内侧约 $3H$ 的基坑端墙中间部分的、放坡开挖施工阶段的地面纵向沉降曲线。

6. 基底隆起变形

基坑工程中由于土体的挖出与自重应力释放，致使基底向上回弹。另外，也应该看出，基坑开挖后，墙体向基坑内变位，当基底面以下部分的墙体向基坑方向变位时，挤推墙前的土体，造成基底的隆起。

基底隆起量的大小是判断基坑稳定性和将来建筑物沉降的重要因素之一。基底隆起量的大小除和基坑本身特点有关外，还和基坑内是否有桩、基底是否加固、基底土体的残余应力等密切相关。计算基底隆起的方法虽然较多，但多数方法的计算结果和实测值相差较大，下面介绍两个比较常用的计算方法。

日本规范公式：日本《建筑基础构造设计》中关于回弹量的计算公式为

$$R = \sum \frac{H \cdot C_r}{1+e} \lg \left(\frac{P_N + \Delta P}{P_N} \right) \tag{4-29}$$

式中　e——孔隙比；

　　　C_r——膨胀系数（回弹指数）；

　　　P_N——原地层有效上覆荷载；

　　　ΔP——挖去的荷载；

　　　H——厚度。

在应用上式计算回弹量时，需对每一层土都进行计算，然后再计算总和。每一层土的 H、C_r、e 都可能是不同的，ΔP 为所计算层挖去的那部分土重。P_N 也可能每一层都不同。

7. 刚性挡土墙水平位移

水泥土搅拌桩、旋喷桩等构成的重力挡土墙，由于刚度较大，故称刚性挡土墙，其墙顶水平位移可按下式估算：

$$\delta = \frac{h_0^2 L}{10CB} \xi \tag{4-30}$$

式中　δ——墙顶水平位移，cm；

　　　L——基坑的最大边长，cm；

　　　h_0——基坑开挖深度，cm；

　　　B——墙宽，cm；

　　　ξ——施工质量系数，根据经验取 0.8～1.5，质量越好，取值越小。

该公式适用于插入深度 $D=(0.8～1.2)h_0$，墙宽 $B=(0.6～1.0)h_0$ 的刚性挡土结构。

此外，刚性挡土墙水平位移还可以采用有限元计算，这里不再介绍。

八、深基坑变形因素和控制方法

随着城市建设的快速持续发展，如何控制深基坑工程的变形和安全，避免由于深基坑的变形导致周围设施和环境的破坏、开裂、变形，就成为工程建设中的一个重要课题。岩土工程中一个重要的综合性学科就是深基坑工程。深基坑工程是结构工程、岩土工程和施工技术等多种学科相互交叉的各种复杂因素相互影响的系统工程。近几年，我国深基坑工程正迅速发展，在工程的实践中有成功也有失败，深基坑中还有很多问题有待进一步去解决。深基坑工程不但要保证周围建筑物的正常使用和安全，更要保证深基坑围护结构的安全。所以，对深基坑变形控制的研究越来越重要。

1. 影响深基坑变形的因素

深基坑工程主要是指开挖深度超过 5 m 的基坑的支护、开挖和降水工程。深基坑工程包括基坑土方开挖、施工与基坑支护，是一项综合性非常强的系统工程，需要结构工程技术人员和岩土工程人员的紧密结合。

(1)设计因素。设计因素对深基坑变形的影响包括很多方面，主要有土深度和围护墙体的刚度、支撑的位置、深基坑的开挖深度和平面尺寸、预应力的大小、支锚的道数、刚度以及土体的加固等。由于设计不当，造成深基坑事故占总事故的 46%。因此，对影响深基坑变形的设计因素进行研究是很有必要的。

(2)地质条件。深基坑工程的施工还与自然条件密不可分，在设计时必须掌握深基坑施工地的气候和水文、地质条件，调查工程所在地的气候、水文、地质条件也是确定开挖方法和支护方法、地基加固设计和降水方法的基本依据。

2. 国内外研究现状

深基坑的支护结构除了要满足强度要求外，还应满足变形的要求。满足变形的要求在软土地区占据着主导地位，也就是说，设计受到变形控制。深基坑的变形主要由深基坑底部土体隆起、围护结构位移和周围地表沉降几个部分组成，在深基坑开挖的过程中，周围地表的沉降主要是因为围护结构的位移和坑底土体的隆起，围护结构在两侧压力差的影响下影响深基坑土体变形和水平位移。

(1)国内研究现状。我国对深基坑变形的研究主要是从 20 世纪 80 年代末开始的，经过几十年的发展，取得了丰富的成果。大量相关的文献著作竞相发表，特别是在深基坑的时间效应和空间效应规律的研究上更是达到了较高水平。朱碧堂、吴兴龙支持在深基坑设计中要同时考虑时间和空间效应，控制土体变形的产生，增强支护结构的安全性和稳定性。应宏伟、曾国熙等在比较挡墙刚度、力学性质和开挖方式等对土体沉降的影响后，分析了深基坑形状、支护结构等因素对土体沉降的影响。从以上一些人的研究中可以看出，影响深基坑变形的因素主要有：①深基坑工程的水文与地质条件以及施工场地和施工过程中的周边环境。②深基坑开挖深度和平面尺寸，地面的震动荷载和超载。③支护结构设计参数和支护系统类型等。

(2)国外研究现状。外国的一些学者也对深基坑变形进行了大量的研究，且取得了非常丰富的成果。就近几十年来说，1990 年，Clough 对因为深基坑开挖导致的变形进行了研究。Clough 把深基坑的变形分为两种：一种是因为相关的施工活动如基础的施工、墙体的施工等引起的变形，另一种是深基坑在支持和开挖过程中引起的变形。2001 年，Long 根据大量深基坑的土体变形和墙体变形的资料，讨论了支撑系统和开挖深度、坑底抗隆起稳定系数等，对深基坑变形的影响做了研究。

3. 控制深基坑变形的方法

（1）控制设计计算法——极限平衡法，可以分为太沙基法、1/2 法、等值梁法等，该方法在假设作用在支护结构前后的土压力分别达到主动和被动土压力的基础上，使超静定的结构力学问题转化为静定问题来解决。极限平衡法较难反映深基坑在开挖过程中遇到的各种因素对土压力分布的影响，大多数需要根据实际的经验对计算和土压力结果进行分析，不能提供设计时需要的支护结构水平位移。在每个阶段的计算中，不能正确反映施工过程中支护结构承受力的连续性。

（2）变形预测法。深基坑在变形计算中采用以往的风险方法不能反映很多因素的影响，不能准确计算深基坑的变形。目前，对动态数据处理的一种有效方法是时间序列分析预测法。这种方法主要是利用参数模型，对观测到的所有数据随机进行处理和分析，不需要考虑影响观测数据的各种力学因素。

（3）深基坑变形监测。我国深基坑工程设计都是使用定值静态设计方法，但是深基坑开挖最大特点是动。其各种参数和计算模型，例如，支护结构、压力和土体的变形等都处于不断的变化中，人们对其变化规律的认识到目前为止还没有一个充分的认识，这就和实际情况产生了差别。目前，国内外正兴起在信息化监控下动态施工和设计的新技术，能很好地解决这一问题。动态施工和设计是在对设计方案进行优化后，依据具体施工过程对支护机构进行各阶段的分析，并预测它在各个阶段的性状，例如，水土压力、位移、结构内力、沉降等。对深基坑变形监测是贯穿于整个施工过程中的重要环节，并将在深基坑工程中发挥巨大的作用。

我国深基坑变形控制的技术在不断发展，深基坑设计正由控制强度的设计转向控制变形设计的过渡阶段，岩土工程中的一个重要工程就是深基坑变形控制。

九、软土深基坑变形影响因素分析及控制

结合工程实例，就软土地区地铁深基坑变形而言，设计上从围护结构及支撑刚度、内支撑竖向间距，对支撑施加预应力，支护嵌固深度等方面；施工上从开挖深度和宽度、开挖顺序、地基加固、基坑暴露变形、基坑空间效应等方面综合考虑了影响深基坑变形的因素，并提出了减小基坑和周围地层变形的具体措施。

城市地铁及高层建筑的基坑具有深、大的特点，挖深一般在 15~20 m，基坑近旁多有建筑物、道路和管线分布。为保护周围已有建筑物的正常使用和安全，不仅要求基坑支护结构具有足够的强度以保证基坑本身安全，而且对变形也提出了严格限制。尤其是深圳、上海等东南沿海软土地区的深基坑工程，很多情况下变形控制起决定性作用，因此基坑的变形控制和治理问题已经成为目前地下工程中一个十分热点的课题。

1. 深基坑变形及变形机理

基坑开挖引起的变形主要包括三个部分，即围护结构的变形和位移、围护结构后的地表沉降和土体位移、基坑底部的回弹和隆起，研究证明这三方面是相互关联的。

(1)围护结构的变形和位移。对于悬臂围护结构和开挖深度较浅时尚未设的带支撑的围护结构，墙体侧向变形一般表现为三角形分布，即墙顶位移最大，墙体绕其坑底以下某点向坑内倾斜。支撑体系设置完毕并开始受力后，随着开挖深度的增加，墙体的侧向变形表现为墙顶位移基本不变，墙体腹部向坑内凸起。

基坑开挖时，荷载不平衡导致围护墙体产生水平向变形和位移，从而改变基坑外围土体的原始应力状态而引起地层移动。基坑开挖时，围护墙内侧卸去原有土压力，而基坑外侧受主动土压力，坑底墙体内侧受全部或部分被动土压力，不平衡土压力使墙体产生变形和位移。围护墙的变形和位移又使墙体主动土压力区和被动土压力区的土体发生位移，墙外侧主动土压力区的土体向坑内移动，使背后土体水平应力减小，剪力增大，出现塑性区而在开挖面以下的被动区土体向坑内移动，使坑底土体水平向应力加大，导致坑底土体剪应力增大而发生水平向挤压和向上隆起的位移。在软土地区，由于围护结构插入比[1：(0.8～1.2)]较大，坑外土体绕过围护结构底向坑内流动受到限制，因此坑外地表沉降和深层土体移动主要是由围护结构变形引起的。

墙体变形不仅使墙外侧发生地层损失而引起地表沉降，而且使墙外侧塑性区扩大，因而增加了墙外土体向坑内的移动和相应的坑内隆起，墙体的变形是引起周围地层移动的重要原因。

(2)围护结构后的地表沉降和土体位移。基坑开挖将引起围护结构后相当范围内地表沉降及土体位移，这是基坑工程对周围环境的主要危害之一。目前对地表沉降和土体位移的研究主要集中在分析地表沉降的分布形式、范围及沉降的最大值。而对周边环境保护更重要的差异沉降的研究，则有待进一步深入。

软土地区的深基坑由于深度较大、土质较弱，围护结构外土体进入塑性区的范围较大，土体发生的弹性形变和塑性流动也较大，且墙体变形引起土体向坑内移动，导致围护结构墙后地表、土层沉降和位移。

(3)基坑底部的回弹和隆起。基坑开挖时，基坑底面的变形量由两部分组成，一是由于消除了坑底以上坑内土体的自重应力，坑底以下土体由于应力释放将产生回弹；二是基坑周围土体自重作用和水平方向对坑内土体的挤压使坑底土向上隆起。在较窄的基坑中，底部隆起呈现出中间大、两边小的形态。基坑较宽时，在距离围护结构一定距离处坑底隆起达到最大，中心区域隆起量相对较小。

坑底土体隆起是坑底土体原有应力状态因垂直卸荷而改变的结果。在开挖深度不大时，坑底土体在卸荷后发生垂直向隆起，当围护墙底为良好的原状土或注浆加固土时，围护墙在土体作用下也被抬高。坑底隆起量为中间大、两侧小，这种隆起基本不会导致两侧围护墙体的侧向变形。随着开挖深度不断加大，坑内外土面高差不断加大，到达一定程度时，将导致基坑坑底产生塑性隆起，同时在基坑周围产生较大的塑性区，并引起地表沉降。

对于以上三种基坑变形，国内外学者进行了大量的研究，并得到了很多有益的结果。由于围护结构的位移一般对基坑和周围环境影响较小，基坑底部的回弹和隆起在实际工程中难以区分并精确量测。

以下结合工程实例，就基坑变形的施工影响因素进行分析，并提出相应的控制措施。

(1)工程概况。某地铁车站位于深圳市南山次中心前海片区，前海湾站基坑开挖长 567 m，深度 14～18 m。基坑平面及监测点布置图如图 4-75 所示(分仓开挖，仅绘基坑一段)。

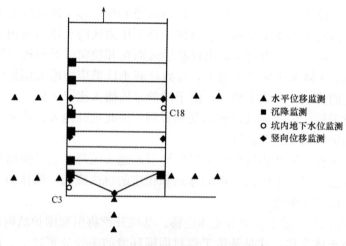

▲ 水平位移监测
■ 沉降监测
○ 坑内地下水位监测
◆ 竖向位移监测

图 4-75　基坑平面及监测点布置图

(2)地质条件。该区是以填海为主的 7.5 km² 的新兴区域，正在进行填海施工，周围空旷，无建筑物、管线、道路等。工程地质水文条件复杂，淤泥层厚。土质不均，呈坚硬、流塑状态，有球状风化残留体存在，容易引起不均匀沉陷，施工开挖容易坍塌，属较不稳定土体。其工程地层如下：

1)第四系全新统人工堆积层(Q4ml)按照填土填料成分不同分为①1 素填土、①3 素填土 2 个亚层。

2)第四系全新统海积层(Q4m)分为②1 淤泥、②2 淤泥质黏土。

3)第四系全新统海冲积层(Q4m+al)按照颗粒级配或塑性指数可分为③4 黏土、③5 粉质黏土、③7 粉砂、③9 中砂、③10 粗砂、③11 沙砾 6 个亚层。

4)残积层(Qel)由花岗岩风化残积形成，按照其大于 2mm 颗粒含量(%)分为⑥2 砂质黏性土 1 个亚层。

5)燕山期花岗岩(γ53)。黄褐色、褐黄色、肉红色、灰白色，中粗粒结构，块状构造，主要成分为石英、长石、云母，按风化程度可分为⑦1全风化花岗岩、⑦2强风化花岗岩和⑦3中风化花岗岩3个亚层。

(3)水文条件。本场地地下水按赋存条件主要分为孔隙水及基岩裂隙水。孔隙水主要赋存在第四系砂层及黏性土、残积层和全风化花岗岩中，砂层中地下水略具承压性。基岩裂隙水主要赋存在花岗岩强风化层及中等风化层中，略具承压性。地下水水位高、水源丰富，潮汐水对工程有较大影响。标段范围内的含水层主要为砂层，与双界河河水及海水有水力联系，结构松散，自稳性差，施工易发生坍塌、涌水、涌砂等现象。

2. 基坑变形的设计影响因素

(1)围护结构及支撑刚度。在基坑开挖过程中，桩墙围护结构及撑锚等支撑构件都会发生变形。以本地铁基坑为例，利用有限元方法分别就800 mm、1 000 mm和1 200 mm桩径的灌注桩，计算围护结构刚度变化对基坑最大水平位移的影响。计算结果显示，围护结构的刚度对控制基坑变形起到一定的作用，但是效果不是很明显。计算结果见表4-11。

表4-11 不同桩径对基坑变形的影响

桩径	基坑最大水平位移/mm
800 mm桩径	43.2
1 000 mm桩径	33.8
1 200 mm桩径	28.5

利用有限元方法分析支撑构件刚度对基坑最大水平位移的影响，以本基坑1 200 mm桩径作为围护结构的前提下，分别验算壁厚为9 mm和16 mm的$\phi600$ mm钢管支撑对基坑最大水平位移的影响。计算结果见表4-12。

表4-12 不同支撑刚度对基坑变形的影响

壁厚/mm	支撑刚度/(MN·m^{-2})	围护结构最大水平位移/mm
9	17	37.1
16	29	32.9

通过计算可以看出，围护结构正弯矩(基坑开挖侧受拉为正)随支撑刚度的增大而减小，负弯矩随支撑刚度的增大而一定程度地增加。当支撑刚度达到一定的量级后，对墙体的变形和弯矩的影响很小，过于加大支撑刚度没有必要。此外，支撑刚度的变化主要影响基坑开挖面以上围护结构的变形和弯矩，对开挖面以下围护结构的位移和弯矩的影响很小。这两种支撑抗压刚度之比为1:1.76，最大水

平位移之比为 1.13：1。

综上所述，采用增加墙厚和支撑刚度并不是减少支护变形最经济有效的办法，可以考虑采用其他措施来控制基坑变形。

（2）内支撑竖向间距。适当减少内支撑的竖向间距不仅能增加墙体相对刚度，而且能缩短墙体从开挖暴露到支护的时间。在支撑和锚杆的预应力作用下，墙背有较为均匀的土压分布，可减少土体的变形。以本工程为例，分别采取不同的支撑位置来验算支撑位置对支护变形的影响。

以第一道支撑在地表下 0.7 m 和地表下 1.8 m 为例来进行比较。经过计算得到，最大围护结构位移分别为 34.6 mm 和 33.7 mm，第一道支撑的位置对于基坑的变形影响不是很大，但是也不能无限制地靠下，离地表距离一般要求不低于土体的自立高度。

（3）支撑预加轴力。为了进行对比，计算时对每道支撑施加相同的预加轴力，选取的预加轴力为 100 kN、200 kN。计算结果显示，随着预加轴力的不断增大，基坑开挖面以上的围护结构最大位移不断减小，但是开挖面以下的围护结构位移没有太大的变化，和支撑刚度一样，预加轴力对于控制开挖面以上的围护结构位移具有一定的影响，对开挖面以下影响不大；同时，最大正弯矩也有一定程度的减小。对支撑进行预加轴力，对于控制围护结构的变形效果很明显。当时，无限地增大支撑预加轴力是不可取的，对于减小围护结构的变形效果不会很明显。一般来说，预加的轴力可按设计轴力的 30%～50% 进行施加，并且根据现场施工围护结构的变形、受力监测情况调整实施。计算结果见表 4-13。

表 4-13　不同支撑预加轴力对基坑变形的影响

轴力	围护结构最大水平位移/mm	墙身最大正弯矩/(kN·m)
无预加轴力	34.6	1 468.5
100 kN/m	29.6	1 435.6
200 kN/m	25	1 426

（4）支护结构的嵌固深度。增加支护结构的嵌固深度可以有效提高基坑抗隆起安全系数，以本基坑工程为例，分别就 3 种嵌固深度来验算其对基坑变形的影响。计算结果见表 4-14。

表 4-14　不同支撑嵌固深度对基坑变形的影响

嵌固深度/m	围护结构最大水平位移/mm	坑底抗隆起安全系数
10	29.9	2.48
12	29.6	2.63
14	29.5	2.78

从表中可以看出，增加支撑的嵌固深度可以有效增加基坑坑底的抗隆起安全系数，但是对于减小围护结构的变形效果不明显，几乎没有变化。

3. 基坑变形的施工影响因素

（1）开挖深度和宽度的影响。通过对现场监测数据的统计分析，随着基坑开挖深度的增大，基坑围护结构的变形也越来越明显，如图 4-76 所示。

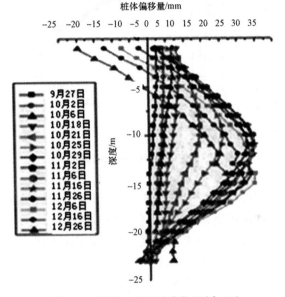

图 4-76　桩体水平位移变化（测点 18）

通过对基坑开挖的模拟计算分析，设置了不同开挖宽度条件下基坑开挖对围护结构水平位移的影响。结果表明，随着宽度的增大，围护结构水平位移也增大，同时墙体的弯矩也有较明显的增大。因此，在实际工程中，为了保证墙体的安全，不应使基坑开挖宽度过大。

（2）坑底加固或底板浇筑。通过对基坑底部的加固或者开挖完毕之后底板的及时浇筑，对于控制基坑围护结构的变形非常有效。通过监测数据分析，得到当基坑底板浇筑完毕后，随着时间的增长，围护的变形趋于稳定，水平位移有一定的增加，但是数值很小，如图 4-77 所示。

（3）基坑安装时间和基坑暴露时间的影响。在软土基坑施工中，周围土体均达到一定应力，且有部分区域成为塑性区。软土一般有明显的流变特征，开挖卸载后还存在固结现象，在相对稳定的状态下，土体开挖后会不断变形。因此，有支撑基坑每级开挖后，安装支撑前的无支撑暴露时间和基坑坑底浇筑地下室底板前的暴露时间越长，基坑围护墙侧向变形和墙后地表沉降就越大。

（4）支撑与开挖顺序的影响。在基坑开挖过程中，有"先撑后挖"和"先挖后撑"两种方式。前者是围护结构后土体在约束状态下卸载，而后者是先卸载再加约束。

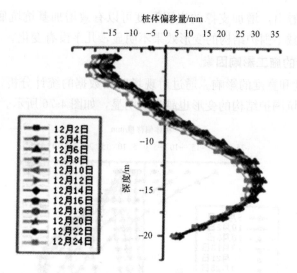

图 4-77　桩体水平位移变化(测点 3)

试验结果表明，采用"先挖后撑"的方式进行开挖时，围护结构的最大水平位移明显增加，但围护结构的正弯矩有所减小，负弯矩增大明显。

（5）基坑空间效应的影响。在基坑深度方向上，围护结构的最大水平位移发生在基坑底面附近。而在沿基坑边的方向，位移为拐角处小、中间大；主动土压力的分布与水平位移呈现出相反的规律，而被动土压力的规律则反之。随着基坑长宽比的增大，围护结构长边的最大水平位移也不断增大，空间效应减弱。当长宽比超过一定值后，其最大水平位移已接近于按二维平面应变问题分析的结果。

（6）其他方面的影响。

①挖土机械停在基坑支护结构附近反铲挖土，使支护结构所承受的荷载大大增加，并且有较大的动荷载出现，大大超出了设计计算的安全储备，会造成支护结构大变形。

②基坑开挖过程中，挖土机械碰撞支撑系统、锚杆系统及支护桩墙，造成支撑结构位移甚至破坏。

③挖土速度快且高差过大，会迅速改变原来土体的平衡状态，降低了土体的抗剪强度，软土产生较大的水平位移，造成基坑滑坡。

④基坑施工期间，在基坑边缘堆放大量的建筑材料、堆积从基坑中开挖出来的土石，或在基坑边搭建临时建筑物，均会对基坑支护结构产生很大的附加压力，使支护结构产生大变形。

⑤相邻基坑同时施工，一方基坑开挖，另一方基坑打桩，打桩产生的超静孔隙水压力造成严重的挤土作用，使相邻基坑的支护桩和工程桩严重移位。

⑥支撑设施在拆除前未采取换撑措施，支撑拆除后引起围护结构较大变形，

甚至失稳破坏。

4. 基坑变形的施工控制措施

(1)合理确定开挖施工的顺序，严格按照规范的原则进行开挖。在长条形的深基坑中，必须按照一定长度分段开挖，在每一段中再分层，每层分小段进行开挖和支撑，随挖随撑，并将每小段的支撑施工时间限制在一定范围内。

(2)注意基坑工程的时空效应。重视时空效应规律不仅可以有效地控制软土深基坑的变形，而且如果能够严格控制施工工艺、及时支撑，以调动未开挖土体的部分承载力，配以必要的地基加固，还可以达到节省材料、降低成本的目的。

(3)保证相邻施工不互相干扰，基坑周边无超载现象。采取有效的地下水处理措施，做好排水、防渗工作，雨期施工时，要注意及时排水和排水的方式。

(4)注重原型观测和信息化施工。在基坑工程开工后，对土体和结构的位移、应力、土中孔隙水应力以及相邻建筑物、地下管线的位移都要进行跟踪监测，将定期监测得到的信息与原来的计算结果相比较，并反演计算参数，根据反演参数重新分析计算，必要时适当修改设计或施工步骤，然后继续施工和监测。

在基坑工程开挖和围护过程中所涉及问题的复杂性和不确定性，使深基坑工程成为一个高风险、高难度的岩土工程课题。但只要正确认识基坑变形的原理和影响因素，严格按照相关标准或规范进行设计和施工，深基坑的安全性和经济性是完全可以保证的。

第五章　基坑支护的探索

第一节　土压力计算

土压力是指挡土墙后的填土因自重或外荷载作用对墙背产生的侧向压力。

挡土墙是防止土体坍塌的构筑物，在房屋建筑、水利工程、铁路工程以及桥梁中得到广泛应用。由于土压力是挡土墙的主要外荷载，因此，设计挡土墙时首先要确定土压力的性质、大小、方向和作用点。

挡土墙的类型有支撑土坡的挡土墙、堤岸挡土墙、地下室侧墙、拱桥桥台。

一、土压力分类

作用在挡土结构上的土压力，按挡土结构的位移方向、大小及土体所处的三种平衡状态，可分为静止土压力（E_0）、主动土压力（E_a）和被动土压力（E_p）三种。

挡土墙静止不动时，土体由于墙的侧限作用而处于弹性平衡状态，此时墙后土体作用在墙背上的土压力称为静止土压力。

挡土墙在墙后土体的推力作用下，向前移动，墙后土体随之向前移动。土体内阻止移动的强度发挥作用，使作用在墙背上的土压力减小。当墙向前移位达到主动极限平衡状态时，墙背上作用的土压力减至最小。此时，作用在墙背上的最小土压力称为主动土压力。

挡土墙在较大的外力作用下，向后移动推向填土，则填土受墙的挤压，使作用在墙背上的土压力增大，当墙向后移动达到被动极限平衡状态时，墙背上作用的土压力增至最大。此时作用在墙背上的最大土压力称为被动土压力。

大部分情况下作用在挡土墙上的土压力值均介于上述三种状态下的土压力值之间。

二、影响土压力的因素

（一）挡土墙的位移

挡土墙的位移（或转动）方向和位移量的大小，是影响土压力大小的最主要的因素，产生被动土压力的位移量大于产生主动土压力的位移量。

(二)挡土墙的形状

挡土墙剖面形状，包括墙背为竖直或倾斜，墙背为光滑或粗糙，不同的情况，土压力的计算公式不同，计算结果也不一样。

(三)填土的性质

挡土墙后填土的性质，包括填土的松密程度，即重度、干湿程度等；土的强度指标内摩擦角和黏聚力的大小；以及填土的形状(水平、上斜或下斜)等，都将影响土压力的大小。

(四)静止土压力的计算

静止土压力的计算公式为

$$\sigma_0 = \sigma_{cx} = K_0 \sigma_{cz} = K_0 \gamma z$$
$$E_0 = 1/2 \times K_0 \gamma h \times h \times 1 = 1/2 \gamma h^2 K_0$$

静止土压力强度沿墙高呈三角形分布，如图 5-1 所示。

【例 5-1】 已知某挡土墙高 4.0 m，墙背垂直、光滑，墙后填土面水平，填土重力密度为 $\gamma = 18.0$ kN/m³，静止土压力系数 $K_0 = 0.65$，试计算作用在墙背的静止土压力大小及其作用点，并绘出土压力沿墙高的分布图。

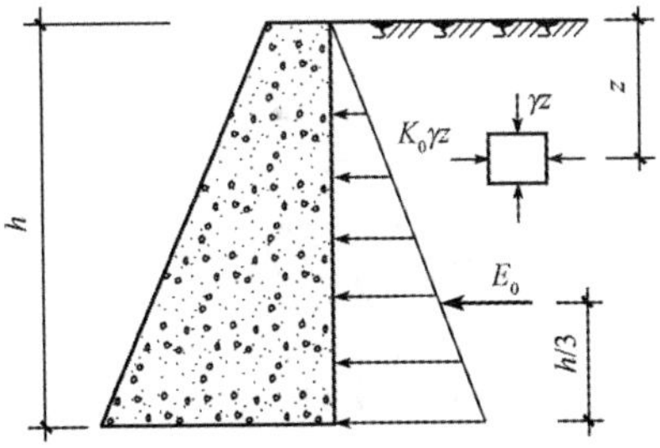

解： 按静止土压力计算公式，墙顶处静止土压力强度为

$$\sigma_{01} = K_0 \gamma z = 18.0 \times 0 \times 0.65 = 0 (\text{kPa})$$

墙底处静止土压力强度为

$$\sigma_{02} = \gamma z K_0 = 18.0 \times 4 \times 0.65 = 46.8 (\text{kPa})$$

图 5-1　墙背竖直时的静止土压力

土压力沿墙高分布图如图 5-2 所示，土压力合力 E_0 的大小可通过三角形面积求得：

$$E_0 = 1/2 \times 46.8 \times 4 = 93.6 (\text{kN/m})$$

静止土压力 E_0 的作用点离墙底的距离为

$$h/3 = 4.0/3 = 1.33 (\text{m})$$

建筑物地下室的外墙、地下水池的侧壁、涵洞的侧壁以及不产生任何位移的挡土构筑物，其侧壁所受到的土压力可按静止土压力计算。

(五)朗肯土压力理论

1. 基本原理

朗肯土压力理论的基本假设条件：

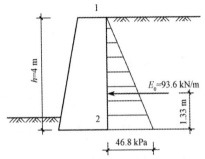

图 5-2　土压力沿墙高分布图

（1）挡土墙为刚体；

（2）挡土墙背垂直、光滑，其后土体表面水平并无限延伸，其上无超载。

在挡土墙后土体表面下深度为 Z 处取一微单元体，微单元的水平和竖直面上的应力为

$$\sigma_1 = \sigma_{cz} = \gamma z \quad \sigma_3 = \sigma_{cx} = K_0 \gamma z$$

当挡土墙前移，使墙后土体达极限平衡状态时，土体处于主动朗肯状态，σ_{cx} 达到最小值，此时的应力状态如图 5-3（b）所示中的莫尔应力圆 Ⅱ，此时的应力称为朗肯主动土压力 σ_a。当挡土墙后移，使墙后土体达极限平衡状态时，土体处于朗肯被动状态，σ_{cx} 达到最大值，此时的应力状态如图 5-3（b）中的莫尔应力圆 Ⅲ，此时的应力称为朗肯被动土压力 σ_p。

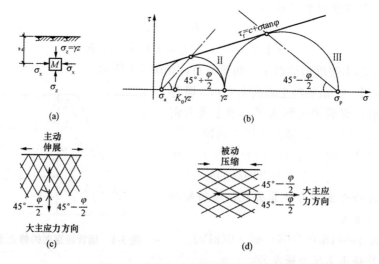

图 5-3 半无限土体的极限平衡状态

2. 朗肯主动土压力计算

$$\sigma_a = \sigma_3 = \sigma_1 \tan^2\left(45° - \frac{\varphi}{2}\right) - 2c\tan\left(45° - \frac{\varphi}{2}\right)$$

$$= \gamma z \cdot \tan^2\left(45° - \frac{\varphi}{2}\right) - 2c\tan\left(45° - \frac{\varphi}{2}\right)$$

（1）无黏性土。

$$\sigma_a = \gamma z \tan^2\left(45° - \frac{\varphi}{2}\right) \text{ 或 } \sigma_a = \gamma z K_a \quad K_a = \tan^2\left(45° - \frac{\varphi}{2}\right)$$

$$E_a = \frac{1}{2}\gamma H^2 \tan^2\left(45° - \frac{\varphi}{2}\right) \text{ 或 } E_a = \frac{1}{2}\gamma H^2 K_a$$

E_a 作用方向水平，作用点距墙基 $h/3$，如图 5-4 所示。

（2）黏性土。

$$\sigma_a = \gamma z \tan^2\left(45° - \frac{\varphi}{2}\right) - 2c\tan\left(45° - \frac{\varphi}{2}\right) \text{或} \sigma_a = \gamma z K_a - 2c\sqrt{K_a}$$

$$\sigma_a = \gamma z K_a - 2c\sqrt{K_a} = 0, \text{临界深度} z_0 = \frac{2c}{\gamma\sqrt{K_a}}$$

$$E_a = \frac{1}{2}(H - z_0)(\gamma H K_a - 2c\sqrt{K_a}) = \frac{1}{2}\gamma H^2 K_a - 2cH\sqrt{K_a} + 2\frac{c^2}{\gamma}$$

E_a 的作用方向水平，作用点距墙基 $(h - z_0)/3$ 处，如图 5-4（c）所示。

【例 5-2】 有一挡土墙高 6 m，墙背竖直、光滑，墙后填土表面水平，填土的物理力学指标 $c = 15$ kPa，$\varphi = 15°$，$\gamma = 18$ kN/m³。求主动土压力并绘出主动土压力分布图。

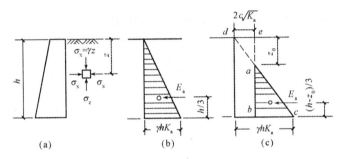

图 5-4　主动土压力强度分布图

（a）主动土压力的计算；（b）无黏性土；（c）黏性土

解： 计算主动土压力系数：

$$K_a = \tan^2\left(45° - \frac{\varphi}{2}\right) = \tan^2\left(45° - \frac{15°}{2}\right) = 0.59 \quad \sqrt{K_a} = 0.77$$

计算主动土压力：

$z = 0$ m，$\sigma_{a1} = \gamma z K_a - 2c\sqrt{K_a} = 18 \times 0 \times 0.59 - 2 \times 15 \times 0.77 = -23.1$ (kPa)

$z = 6$ m，$\sigma_{a2} = \gamma z K_a - 2c\sqrt{K_a} = 18 \times 6 \times 0.59 - 2 \times 15 \times 0.77 = 40.6$ (kPa)

计算临界深度 z_0：

$$z_0 = \frac{2c}{\gamma\sqrt{K_a}} = \frac{2 \times 15}{18 \times 0.77} = 2.16 \text{ (m)}$$

计算总主动土压力 E_a：

$$E_a = \frac{1}{2} \times 40.6 \times (6 - 2.16) = 78 \text{(kN/m)}$$

E_a 的作用方向水平，作用点距离墙基 $\dfrac{6 - 2.16}{3} = 1.28$(m)。

主动土压力分布如图 5-5 所示。

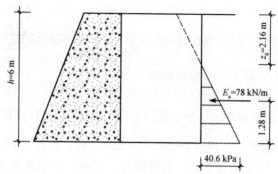

图 5-5　主动土压力分布图

3. 朗肯被动土压力计算

(1)被动土压力计算公式。当墙体在外荷载作用下向土体方向位移达到极限平衡状态时，由极限平衡条件可得大主应力与小主应力的关系为

无黏性土
$$\sigma_1 = \sigma_3 \tan^2\left(45° + \frac{\varphi}{2}\right)$$

黏性土
$$\sigma_1 = \sigma_3 \tan^2\left(45° + \frac{\varphi}{2}\right) + 2c\tan\left(45° + \frac{\varphi}{2}\right)$$

因此，朗肯被动土压力的计算公式为

无黏性土
$$\sigma_p = \gamma z \tan^2\left(45° + \frac{\varphi}{2}\right) \text{ 或 } \sigma_p = \gamma z K_p$$

黏性土 $\sigma_p = \gamma z \tan^2\left(45° + \frac{\varphi}{2}\right) + 2c\tan\left(45° + \frac{\varphi}{2}\right)$ 或 $\sigma_p = \gamma z K_p + 2c\sqrt{K_p}$

式中　K_p——被动土压力系数，$K_p = \tan^2\left(45° + \frac{\varphi}{2}\right)$。

(2)被动土压力分布。无黏性土的被动土压力强度沿墙高呈三角形分布，黏性土的被动土压力强度沿墙高呈梯形分布，如图 5-6 所示。作用在单位墙长上的总被动土压力 E_p，同样可由土压力实际分布面积计算。E_p 的作用方向水平，作用线通过土压力强度分布图的形心。

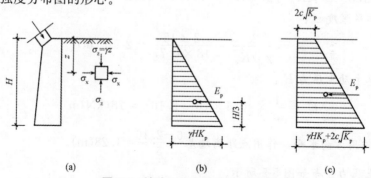

图 5-6　被动土压力的计算示意图

(a)被动土压力的计算；(b)无黏性土；(c)黏性土

【例 5-3】 有一挡土墙高 6 m，墙背竖直、光滑，墙后填土表面水平，填土的重度 $\gamma=18.5$ kN/m³，内摩擦角 $\varphi=20°$，黏聚力 $c=19$ kPa。求被动土压力并绘出被动土压力分布图。

解：计算被动土压力系数：

$$K_p = \tan^2\left(45° + \frac{20°}{2}\right) = 2.04$$

$$\sqrt{K_p} = 1.43$$

计算被动土压力：

$z=0$ m，$P_p = \gamma z K_p + 2c\sqrt{K_p} = 18.5 \times 0 \times 2.04 + 2 \times 19 \times 1.43 = 54.34$(kPa)

$z=6$ m，$P_p = \gamma z K_p + 2c\sqrt{K_p} = 18.5 \times 6 \times 2.04 + 2 \times 19 \times 1.43 = 280.78$(kPa)

计算总被动土压力：

$$E_p = \frac{1}{2} \times (54.34 + 280.78) \times 6 = 1\,005.36\text{(kN/m)}$$

E_p 的作用方向水平，作用点距墙基为 z，则

$$z = \frac{1}{1\,005.36} \times \left[\frac{6}{2} \times 54.34 \times 6 + \frac{6}{3} \times \frac{1}{2}(280.78 - 54.34) \times 6\right] = 2.32\text{(m)}$$

（3）被动土压力分布图如图 5-7 所示。

4. 几种常见情况的土压力

（1）填土表面作用均布荷载。如图 5-8 所示，当墙后土体表面有连续均布荷载 q 作用时，均布荷载 q 在土中产生的上覆压力沿墙体方向呈矩形分布，分布强度为 q，土压力的计算方法是将垂直压力项 γz 换以 $\gamma z + q$ 进行计算。

无黏性土
$$P_a = (\gamma z + q)K_a$$
$$P_p = (\gamma z + q)K_p$$

黏性土
$$P_a = (\gamma z + q)K_a - 2c\sqrt{K_a}$$
$$P_p = (\gamma z + q)K_p + 2c\sqrt{K_p}$$

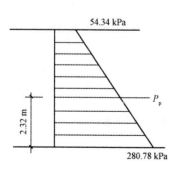

图 5-7　被动土压力分布图

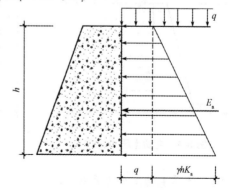

图 5-8　墙后土体表面有连续均布荷载 q 作用下的土压力计算

【例 5-4】 已知某挡土墙高 6 m，墙背竖直、光滑，墙后填土表面水平。填土为粗砂，重度 $\gamma=19.0$ kN/m³，内摩擦角 $\varphi=32°$，在填土表面作用均布荷载 $q=18.0$ kPa。计算作用在挡土墙上的主动土压力。

解： 计算主动土压力系数：

$$K_a = \tan^2\left(45° - \frac{32°}{2}\right) = 0.307$$

计算主动土压力：

$z=0$ m，$P_{a1} = (\gamma z + q)K_a = (19.0 \times 0 + 18) \times 0.307 = 5.53(\text{kPa})$

$z=6$ m，$P_{a2} = (\gamma z + q)K_a = (19.0 \times 6 + 18) \times 0.307 = 40.52(\text{kPa})$

计算总主动土压力：

$$E_a = 5.53 \times 6 + \frac{1}{2} \times (40.52 - 5.53) \times 6 = 33.18 + 104.97 = 138.15(\text{kN/m})$$

E_a 作用方向水平，作用点距墙基为 z，则

$$z = \frac{1}{138.15} \times \left(33.18 \times \frac{6}{2} + 104.97 \times \frac{6}{3}\right)$$

$$= 2.24(\text{m})$$

主动土压力分布如图 5-9 所示。

（2）墙后填土分层。挡土墙后填土由几种性质不同的土层组成时，计算挡土墙上的土压力，需分层计算。若计算第 i 层土对挡土墙产生的土压力，其上覆土层的自重应力可视为均布荷载作用在第 i 层土上。以黏性土为例，其计算公式为

$$P_{ai} = (\gamma_1 h_1 + \gamma_2 h_2 + \cdots + \gamma_i h_i)K_{ai} - 2c_i \sqrt{K_{ai}}$$

$$P_{pi} = (\gamma_1 h_1 + \gamma_2 h_2 + \cdots + \gamma_i h_i)K_{pi} + 2c_i \sqrt{K_{pi}}$$

【例 5-5】 挡土墙高 5 m，墙背直立、光滑，墙后填土水平，共分两层，各土层的物理力学指标如图 5-10 所示，试求主动土压力并绘出土压力分布图。

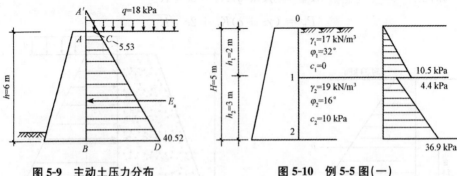

图 5-9 主动土压力分布　　　　图 5-10 例 5-5 图（一）

解： 计算主动土压力系数：

$$K_{a1} = \tan^2\left(45° - \frac{32°}{2}\right) = 0.31 \quad K_{a2} = \tan^2\left(45° - \frac{16°}{2}\right) = 0.57 \quad \sqrt{K_{a2}} = 0.75$$

计算第一层的土压力：

顶面 $\qquad P_{a0} = \gamma_1 z K_{a1} = 17 \times 0 \times 0.31 = 0$

底面 $\qquad P_{a1} = \gamma_1 z K_{a1} = 17 \times 2 \times 0.31 = 10.5 \text{(kPa)}$

计算第二层的土压力：

顶面 $\quad P_{a1} = (\gamma_1 h_1 + \gamma_2 z) K_{a2} - 2c\sqrt{K_{a2}} = (17 \times 2 + 19 \times 0) \times 0.57 - 2 \times 10 \times 0.75 = 4.4 \text{(kPa)}$

底面 $\quad P_{a2} = (\gamma_1 h_1 + \gamma_2 z) K_{a2} - 2c\sqrt{K_{a2}} = (17 \times 2 + 19 \times 3) \times 0.57 - 2 \times 10 \times 0.75 = 36.9 \text{(kPa)}$

计算主动土压力 E_a：

$$E_a = \frac{1}{2} \times 10.5 \times 2 + 4.4 \times 3 + \frac{1}{2} \times (36.9 - 4.4) \times 3$$
$$= 10.5 + 13.2 + 48.75 = 72.5 \text{(kN/m)}$$

E_a 作用方向水平，作用点距墙基为 z，则

$$z = \frac{1}{72.5} \times \left[10.5 \times \left(3 + \frac{2}{3}\right) + 13.2 \times \frac{3}{2} + 48.75 \times \frac{3}{3} \right] = 1.5 \text{(m)}$$

挡土墙上主动土压力分布如图 5-11 所示。

(3)填土中有地下水。当墙后土体中有地下水存在时，墙体除受到土压力的作用外，还将受到水压力的作用。计算土压力时，可将地下潜水面看作土层的分界面，按分层土计算，如图 5-12 所示。潜水面以下的土层可采用水土分算法或水土合算法计算。

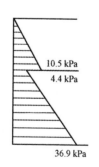

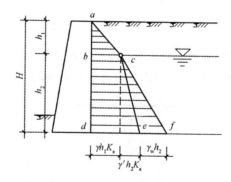

图 5-11　例 5-5 图(二) 　　　　　　图 5-12　填土中有地下水的土压力计算

①水土分算法。这种方法比较适合渗透性大的砂土层。计算作用在挡土墙上的土压力时，采用有效重度；计算水压力时，按静水压力计算。然后两者叠加为总的侧压力。

②水土合算法。这种方法比较适合渗透性小的黏性土层。计算作用在挡土墙上的土压力时，采用饱和重度，水压力不再单独计算叠加。

【例 5-6】 用水土分算法计算图 5-13 所示的挡土墙上的主动土压力、水压力及

其合力。

解：计算主动土压力系数：

$$K_{a1} = \tan^2\left(45° - \frac{30°}{2}\right) = 0.333$$

计算地下水位以上土层的主动土压力：

顶面 $P_{a0} = \gamma_1 z K_{a1} = 18 \times 0 \times 0.333 = 0$；底面 $P_{a1} = \gamma_1 z K_{a1} = 18 \times 6 \times 0.333 = 36.0(\text{kPa})$

计算地下水位以下土层的主动土压力及水压力：

因水下土为砂土，采用水土分算法。

主动土压力：

顶面　$P_{a1} = (\gamma_1 h_1 + \gamma_2 z)K_{a2} = (18 \times 6 + 9 \times 0) \times 0.333 = 36.0(\text{kPa})$

底面　$P_{a2} = (\gamma_1 h_1 + \gamma_2 z)K_{a2} = (18 \times 6 + 9 \times 4) \times 0.333 = 48.0(\text{kPa})$

水压力：顶面　$P_{w1} = \gamma_w z = 9.8 \times 0 = 0$

底面　$P_{w2} = \gamma_w z = 9.8 \times 4 = 39.2(\text{kPa})$

计算总主动土压力和总水压力：

$$E_a = \frac{1}{2} \times 36 \times 6 + 36 \times 4 + \frac{1}{2} \times (48.0 - 36.0) \times 4 = 108 + 144 + 24$$
$$= 276(\text{kN/m})$$

E_a 作用方向水平，作用点距墙基为 z，则

$$z = \frac{1}{276} \times \left[108 \times \left(4 + \frac{6}{3}\right) + 144 \times \frac{4}{2} + 24 \times \frac{4}{3}\right] = 3.51(\text{m})$$

$$P_w = \frac{1}{2} \times 39.2 \times 4 = 78.4(\text{kN/m})$$

P_w 作用方向水平，作用点距墙基 $4/3 = 1.33(\text{m})$。

挡土墙上主动土压力及水压力如图 5-13 所示。

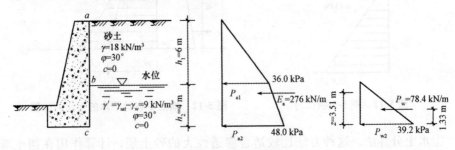

图 5-13　例 5-6 图

(六)库仑土压力理论

1. 基本原理

(1)库仑研究的课题(图 5-14)：①墙背俯斜，倾角为 ε(墙背俯斜为正，反之为

负）；②墙背粗糙，墙与土间摩擦角为 δ；③填土为理想散粒体，黏聚力 $c=0$；④填土表面倾斜，坡角为 β。

（2）库仑理论的基本假定：①挡土墙向前（或向后）移动（或转动）；②墙后填土沿墙背 AB 和填土中某一平面 BC 同时向下（或向上）滑动，形成土楔体 $\triangle ABC$；③土楔体处于极限平衡状态，不计本身压缩变形；④土楔体 $\triangle ABC$ 对墙背的推力即主动土压力 E_a（或被动土压力 E_p）。

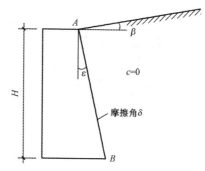

图 5-14 库仑研究的课题

2. 无黏性土压力计算

（1）主动土压力计算（图 5-15）。

$$E_a = \frac{1}{2}\gamma h^2 K_a$$

$$K_a = \frac{\cos^2(\varphi-\varepsilon)}{\cos^2\varepsilon \cdot \cos(\delta+\varepsilon)\left[1+\sqrt{\dfrac{\sin(\delta+\varphi) \cdot \sin(\varphi-\beta)}{\cos(\delta+\varepsilon) \cdot \cos(\varepsilon-\beta)}}\right]^2}$$

式中，δ 为墙背与填土之间的摩擦角，可用试验确定。

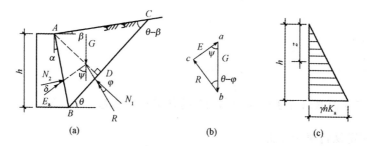

图 5-15 按库仑理论计算主动土压力

（a）土楔体 $\triangle ABC$ 上的作用力；（b）力矢三角形；（c）主动土压力分布图

总主动土压力 E_a 的作用方向与墙背法线成 δ 角，与水平面成 $\delta+\varepsilon$ 角，其作用点距墙基 $\dfrac{h}{3}$。

（2）无黏性土被动土压力计算（图 5-16）。

$$E_p = \frac{1}{2}\gamma h^2 K_p$$

式中，K_p 为库仑被动土压力系数，其值为

$$K_p = \frac{\cos^2(\varphi+\varepsilon)}{\cos^2\varepsilon \cdot \cos(\varepsilon-\delta)\left[1-\sqrt{\dfrac{\sin(\varphi+\delta) \cdot \sin(\varphi+\beta)}{\cos(\varepsilon-\delta) \cdot \cos(\varepsilon-\beta)}}\right]^2}$$

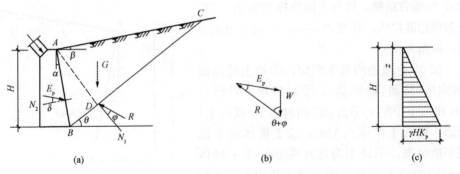

图 5-16　按库仑理论计算被动土压力

总被动土压力 E_p 的作用方向与墙背法线顺时针成 δ 角，作用点距墙基 $\dfrac{h}{3}$ 处。

【**例 5-7**】　挡土墙高 6 m，墙背俯斜 $\varepsilon=10°$，填土面直角 $\beta=20°$，填土重度 $\gamma=18$ kN/m³，$\varphi=30°$，$c=0$，填土与墙背的摩擦角 $\delta=10°$，按库仑土压力理论计算主动土压力。

解： 如图 5-17 所示，由 $\varepsilon=10°$，$\beta=20°$，$\delta=10°$，$\varphi=30°$ 查表得 $K_a=0.534$。

主动土压力强度：

$z=0$ m，$P_a=18×0×0.534=0$

$z=6$ m，$P_a=18×6×0.534=57.67$(kPa)

总主动土压力：

$$E_a=\frac{1}{2}×57.67×6=173.02\text{(kN/m)}$$

E_a 作用方向与墙背法线成 10°，E_a 的作用点距墙基 $\dfrac{4}{3}=1.33$ m。

(七)规范法计算土压力

对于墙后为黏性土的土压力计算可选用下式计算(图 5-18)：

$$E_a = \psi_c \frac{1}{2}\gamma h^2 K_a$$

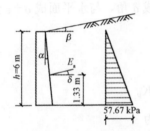

图 5-17　例 5-7 图

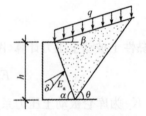

图 5-18　计算简图

式中 E_a——总主动土压力；

ψ_c——主动土压力系数(土坡高度小于 5 m 时宜取 1.0；高度为 5~8 时宜取 1.1；高度大于 8 m 时宜取 1.2)；

γ——填土的重度；

h——挡土结构的高度；

K_a——主动土压力系数。

$$K_a = \frac{\sin(\alpha+\beta)}{\sin^2\alpha\sin^2(\alpha+\beta-\varphi-\delta)}\{K_q[\sin(\alpha+\beta)\sin(\alpha-\delta)+\sin(\varphi+\delta)\sin(\varphi-\beta)]$$
$$+2\eta\sin\alpha\cos\varphi\cos(\alpha+\beta-\varphi-\delta)-2[K_q\sin(\alpha+\beta)\sin(\varphi-\beta)$$
$$+\eta\sin\alpha\cos\varphi)][K_q\sin(\alpha-\delta)\sin(\varphi+\delta)+\eta\sin\alpha\cos\varphi]^{\frac{1}{2}}\}$$

$$K_q = 1 + \frac{2q}{\gamma h}\cdot\frac{\sin\alpha\cos\beta}{\sin(\alpha+\beta)}$$

$$\eta = \frac{2c}{\gamma h}$$

填土符合表 5-1 的质量要求时，其主动土压力系数可按图 5-19 查得。

表 5-1 查主动土压力系数图的填土质量要求

类别	填土名称	密实度	干密度/$(t\cdot m^{-3})$
1	碎石土	中密	$\rho_d \geqslant 2.0$
2	砂土(包括沙砾、粒砂、中砂)	中密	$\rho_d \geqslant 1.65$
3	黏土夹块石土		$\rho_d \geqslant 1.90$
4	粉质黏土		$\rho_d \geqslant 1.65$

【例 5-8】 某挡土墙高度 5 m，墙背倾斜 $\varepsilon=20°$，墙后填土为粉质黏土，$\gamma_d=17$ kN/m³，$w=10\%$，$\varphi=30°$，$\delta=15°$，$\beta=10°$，$c=5$ kPa。挡土墙的排水措施齐全。按规范法计算作用在该挡土墙上的主动土压力。

解： 由 $\gamma_d=17$ kN/m³，$w=10\%$。

土的重度 $\gamma=\gamma_d(1+w)=17\times(1+10\%)=18.7(kN/m³)$

$h=5$ m，$\gamma_d=17$ kN/m³，排水条件良好，K_a 可查图 5-19(d)，$K_a=0.52$，$\psi_c=1.1$

$$E_a = \psi_c\frac{1}{2}\gamma h^2 K_a = 1.1\times\frac{1}{2}\times18.7\times5^2\times0.52 = 133.7(kN/m)$$

E_a 作用方向与墙背法线成 $15°$，其作用点距墙基 $\frac{5}{3}=1.67(m)$。

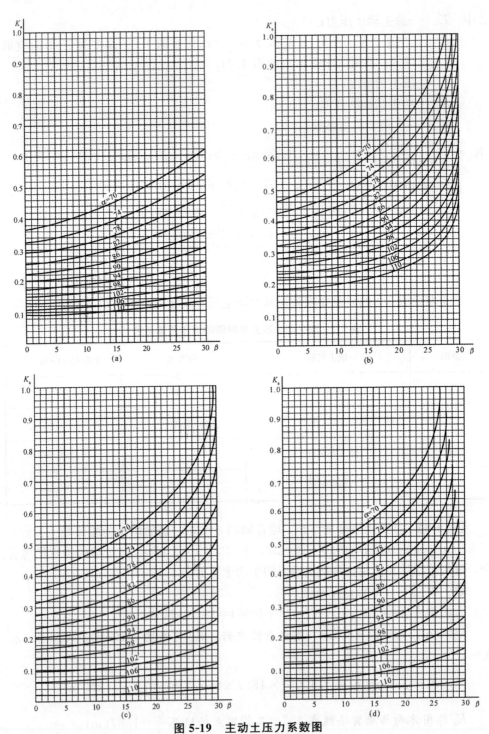

图 5-19 主动土压力系数图

(a)第一类土土压力系数($\delta=0.5\varphi$、$q=0$)；(b)第二类土土压力系数($\delta=0.5\varphi$、$q=0$)；(c)第三类土土压力系数($\delta=0.5\varphi$、$q=0$、$h=5$ m)；(d)第四类土土压力系数($\delta=0.5\varphi$、$q=0$、$h=5$ m)

(八)挡土墙设计

1. 挡土墙形式的选择

(1)挡土墙选型原则。

①确保合适的挡土墙的用途、高度与重要性；

②与建筑场地的地形、地质条件相符合；

③尽量就地取材，因地制宜；

④确保安全、经济。

(2)常用挡土墙形式。

①重力式挡土墙。重力式挡土墙的特点是体积大，靠墙自重保持稳定性，如图 5-20 所示。墙背可做成俯斜、垂直和仰斜三种，一般由块石或素混凝土材料砌筑，适用于高度小于 6 m、地层稳定、开挖土石方时不会危及相邻建筑物安全的地段。其结构简单、施工方便、能就地取材，在建筑工程中应用最广。

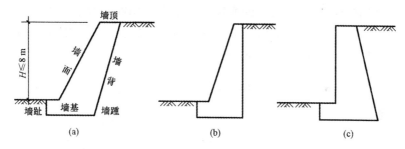

图 5-20　重力式挡土墙

(a)仰斜；(b)垂直；(c)俯斜

②悬臂式挡土墙。悬臂式挡土墙的特点是体积小，利用墙后基础上方的土重保持稳定性。一般由钢筋混凝土砌筑，拉应力由钢筋承受，墙高一般小于或等于 8 m。其优点是能充分利用钢筋混凝土的受力特点，工程量小。

③扶壁式挡土墙。扶壁式挡土墙的特点是为增强悬臂式挡土墙的抗弯性能，沿长度方向每隔(0.8~1.0)h 做一扶壁，如图 5-21 所示。由钢筋混凝土砌筑，扶壁间填土可增强挡土墙的抗滑和抗倾覆能力，一般用于重大的大型工程。

④锚定板及锚杆式挡土墙。锚定板及锚杆式挡土墙如图 5-22 所示，一般由预制的钢筋混凝土立柱、墙面、钢拉杆和埋置在填土中的锚定板在现场拼装而成，依靠填土与结构相互作用力维持稳定。与重力式挡土墙相比，其结构

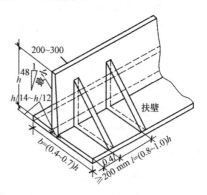

图 5-21　扶壁式挡土墙初步设计尺寸

轻、高度大、工程量少、造价低、施工方便，特别适用于地基承载力不大的地区。

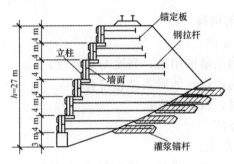

图 5-22　锚定板及锚杆式挡土墙

⑤加筋式挡土墙。加筋式挡土墙由墙面板、加筋材料及填土共同组成，如图5-23所示，依靠拉筋与填土之间的摩擦力来平衡作用在墙背上的土压力，以保持稳定。拉筋一般采用镀锌扁钢或土工合成材料，墙面板用预制混凝土板。墙后填土需要较高的摩擦力。此类挡土墙目前应用较广。

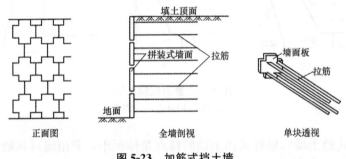

图 5-23　加筋式挡土墙

2. 重力式挡土墙设计

(1)重力式挡土墙截面尺寸设计。挡土墙的截面尺寸一般按试算法确定，即先根据挡土墙所处的工程地质条件、填土性质、荷载情况以及墙身材料、施工条件等，凭经验初步拟定截面尺寸，然后进行验算。如不满足要求，修改截面尺寸或采取其他措施。挡土墙截面尺寸一般包括：

①挡土墙高度。挡土墙高度一般由任务要求确定，即考虑墙后被支挡的填土呈水平时墙顶的高度。有时，对长度很大的挡土墙，也可使墙顶低于填土顶面而用斜坡连接，以节省工程量。

②挡土墙顶宽和底宽。挡土墙顶宽，一般块石挡土墙不应小于 400 mm，混凝土挡土墙不应小于 200 mm。底宽由整体稳定性确定。一般为墙高的 0.5~0.7 倍。

(2)重力式挡土墙计算。重力式挡土墙计算内容包括稳定性验算、墙身强度验算和地基承载力验算。

①抗滑移稳定性验算。在压力作用下，挡土墙有可能基础底面发生滑移。如图 5-24 所示，抗滑力与滑动力之比称为抗滑移安全系数 K_s，K_s 按下式计算：

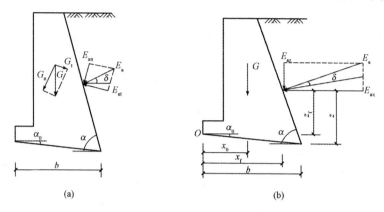

图 5-24　挡土墙稳定性验算

$$K_s = \frac{(G_n + E_{an})u}{E_{at} - G_t} \geqslant 1.3$$

$$G_n = G\cos\alpha_0 \quad G_t = G\sin\alpha_0$$

$$E_{at} = E_a\sin(\alpha - \alpha_0 - \delta) \quad E_{an} = E_a\cos(\alpha - \alpha_0 - \delta)$$

式中　G——挡土墙每延长米自重；

　　　α_0——挡土墙基底的倾角；

　　　α——挡土墙墙背的倾角；

　　　δ——土对挡土墙的摩擦角；

　　　u——土对挡土墙基底的摩擦系数。

若验算结果不满足要求，可选用以下措施来解决：

a. 修改挡土墙的尺寸，增加自重以增大抗滑力；

b. 在挡土墙基底铺砂或碎石垫层，提高摩擦系数，增大抗滑力；

c. 增大墙背倾角或做卸荷平台，以减小土对墙背的压力，减小滑动力；

d. 加大墙底面逆坡，增大抗滑力；

e. 在软土地基上，抗滑稳定安全系数较小，采取其他方法无效或不经济时，可在挡土墙踵后加钢筋混凝土拖板，利用拖板上的填土重量增大抗滑力。

②抗倾覆稳定性验算。如图 5-25 所示，一基底倾斜的挡土墙在主动土压力作用下可能绕墙趾向外倾覆，抗倾覆力矩与倾覆力矩之比称为倾覆安全系数 K_t，K_t 按下式计算：

$$K_t = \frac{Gx_0 + E_{az}x_f}{E_{ax}z_f} \geqslant 1.6$$

$$E_{ax} = E_a\sin(\alpha - \delta) \quad E_{az} = E_a\cos(\alpha - \delta)$$

$$x_f = b - z\cot\alpha \quad z_f = z - b\tan\alpha_0$$

式中　z——土压力作用点离墙基的高度；

　　　x_0——挡土墙重心离墙趾的水平距离；

　　　b——基底的水平投影宽度。

挡土墙抗滑验算能满足要求，抗倾覆验算一般也能满足要求。若验算结果不能满足要求，可伸长墙前趾，增加抗倾覆力臂，以增大挡土墙的抗倾覆稳定性。

③整体滑动稳定性验算。可采用圆弧滑动方法。

④地基承载力验算。

挡土墙地基承载力验算，应同时满足下列公式：

$$\frac{1}{2}(\sigma_{max} + \sigma_{min}) \leqslant f_a; \quad \sigma_{max} \leqslant 1.2f_a$$

另外，基底合力的偏心距不应大于 0.2 倍基础的宽度。

⑤墙身材料强度验算。与一般砌体构件相同。

3. 重力式挡土墙的构造

在设计重力式挡土墙时，为了保证其安全合理、经济，除进行验算外，还需采取必要的构造措施。

(1)基础埋深。重力式挡土墙的基础埋深应根据地基承载力、冻结深度、岩石风化程度等因素决定，在土质地基中，基础埋深不宜小于 0.5 m；在软质岩石地基中，不宜小于 0.3 m。在特强冻胀、强冻胀地区，应考虑冻胀影响。

(2)墙背的倾斜形式。当采用相同的计算指标和计算方法时，挡土墙背以仰斜时主动土压力最小，直立居中，俯斜最大。墙背倾斜形式应根据使用要求、地形和施工条件等因素综合考虑确定，应优先采用仰斜墙。

(3)墙面坡度选择。当墙前地面陡时，墙面可取 1∶0.05～1∶0.2 仰斜坡度，宜采用直立截面。当墙前地形较为平坦时，对中、高挡土墙，墙面坡度可较缓，但不宜缓于 1∶0.4。

(4)基底坡度。为增加挡土墙身的抗滑稳定性，基底可做成逆坡，但逆坡坡度不宜过大，以免墙身与基底下的三角形土体一起滑动。一般土质地基不宜大于 1∶10，岩石地基不宜大于 1∶5。

(5)墙趾台阶。当墙高较大时，为了提高挡土墙的抗倾覆能力，可加设墙趾台阶，墙趾台阶的高宽比可取 $h∶a = 2∶1$，a 不得小于 20 cm，如图 5-25 所示。

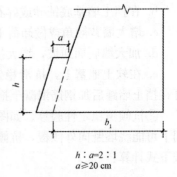

$h∶a = 2∶1$
$a \geqslant 20$ cm

图 5-25　墙趾台阶尺寸

(6)设置伸缩缝。重力式挡土墙应每间隔 10～20 m 设置一道伸缩缝。当地基有变化时，宜加设沉降缝。在挡土结构的拐角处，应采取加强构造措施。

（7）墙后排水措施。挡土墙因排水不良，雨水渗入墙后填土，使填土的抗剪强度降低，对挡土墙的稳定产生不利的影响。当墙后积水时，还会产生静水压力和渗流压力，使作用于挡土墙上的总压力增加，对挡土墙的稳定更不利。因此，在挡土墙设计时，必须采取排水措施。

①截水沟。挡土墙后有较大面积的山坡时，应在填土顶面，离挡土墙适当的距离设置截水沟，把坡上径流截断排除。截水沟的剖面尺寸，要根据暴雨集水面积计算确定，并应用混凝土衬砌。截水沟出口应远离挡土墙，如图 5-26(a)所示。

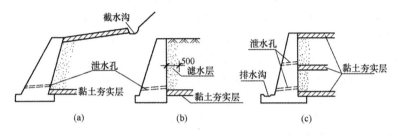

图 5-26　挡土墙排水措施

②泄水孔。应将已渗入墙后填土中的水迅速排出。通常在挡土墙上设置排水孔。排水孔应沿横竖两个方向设置，其间距一般取 $2\sim3$ m，排水孔外斜坡度宜为 5%，孔眼尺寸不宜小于 100 mm。泄水孔应高于墙前水位，以免倒灌。在泄水孔入口处，应用易渗的粗粒材料做滤水层，必要时作排水暗沟，并在泄水孔入口下方铺设黏土夯实层，防止积水渗入地基，不利于墙体的稳定。墙前也要设置排水孔，在墙顶坡后地面宜铺设防水层，如图 5-26(c)所示。

（8）填土质量要求。挡土墙后填土应尽量选择透水性较强的填料，如砂、碎石、砾石等。因这类土的抗剪强度较稳定，易于排水，当采用黏性土作填料时，应掺入适当的碎石。在季节性冻土地区，应选择炉渣、碎石、粗砂等非冻结填料。不应采用淤泥、耕植土、膨胀土等作为填料。

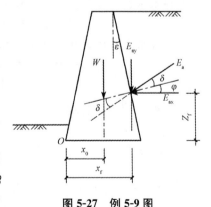

图 5-27　例 5-9 图

【例 5-9】 如图 5-27 所示，已知某块石挡土墙高 6 m，墙背倾斜 $\varepsilon=10°$，填土表面倾斜 $\beta=10°$，土与墙的摩擦角 $\delta=20°$，墙后填土为中砂，内摩擦角 $\varphi=30°$，重度 $\gamma=18.5$ kN/m^3。地基承载力设计值 $f_a=160$ kPa。设计挡土墙尺寸(砂浆块石的重度取 22 km/m^3)。

解：①初定挡土墙断面尺寸。

设计挡土墙顶宽 1.0 m、底宽 4.5 m，如图 5-28 所示，墙的自重为

$$G = \frac{(1.0+4.5) \times 6 \times 22}{2} = 363(\text{kN/m})$$

因为 $\alpha_0 = 0$, $G = 363$ kN/m, 所以 $G_t = 0$(kN/m)

②土压力计算。

由 $\varphi = 30°$、$\delta = 20°$、$\varepsilon = 10°$、$\beta = 10°$, 应用库仑土压力理论, 查表得 $K_a = 0.438$。

$$E_a = \frac{1}{2}\gamma h^2 K_a = \frac{1}{2} \times 18.5 \times 6^2 \times 0.438 = 145.9(\text{kN/m})$$

E_a 的方向与水平方向成 $30°$, 作用点距离墙基 2 m。

$$E_{ax} = E_a\cos(\delta+\varepsilon) = 145.9 \times \cos(20°+10°) = 126.4(\text{kN/m})$$

$$E_{az} = E_a\sin(\delta+\varepsilon) = 145.9 \times \sin(20°+10°) = 73(\text{kN/m})$$

因为 $\alpha_0 = 0$, $E_{an} = E_{az} = 73$ kN/m, 所以 $E_{at} = E_{ax} = 126.4$(kN/m)

③抗滑稳定性验算。墙底对地基中砂的摩擦系数 μ, 查表得 $\mu = 0.4$。

$$K_s = \frac{(G_n+E_{an})\mu}{E_{at}-G_t} = \frac{(363+73) \times 0.4}{126.4} = 1.38 > 1.3$$

抗滑安全系数满足要求。

④抗倾覆验算。计算作用在挡土墙上的各力对墙趾 O 点的力臂

自重 G 的力臂: $x_0 = 2.10$ m

E_{an} 的力臂: $x_f = 4.15$ m

E_{ax} 的力臂: $z_f = 2$ m

$$K_t = \frac{Gx_0+E_{az} \cdot x_f}{E_{ax} \cdot z_f} = \frac{363 \times 2.10+73 \times 4.15}{126.4 \times 2} = 4.21 > 1.6$$

抗倾覆验算满足要求。

⑤地基承载力验算。作用在基础底面上总的竖向力为

$$N = G_n+E_{az} = 363+73 = 436(\text{kN/m})$$

合力作用点与墙前趾 O 点的距离为

$$x = \frac{363 \times 2.10+73 \times 4.15-126.4 \times 2}{436} = 1.86(\text{m})$$

偏心距 $e = \frac{4.5}{2}-1.86 = 0.39$(m)

基底边缘 $P_{min}^{max} = \frac{436}{4.5} \times \left(1 \pm \frac{6 \times 0.39}{4.5}\right) = \frac{147.3}{46.5}$kPa

$$\frac{1}{2}(P_{max}+P_{min}) = \frac{1}{2} \times (147.3+46.5) = 96.9(\text{kPa}) < f_a = 160 \text{ kPa}$$

$$P_{max} = 147.3 \text{ kPa} < 1.2f_a = 1.2 \times 160 = 196(\text{kPa})$$

地基承载力满足要求。

因此, 该块石挡土墙的断面尺寸可定为: 顶宽 1.0 m, 底面 4.5 m, 高 6.0 m。

总结: 挡土墙设计的关键问题在于确定作用墙背上的土压力的性质、大小、方向和作用点。根据挡土墙的位移、方向和位移量, 可以把土压力分为静止土压

力、主动土压力和被动土压力，工程实际中用得比较多的是静止土压力和主动土压力，在学习过程中应正确理解土压力产生的条件，并能根据实际情况准确地判断土压力的性质。

【例 5-10】 西安地铁枣园工程土压力计算。

(1)工程概况：西安地铁枣园站周边的现状与规划均以居住为主，车站西北侧为建设中的万国地产万国城，东北侧为大马路村的建设用地，规划为高层商住楼，西南侧为西安骊山汽车厂的三四零二社区，东南侧为丰盛园小区和爱菊佳园等住宅小区。枣园西路为西安市城区至咸阳的主干道，道路交通繁忙，车流量较大。因此，取上部荷载为 20 kPa。

由于枣园站开挖深度在 17.4 m 以内，而地下水水位埋深为 24.70～26.80 m，地下水对基坑的开挖和支护影响不大，故选择依据水土分算的原则计算。

本工程场地平坦，土体上部底面超载 20 kPa，在影响范围内无建筑物产生的侧向荷载，且不考虑施工荷载及邻近基础工程施工的影响，假定支护墙面垂直、光滑，采用朗肯土压力理论计算。

土体物理学参数见表 5-2。

表 5-2　土体物理学参数

| 土层名称 | 厚度/m | 重度/(kN·m⁻³) | 直剪(固快) | | 静止侧压力系数 |
			黏聚力/kPa	内摩擦角/°	
杂填土	1.0	17.5	5	10.0	0.7
素填土	3.0	17.1	10	12.0	0.6
新黄土	6.5	16.4	36	26.0	0.42
古土壤	3.3	18.7	39	25.6	0.42
粉质黏土	4.7	19.0	37	26.0	0.40
粉质黏土	8.1	19.3	39	27.0	0.38

(2)计算方法：按朗肯理论计算主动与被动土压力强度，其公式为

$$P_a = \left(q + \sum \gamma_i h_i\right)K_a - 2c\sqrt{K_a}$$

$$P_p = \left(q + \sum \gamma_i h_i\right)K_p + 2c\sqrt{K_p}$$

式中　P_a、P_p——朗肯主动与被动土压力强度，kPa；

q——地面均匀荷载，kPa；

γ_i——第 i 层土的重度，kN/m³；

h_i——第 i 层土的厚度，m；

K_a、K_p——朗肯主动与被动土压力系数；

$$K_a = \tan^2\left(45° - \frac{\varphi}{2}\right)$$

$$K_p = \tan^2\left(45° + \frac{\varphi}{2}\right)$$

式中　c、φ——计算点土的抗剪强度指标。

开挖土层示意图如图 5-28 所示。

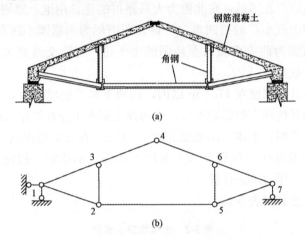

(a)

(b)

图 5-28　开挖土层示意图

基坑开挖深度 17.4 m，

OA 为杂填土层，$\gamma=17.5$ kN/m³，$c=5$ kPa，$\varphi=10.0°$，$h=1.0$ m；

AB 为素填土层，$\gamma=17.1$ kN/m³，$c=10$ kPa，$\varphi=12.0°$，$h=3.0$ m；

BC 为新黄土，$\gamma=16.4$ kN/m³，$c=36$ kPa，$\varphi=26.0°$，$h=6.5$ m，为不透水层；

CD 为古土壤，$\gamma=18.7$ kN/m³，$c=39$ kPa，$\varphi=25.6°$，$h=3.3$ m，为不透水层；

DE 为粉质黏土层，$\gamma=19.0$ kN/m³，$c=37$ kPa，$\varphi=26.0°$，$h=4.7$ m；

EF 为粉质黏土，$\gamma=19.3$ kN/m³，$c=39$ kPa，$\varphi=27.0°$，$h=8.1$ m。

（3）土层力学参数平均值。

①参数加权平均数：由于各土层物理力学参数相差不大，故采用加权平均法计算土压力，各加权平均参数计算如下。

平均表观密度：

$$\bar{\gamma} = \sum \gamma_i h_i / \sum h_i$$

$$= \frac{17.5\times1.0 + 17.1\times3.0 + 16.4\times6.5 + 18.7\times3.3 + 19.0\times4.7 + 19.3\times8.1}{26.6}$$

$$= 18.1(\text{kN/m}^3)$$

迎土区:

$$\overline{\varphi} = \sum \varphi_i h_i / \sum h_i$$

$$= \frac{10.0 \times 1 + 12.0 \times 3.0 + 26.0 \times 6.5 + 25.6 \times 3.3 + 26.0 \times 4.7 + 27.0 \times 8.1}{26.6}$$

$$= 24.1°$$

$$\overline{c} = \sum c_i h_i / \sum h_i$$

$$= \frac{5 \times 1.0 + 10 \times 3.0 + 36 \times 6.5 + 39 \times 3.3 + 37 \times 4.7 + 39 \times 8.1}{26.6}$$

$$= 33.4(kPa)$$

②土压力计算。

a. 土压力系数。

主动土压力系数:

$$K_a = \tan^2 \left(45° - \frac{\varphi}{2}\right) = 0.420$$

$$\sqrt{K_a} = 0.648$$

被动土压力系数:

$$K_p = \tan^2 \left(45° + \frac{\varphi}{2}\right) = 2.380$$

$$\sqrt{K_p} = 1.543$$

b. 主动土压力。

地面均布超载:$q = 20$ kPa

墙顶:$h = 0$ m

$$e_{a0} = (q + \gamma h) K_a - 2c \sqrt{K_a}$$

$$= (20 + 18.1 \times 0) \times 0.42 - 2 \times 33.4 \times 0.648$$

$$= -34.886(kPa) < 0$$

取 $e_{a0} = 0$ kPa

坑底:$h = 17.4$ m

$$e_{aj} = (q + \gamma h) K_a - 2c \sqrt{K_a}$$

$$= (20 + 18.1 \times 17.4) \times 0.42 - 2 \times 33.4 \times 0.648$$

$$= 97.388(kPa)$$

c. 被动土压力:

$$e_{p0} = 2c \sqrt{K_p}$$

$$= 2 \times 33.4 \times 1.543$$

$$= 103.072(kPa)$$

(九)极限平衡论和非极限平衡论计算土压力

土压力是土力学很重要的经典课题,也是深基坑、挡土墙等挡土结构设计计算的难点。由于受力情况复杂，影响因素较多，目前关于土压力计算还没有达成共识。这里主要就土压力的计算分析方法的发展作一回顾，分极限状态和非极限状态两类进行讨论，并对这几种计算分析方法的优缺点和存在的问题进行对比分析。

当前，国内大量的深基坑开挖、填土挡墙、地铁隧道和地下空间开发利用等工程中普遍遇到土压力计算问题。目前，由于受力状态复杂、影响因素较多，土压力理论还很不完善，通常按建立在极限平衡理论基础上的库仑土压力理论或朗肯土压力理论计算。实际工程中，许多挡土墙的土压力处于非极限状态，如果按照库仑或朗肯理论进行计算，并不能真实反映土压力随位移、时间动态变化的情况。这里在前人研究的基础上，对土压力计算理论加以总结和对比分析。

1. 极限平衡方法

(1)库仑土压力与朗肯土压力。库仑土压力理论根据滑动土楔体处于极限平衡状态时的静力平衡条件确定土压力，并认为其沿墙高线性分布。其基本假定：挡土墙后土体为均匀各向同性无黏性土；挡土墙后产生主动或被动土压力时，墙后土体形成滑动土楔体，其滑裂面为通过墙踵的平面；将滑动土楔体视为一刚体。

朗肯土压力理论是建立在土的极限平衡理论基础上的。其基本假定：挡土墙面是竖直、光滑的；挡土墙背面的填土是均质、各向同性的无黏性土，填土表面是水平的；墙体将在压力作用下产生足够的位移和变形，使填土处于极限平衡状态。

库仑土压力理论和朗肯土压力理论因计算简单、应用方便，在实际工程中得到普遍使用。但这两种理论只能求得极限状态的土压力，不能考虑位移对土压力的影响。

(2)条带极限平衡法。条带极限平衡法首先由 M. E. Karah 提出。库仑土压力理论求得的是土压力合力，不能推导其分布解。条带极限平衡法建立在库仑土压力理论基础之上，将墙背和滑动面之间的滑动土楔体分成若干个高度为 dh 的条带体，通过任意一个单元体的静力平衡条件列出一阶微分方程，再由边界条件求出其沿墙背的土压力分布解，是对库仑土压力理论的改进。

如图 5-29(a)所示，假定平面填土面水平，墙背直立，填土为无黏性土。

由图 5-29(b)微单元体的平衡条件 $\sum x = 0$，$\sum y = 0$ 可得

$$P_x dy + \tau_2 \cot\theta - r = 0$$

$$\frac{dP_x}{dy} = r + \frac{1}{H-y}[P_y - r - (\tau_1 + \tau_2)\tan\theta]$$

令 $P_x = KP_y$；$\tau_1 = P_x\tan\delta$；$\tau_2 = r\tan\varphi$。

式中，K 为填土侧压力系数；δ 为填土与墙背间的摩擦角；φ 为填土的内摩擦角。

由上式及边界条件 $y=0$，$P_y=q$ 可求得解：

$$P_y = \left(q - \frac{\gamma H}{aK-2}\right)\left(\frac{H-y}{H}\right)^{aK-1} + \frac{\gamma H}{aK-2}\frac{H-y}{H}$$

图 5-29(c)为某一土样由上述方程求得的土压力分布图。

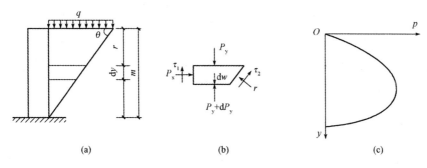

（a）　　　　　　　　（b）　　　　　　　　（c）

图 5-29　土压力分析模型

该理论假设条件同库仑理论，但得到的土压力沿墙面的分布状况同库仑理论完全不同，为一曲线，在墙底部土压力为零，是对库仑土压力理论的发展。不过其依然没有考虑到墙体位移大小和位移模式对土压力的影响。

（3）弹塑性极限平衡法。

Dubrova 压力重分布法是建立在库仑土压力理论基础上的，分析了挡土墙不同变位模式下的土压力大小及分布。如图 5-30 所示，假定挡土墙为刚性，墙后填土为黏性土。

图 5-30（a）表明挡土墙绕中点 O 转动，墙顶点 A 转向土体方向。图 5-30(b)表明 OA 作用于一被动土压力，OB 作用于一主动土压力，假定在某一位移下，只有 A 点达到被动极限状态，B 点达到主动极限状态，而且同时达到。并假定极限状态时，墙后也形成一滑动楔体，楔体内由无数个类似滑动面的平面同墙体相交，其上的内摩擦角由 A 点 $-\varphi$ 到 B 点 $+\varphi$ 按 z 值变化，即内摩擦角 $\psi = \dfrac{2\varphi^2 z}{H}$。

根据库仑理论，各滑动面同水平面的夹角 $\theta = \dfrac{\pi}{4} + \dfrac{\psi}{2} = \dfrac{\pi}{4} - \dfrac{\varphi}{2} + \dfrac{\varphi z}{H}$。

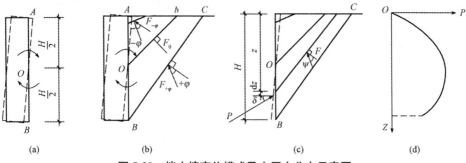

（a）　　　　　　（b）　　　　　　（c）　　　　　　（d）

图 5-30　挡土墙变位模式及土压力分布示意图

在任意深度 z 处，如图 5-30(c)所示，由通过该点的滑动面上的土楔体的静力平衡条件和库仑理论，可得该土楔体作用在挡土墙上的土压力的合力：

$$P = \frac{\gamma}{2\cos\delta}\left[\frac{z}{1/\cos\psi + \sqrt{\tan^2\psi + \tan\psi\tan\delta}}\right]^2$$

相应的分布解为

$$P(z) = \frac{\mathrm{d}P}{\mathrm{d}z} = \frac{\gamma}{\cos\delta}\left[\frac{z\cos^2\psi}{(1+m\sin\psi)^2} - \frac{2z^2\varphi\cos\psi}{H(1+m\sin\psi)^2}\left(\sin\psi + \frac{1+m^2}{2m}\right)\right]$$

其中，$m = [1 + (\tan\delta/\tan\psi)]^{1/2}$。

图 5-30(d)为某一土样的土压力分布。

当挡土墙绕墙顶转动和绕墙底转向土体方向时，分别取 $\psi = \pm\varphi z/H$ 和 $\psi = \varphi z/H - \varphi$，类似上面相似的分析方法，得到相似的分析结果。当绕墙趾远离土体方向充分转动时，Dubrova 得出的结论同库仑解。Dubrova 分析方法考虑了土楔体内部的渐进破坏发展，但理想地假定内摩擦角变化为线性；考虑了挡土墙变位方式，但没考虑挡土墙变位大小对土压力的影响。

2. 非极限平衡方法

Bang 认为土体从静止状态到极限状态是一个渐变的过程，提出了非极限状态的概念，指出土压力计算应同时考虑墙体变位模式和位移的大小。同时由于土中水的渗流、土体固结以及土骨架的蠕变等因素，使得土压力的产生随时间发生变化。国内不少学者通过研究土压力和挡土墙位移的关系建立了考虑位移、时间影响的非极限平衡状态的土压力计算方法。

与位移有关的土压力计算如下。

(1)基于朗肯土理论的位移土压力计算。不少文献都给出了主动土压力、被动土压力、静止土压力这三种土压力与挡土墙位移之间的大致关系，如图 5-31 所示。西南交通大学卢国胜用下列函数拟合压力-位移关系曲线：

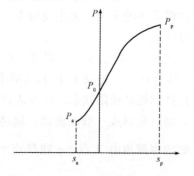

图 5-31　主动土压力、被动土压力、静止土压力与位移的关系

$$P_a = \frac{P_0}{1 + A(\varphi)\sqrt[3]{\dfrac{s_a'}{s_a}}} - \frac{2c\dfrac{s_a'}{s_a}}{1 + B(\varphi)\dfrac{s_a'}{s_a}}$$

$$P_p = P_0\left[1 + \frac{\sqrt[3]{s_p'/s_p}}{C(\varphi) + \dfrac{D(\varphi)}{1 + \dfrac{8c}{\gamma Z}}\cdot\dfrac{s_p'}{s_p}}\right]$$

通过对曲线的多次拟合发现，参数 $A(\varphi)$、$B(\varphi)$、$C(\varphi)$、$D(\varphi)$ 与朗肯主动土

压力系数 K_a、被动土压力系数 K_p 和静止土压力系数 K_0 之间存在近似关系：

$$A(\varphi) = \frac{1}{4.7}\ln\left(\frac{K_p + K_a}{K_a}\right); \quad B(\varphi) = \frac{K_p - K_a}{K_p + K_0 + K_a}$$

$$C(\varphi) = \frac{K_p + 1.16K_a}{0.96K_p^3}; \quad D(\varphi) = \frac{K_p + 1.16K_a}{1.79K_p^3}$$

通过定性分析，土压力随参数的变化规律与朗肯土压力理论一致，因此是合理的。通过讨论，可以得出基于朗肯土压力理论且考虑位移的土压力计算公式：

$$P_a = \frac{P_0}{1 + \frac{1}{4.7}\ln\left(\frac{K_p + K_a}{K_a}\right) \cdot \sqrt[3]{\frac{s_a'}{s_a}}} - \frac{2c \cdot s_a'/s_a}{1 + \frac{K_p - K_a}{K_p + K_0 + K_a} \cdot \frac{s_a'}{s_a}}$$

$$P_p = P_0\left[1 + \frac{\sqrt[3]{s_p'/s_p}}{\frac{K_p + 1.16K_a}{0.96K_p^3} + \frac{\frac{K_p + 1.16K_a}{1.79K_p^3}}{1 + \frac{8c}{\gamma Z}} \cdot \frac{s_p'}{s_p}}\right]$$

同样，南京工业大学梅国雄在分析土压力随挡土墙变化的基础上，建立的考虑位移的朗肯土压力计算模型为

$$P = \left[\frac{K(\varphi)}{1 + e^{-b(s_a,\varphi)s}} - \frac{K(\varphi) - 4}{2}\right]P_0$$

式中　P_0——静止土压力的一半；

$\quad\quad K(\varphi)$——内摩擦角的函数；

$\quad\quad b(s_a, \varphi)$——主动土压力位移量和内摩擦角的函数，且有 $b > 0$。

K、b、P_0 可以通过原位测试得到三个点 (P_1, s_1)、(P_2, s_2)、(P_3, s_3)，从而反算得到

$$P = \left(\frac{\frac{4\tan^2\left(45° + \frac{\varphi}{2}\right)}{1 - \sin\varphi} - 4}{1 + e^{\frac{\ln A}{s_a}s}} - \frac{\frac{4\tan^2\left(45° + \frac{\varphi}{2}\right)}{1 - \sin\varphi} - 8}{2}\right) \cdot \frac{(1 - \sin\varphi)\gamma h}{2}$$

该模型具有单调递增性、有界性、在 x $=0$ 处有拐点、当 $s=0$ 时 P_0 是静止土压力的一半等特点。它反映了土压力随挡土墙位移变化而变化，并将模型中的三个参数 P_a、P_b、p_0 用土的干密度 γ、计算点离地面高度 h、土的有效摩擦角 φ、土的摩擦角以及该点到主动土压力时的位移量 s_a 表达，如图 5-32 所示。

该模型当 $(P_a/P)_{测}$ 和 $(P_a/P)_{计}$ 较为接近时，基于朗肯土压力理论的考虑，位移的土

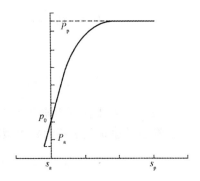

图 5-32　土压力随挡土墙位移变化而变化

压力模型和实测的也较为一致，误差在 5% 以内；但当 $(P_a/P)_测$ 和 $(P_a/P)_计$ 相差较大时，基于朗肯土压力理论的考虑，位移的土压力模型和实测的相差也较大，最大相差可达到 50%。

(2)基于库仑理论的位移土压力计算。浙江大学徐日庆在库仑土压力理论的基础上定义 σ_r 为松弛应力，σ_s 为挤压应力，σ_0 为土体不产生位移即静止平衡时的水平方向应力。对照图 5-33，建立最大松弛应力 σ_{rmax} 和最大挤压应力 σ_{smax} 同位移的关系：$\sigma_r = k_{a\delta}\sigma_{rmax}$，$\sigma_s = k_{p\delta}\sigma_{smax}$，$k_{a\delta}$、$k_{p\delta}$ 为位移函数，见图 5-34。通过正弦函数 $k_{a\delta} = \sin(\pi\delta/2\delta_{acr})$，$k_{p\delta} = \sin(\pi\delta/2\delta_{pcr})$，模拟松弛应力和挤压应力同位移的关系。由此可以得到考虑位移时的库仑土压力计算公式：

$$p = p_0 + \sin\left(\frac{\pi\delta}{2\delta_{cr}}\right)(p_{cr} - p_0)$$

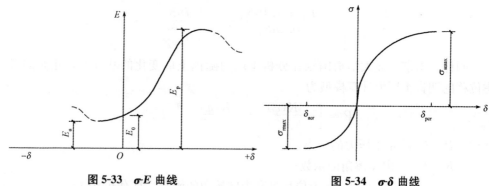

图 5-33　σ-E 曲线　　　　　图 5-34　σ-δ 曲线

浙江大学陈页开，东南大学王照宇同样定义 σ_r 为松弛应力，σ_s 为挤压应力，但他通过用 sigmoid 函数描述土压力和墙体位移的相互关系，建立非极限状态下的土压力计算公式：

$$P_p = P_0 + (P_{pcr} - P_0)\left(\frac{\delta}{\delta_{pcr}}\right)\left[\frac{2}{1 + e^{\alpha\left(1 - \frac{\delta}{\delta_{pcr}}\right)}}\right]$$

$$P_a = P_0 - (P_0 - P_{acr})\left(\frac{\delta}{\delta_{acr}}\right)\left[\frac{2}{1 + e^{\alpha\left(1 - \frac{\delta}{\delta_{pcr}}\right)}}\right]$$

或

$$P_a = P_0 + (P_{acr} - P_0)\left(\frac{\delta}{\delta_{acr}}\right)\left[\frac{2}{1 + e^{\alpha\left(1 - \frac{\delta}{\delta_{pcr}}\right)}}\right]$$

式中　α、α'——与土性等因素相关的参数。

张吾渝通过建立似正弦函数模型进行考虑变形的土压力计算：

$$\sigma_a = \sigma_0 + \sin\left[\frac{\pi}{2}\frac{\delta}{\delta_{acr}}\right](\sigma_{acr} - \sigma_0)$$

$$\sigma_p = \sigma_0 + \sin\left[\frac{\pi}{2}\frac{\delta}{\delta_{pcr}}\right](\sigma_{pcr} - \sigma_0)$$

式中　σ_a、σ_p、σ_0——准主动、准被动土压力和静止土压力；

　　　σ_{acr}、σ_{pcr}——主动土压力和被动土压力；

　　　δ——土体位移；

　　　δ_{acr}、δ_{pcr}——主动极限位移和被动极限位移。

沈阳建筑大学易南概等仿照文克尔地基模型的部分假定，将支护结构两侧土体用非线性弹簧模拟，结构的计算简图如图 5-35 所示。根据土压力与位移的一般关系曲线，在极限平衡范围内，土压力和位移关系曲线采用双曲线模型。

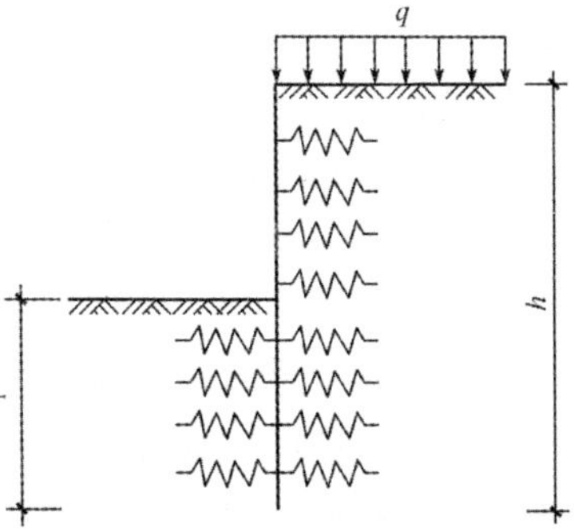

图 5-35　土压力计算模型

$$p_a = p_0 - \frac{\delta}{a + b\delta}$$

$$p_p = p_0 - \frac{\delta}{c + d\delta}$$

式中　a、b、c、d——待定系数。

根据基床系数的定义，引入初始切线水平基床系数 K_{ei} 和初始切线水平基床伸展系数 K_{ni} 的概念，可以得到由位移确定主动土压力、被动土压力计算公式：

$$p_a = p_0 - \frac{\delta}{\dfrac{1}{K_{ni}} + \dfrac{K_{ni}\delta_a - p_0 + p_a}{(p_0 - p_a)k_{ni}\delta_a}\delta}, \delta_a \leqslant \delta \leqslant 0$$

$$p_p = p_0 - \frac{\delta}{\dfrac{1}{K_{ei}} + \dfrac{K_{ei}\delta_p - p_p + p_0}{(p_p - p_0)K_{ni}\delta_p}\delta}, 0 \leqslant \delta \leqslant \delta_p$$

对基床系数值的选择目前尚无统一的方法，归纳起来，一种是按土类名称及其状态取经验值的方法，另一种是按经验和公式确定基床系数的取值。如果采用室内三轴试验的方法，为模拟现场条件，可采用 K_0 固结侧向加、卸载应力路径的试验方法，由试验得到弹性模量或压缩模量后，再换算成变形模量，代入相应公式求得基床系数。

（3）与时间有关的土压力计算。徐日庆认为随着时间的增长，主动土压力逐渐增大，而被动土压力逐渐减小；当时间趋于无穷大时，不管是主动土压力还是被动土压力，都将趋于静止土压力。基于这样的事实，考虑时间的土压力计算可表示为如下形式：

$$p_t = p_0 + e^{-nt}(p_{cr} - p_0)$$

上式表明，当 $t = 0$，$\delta = 0$ 时，$\sigma = \sigma_0$；当 $t \to \infty$ 时，无论 δ 为何值，$\sigma = \sigma_0$。笔者将时间和位移因素进行耦合得到考虑时间和位移的土压力计算公式：

$$p = p_0 + e^{-nt} \cdot \sin\left(\frac{\pi\delta}{2\delta_{cr}}\right)(p_{cr} - p_0)$$

梅国雄同样考虑到时间因素的影响，建立了不同的考虑时间影响的土压力计算公式：

$$p = p_0 + e^{-rt}(p_s - p_0)$$

将其与位移土压力进行耦合得到考虑时间位移土压力计算公式：

$$p = p_0 + p_0 \cdot e^{-rt} \frac{\left(\dfrac{K(\varphi)}{1 + e^{-b(s_a, \varphi)s}} - \dfrac{K(\varphi) - 4}{2} \right) - 2}{2}$$

结论：

①极限状态方法均假定破裂面为通过墙踵的平面，这与实际不符。

②极限状态方法没有考虑位移、时间的影响，没有考虑到实际情况中土压力并没有达到极限状态，靠此方法得出的土压力不符合工程实际。

③极限状态方法没有深入土体内在的本构关系。众多工程事故表明，墙后土体的变形是一渐进传递过程，随着变形在土体内部的扩展和累积，最终导致土体整体破坏。因此，只有从土体的内在本构关系出发，弄清土体的渐进破坏机理，包括土体的抗剪强度参数同变形的关系，才能把握土压力问题的实质。

④非极限状态方法考虑土压力和变形的动态平衡过程，通过考虑时间和位移对土压力的影响，得出的计算结果与实测值更加一致。

⑤通过建立位移、时间的土压力计算方法，可以对施工过程中的土压力进行实时监测，并对未来的土压力进行预测，从而可以对工程中出现的问题进行及时的处理和控制。

⑥土压力是一个很复杂的问题，除了与位移、时间有关外，还和土的性质及强度、固结度、蠕变等其他因素相关，将更多重要的影响因素考虑到土压力计算公式中，才能全面、真实地计算土压力值。

第二节　结构内力计算

一、静定结构的特征

从结构的几何构造分析可知，静定结构为没有多余联系的几何不变体系；从受力分析来看，在任意荷载作用下，静定结构的全部反力和内力都可以由静力平衡条件确定，且解答是唯一的确定值。因此，静定结构的约束反力和内力皆与所使用的材料、截面的形状和尺寸无关；支座移动、温度变化、制造误差等因素只能使静定结构产生刚体的位移，不会引起反力及内力。

二、静定结构的计算方法

在材料力学中，杆件横截面的内力用截面法求解，即用假想的截面截取分离体，暴露出所求截面的内力，然后列出分离体的平衡方程，计算支座的反力和内力，绘制结构的内力图。对静定结构受力分析的基本方法是截面法。下面对实际工程中应用较为广泛的单跨和多跨静定梁、静定平面刚架、三铰拱、静定平面桁架、静定组合结构等(图 5-36)进行了内力分析，并完成内力图的绘制。

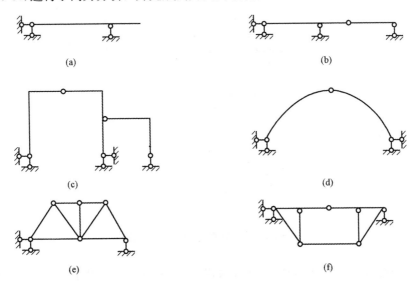

图 5-36 常见静定结构

(a)单跨静定梁；(b)多跨静定梁；(c)静定平面刚架；

(d)三铰拱；(e)静定平面桁架；(f)静定组合结构

三、单跨静定梁

单跨静定梁在工程中应用很广，是组成各种结构的基本构件之一，其受力分析是各种结构受力分析的基础。

(一)基本形式(图 5-37)

单跨静定梁有三种基本形式，分别为简支梁、悬臂梁、外伸梁。

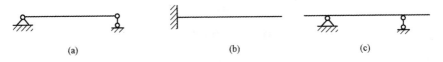

图 5-37 单跨静定梁基本形式

(a)简支梁；(b)悬臂梁；(c)外伸梁

(二)内力分量

计算内力的方法为截面法。平面杆系结构[图 5-38(a)]在任意荷载作用下，其杆件在传力过程中横截面 $m-m$ 上一般会产生某一分布力系，将分布力系向横截面形心简化得到主矢和主矩，而主矢向截面的轴向和切向分解即横截面的轴力 F_N 和剪力 F_s，主矩即截面的弯矩 M。轴力 F_N、剪力 F_s 和弯矩 M 即平面杆系结构构件横截面的三个内力分量，如图 5-38(b)所示。

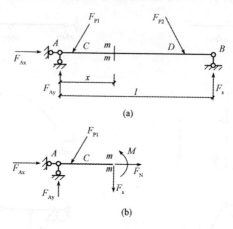

图 5-38　平面杆系结构及内力分量

内力的符号规定与材料力学一致，如图 5-39 所示，轴力以拉力为正，剪力以绕分离体顺时针方向转动者为正，弯矩以使梁的下侧截面受拉为正。反之则为负。

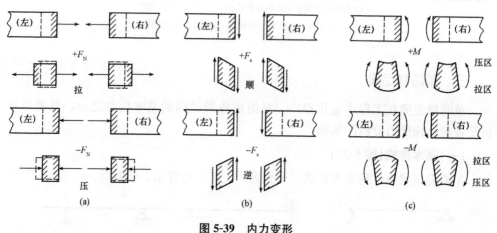

图 5-39　内力变形

内力计算由截面法的运算得到：

轴力 F_N 等于截面一侧所有外力（包括荷载和反力）沿截面法线方向投影的代数和。

剪力 F_s 等于截面一侧所有外力沿截面方向投影的代数和。

截面的弯矩 M 等于该截面一侧所有外力对截面形心力矩的代数和。

上述结论的表达式为

$$F_N = \sum F_{xi}^L \qquad (\text{或 } F_N = \sum F_{xi}^R)$$

$$F_s = \sum F_{yi}^L \qquad (\text{或 } F_s = \sum F_{yi}^R)$$

$$M = \sum M_c(F_{yi}^L) \qquad [\text{或 } M = \sum M_c(F_{yi}^R)]$$

式中　F_{xi}^L——截面左侧某外力在 x 轴方向的投影；

F_{xi}^R——截面右侧某外力在 x 轴方向的投影；

F_{yi}^L——截面左侧某外力在 y 轴方向的投影；

F_{yi}^R——截面右侧某外力在 y 轴方向的投影；

$M_c(F_{yi}^L)$——截面左侧某外力对该截面形心 c 之力矩；

$M_c(F_{yi}^R)$——截面右侧某外力对该截面形心 c 之力矩。

(三)内力与荷载间微分关系及内力图形状的判断

绘制杆系结构的内力图一定要熟练掌握荷载、剪力和弯矩间的微分关系，即

$$\frac{dF_s}{dx} = q(x)$$

$$\frac{dM}{dx} = F_s$$

$$\frac{d^2M}{dx^2} = \frac{dF_s}{dx} = q(x)$$

根据荷载、剪力和弯矩间的微分关系，以及杆件在集中力和集中力偶作用截面两侧内力的变化规律，将内力图绘制方法总结在表 5-3 中供参考。

表 5-3　直梁内力图的形状特征

序号	梁上的外力情况	剪力图	弯矩图
1	$q=0$ 无外力作用梁段		

续表

序号	梁上的外力情况	剪力图	弯矩图
2	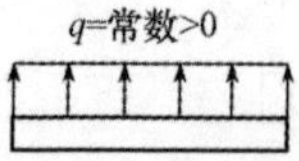 q=常数>0 均布荷载作用指向上方	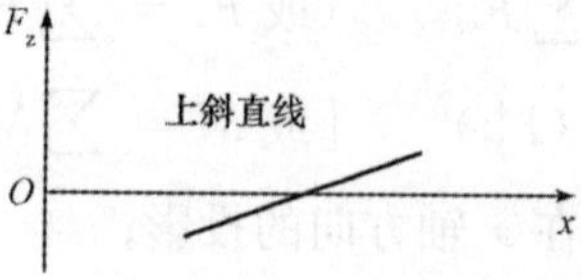 F_z 上斜直线 O x	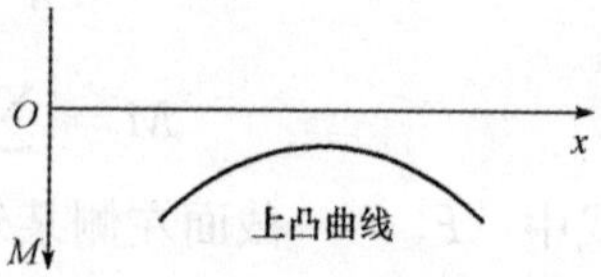 O x 上凸曲线 M
3	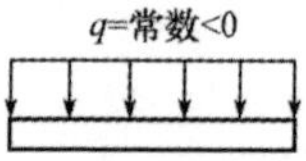 q=常数<0 均布荷载作用指向下方	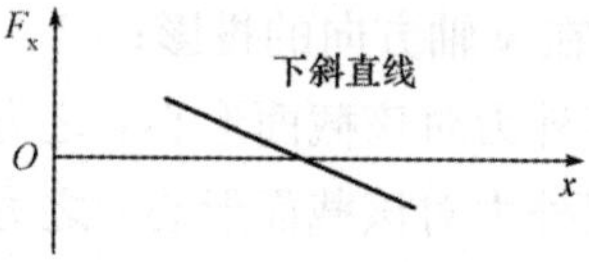 F_x 下斜直线 O x	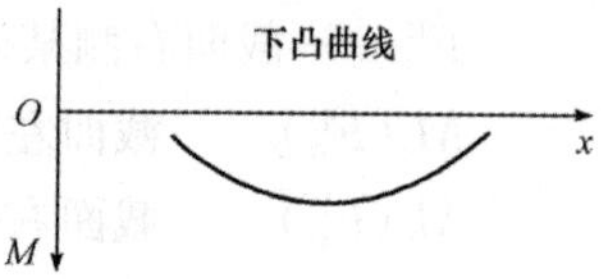 下凸曲线 O x M
4	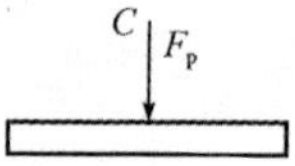 C F_P 集中力作用	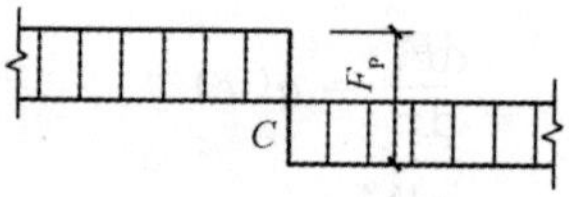 F_P C C 截面剪力有突变	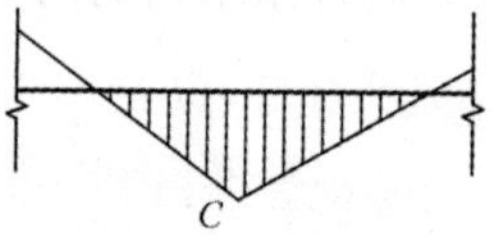 C C 截面弯矩有转折
5	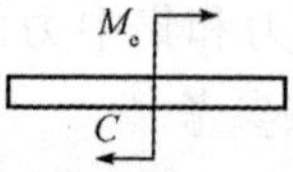 M_e C 集中力偶作用	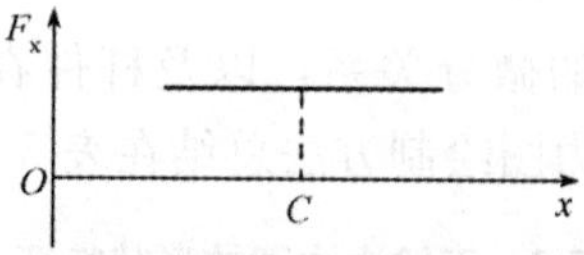 F_x O C x C 截面剪力无变化	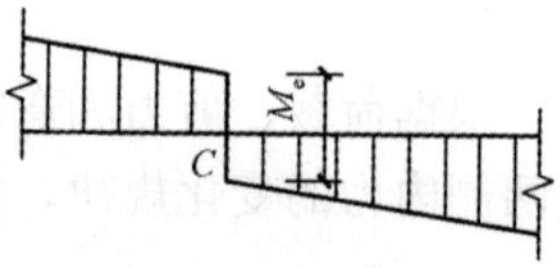 M_e C C 截面左右侧，弯矩突变 (M_e 顺时针，弯矩增加；反之减少)
6	M 极值的求解	$F_s(x)=0$ 的截面	M 有极值

（四）区段叠加法作弯矩图

用叠加法作简支梁[图 5-40(a)]在均布荷载 q、A 截面外力偶 M_A 和 B 截面外力偶 M_B 共同作用下的弯矩图。在图 5-40 中，由叠加原理可知，图(a)＝图(b)＋图(c)＋图(d)。实际作图时，不必作出分解图(b)、(c)、(d)，而直接作出图(a)。其方法是先绘出两个杆端弯矩 M_A 和 M_B，并用直线(图中虚线)相连，然后以此直线为基线叠加简支梁在荷载 q 作用下的弯矩图。其跨中截面 C 的弯矩为 $M_C=\frac{M_A}{2}+\frac{M_B}{2}+\frac{ql^2}{8}=\frac{M_A+M_B}{2}+\frac{ql^2}{8}$。注意弯矩图的叠加是指其纵坐标叠加。这样，最后的图线与最初的水平基线之间所包含的图形即叠加后所得的弯矩图。

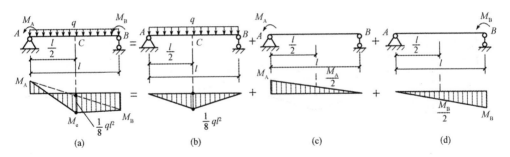

图 5-40 用叠加法作简支梁(kN/m)

上述叠加法对作任何区段的弯矩图都是适用的，如图 5-41(a)所示的梁承受多种荷载作用，如果已求出某一区段 AB 截面 A 的弯矩 M_A 和截面 B 的弯矩 M_B，则 AB 区段上集中力偶作用的跨中截面的弯矩不必用截面法求解，而可采用简便的区段叠加法求解。取出图 5-41(b)AB 段作为分离体，根据分离体的平衡条件分别求出截面 A、B 的剪力 F_{sA} 和 F_{sB}。将此分离体与图 5-41(c)所示的简支梁相比较，由于简支梁受相同的集中力 F_P 及杆端弯矩 M_A 和 M_B 作用，由简支梁的平衡条件可求得支座反力 $F_{Ay}=F_{sA}$，$F_{By}=F_{sB}$。

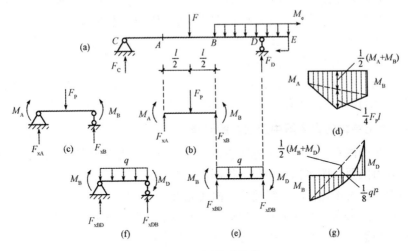

图 5-41 梁承重荷载

可见，图 5-41(b)的 AB 区段梁和图 5-41(c)所示的简支梁受力完全相同，故两者弯矩图也必然相同；对于图 5-41(c)所示简支梁的弯矩图可用简支梁的叠加法作出。图 5-42 所示的简支梁在跨中 C 截面的弯矩可由叠加法按下式计算：

$$M_C = \frac{M_A}{2} + \frac{M_B}{2} + \frac{1}{4}Fl = \frac{M_A + M_B}{2} + \frac{1}{4}Fl$$

同理，图 5-41(e)的 BD 区段梁和图 5-41(f)所示的简支梁受力完全相同，故两

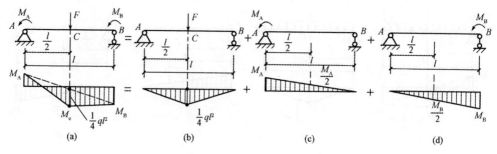

图 5-42　M 图(kN · m)

者弯矩图也相同；而图 5-41(f)所示简支梁的弯矩图在图 5-40(a)中已用叠加法绘出。故得出结论：受弯结构中任意区段梁均可当作简支梁，可利用简支梁弯矩图的叠加法作区段梁的弯矩图。

(五)绘制内力图的一般步骤

(1)求反力(一般悬臂梁不求反力)。

(2)分段。凡外荷载不连续点(如集中力作用点、集中力偶作用点、分布荷载的起讫点及支座节点等)均应作为分段点，每相邻两分段点为一梁段，每一梁段两端称为控制截面，根据外力情况就可以判断各梁段的内力图形状。

(3)定点。根据各梁段的内力图形状，选定所需的控制截面，用截面法求出这些控制截面的内力值，并在内力图上标出内力的纵坐标。

(4)连线。根据各梁段的内力图形状，将其控制截面的纵坐标以相应的直线或曲线相连。对控制截面间有荷载作用的情况，其弯矩图可用区段叠加法绘制。

(六)静定结构内力求解中应注意的问题

(1)弯矩图画在受拉边，不标明正负；轴力图、剪力图画在任一边，标明正负。

(2)内力图要标明名称、单位、控制竖标大小。

(3)大小长度按比例、直线要直、曲线光滑。

(4)截面法求内力所列平衡方程正负与内力正负是完全不同的两套符号系统。

【例 5-11】　试作图 5-43 所示梁的剪力图和弯矩图。

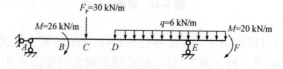

图 5-43　梁受力

解：(1)求支座反力：

$$\sum M_E = 0, \quad F_{RA} = \frac{-26 + 30 \times 5 + 6 \times 6 \times 1 - 20}{7} = 20(\text{kN/m}) \ (\uparrow)$$

$$\sum M_A = 0, \quad F_{RE} = \frac{26+30\times2+6\times6\times6+20}{7} = 46(kN)(\uparrow)$$

(2)梁分段并用截面法求出各控制截面的剪力和弯矩：

$A_{右}$ 截面：$F_{s,A}^R = 20\ kN$　　　　　　　　$M_A^R = 0$

$B_{左}$ 截面：$F_{s,B}^L = F_{s,A}^R = 20\ kN$　　　$M_B^L = 20\times1 = 20(kN/m)$

$B_{右}$ 截面：$F_{s,B}^R = 20\ kN$　　　　　　　$M_B^R = M_B^L + 26 = 46(kN/m)$

$C_{左}$ 截面：$F_{s,C}^L = 20\ kN$　　　　　　　$M_C^L = 20\times2 + 26 = 66(kN/m)$

$C_{右}$ 截面：$F_{s,C}^R = 20-30 = -10(kN)$　$M_C^R = M_C^L = 66\ kN/m$

D 截面：$F_{s,D}^L = F_{s,D}^R = -10\ kN$

　　　　　$M_D^L = M_D^R = 20\times3 + 26 - 30\times1 = 56(kN/m)$

$E_{左}$ 截面：$F_{s,E}^L = -10 - 6\times4 = -34(kN)$

　　　　　$M_E^L = -20 - 6\times2\times1 = -32(kN/m)$

$E_{右}$ 截面：$F_{s,E}^R = F_{s,E}^L + 46 = 12(kN)$　　　$M_C^R = 6\times2\times1 = 12(kN/m)$

$F_{左}$ 截面：$F_{s,F}^L = 0$　　　　　　　　　　$M_F^L = -20\ kN/m$

(3)定出各控制截面的纵坐标，按微分关系连线，绘出剪力图和弯矩图，见图5-44。其中区段 BD 和区段 DE 可用区段叠加法快速求出区段跨中弯矩：

区段 BD 跨中截面：$M_C = \dfrac{M_B+M_D}{2} + \dfrac{1}{4}Fl = \dfrac{46+56}{2} + \dfrac{30\times2}{4} = 66(kN/m)$

区段 DE 跨中截面：$M_G = \dfrac{M_D+M_E}{2} + \dfrac{ql^2}{8} = \dfrac{56-32}{2} + \dfrac{6\times4^2}{8} = 24(kN/m)$

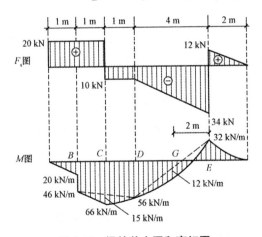

图 5-44　梁的剪力图和弯矩图

(七)斜简支梁的内力分析

在建筑工程中，常会用到杆轴倾斜的斜梁，其中单跨静定斜梁的结构形式有梁式楼梯、板式楼梯、屋面斜梁以及具有斜杆的刚架。斜梁上主要有两种外荷载的分布情况：①图 5-45(a) 中沿杆轴长度作用的铅垂均布荷载，荷载分布集度为 q_1'，例如楼梯的自重荷载。②图 5-45(b) 水平方向作用的均布荷载，荷载分布集度为 q_2，例如楼梯上的人群荷载。

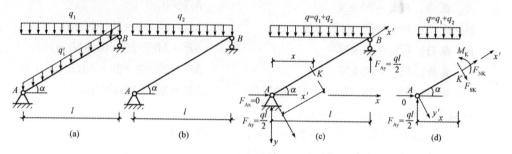

图 5-45　分布荷载

为了计算方便，在图 5-45(a) 中，一般将沿楼梯梁轴线方向均布荷载 q_1' 按照合力等效原则换算成沿水平方向均布的荷载 q_1，即

$$q_1' \frac{l}{\cos\alpha} = q_1 l$$

$$q_1 = \frac{q_1'}{\cos\alpha}$$

故对于楼梯斜梁，无论是计算楼梯自重荷载作用还是计算人群荷载作用，均可采用水平方向均布的荷载作用[图 5-45(c)]进行内力计算。下面用一例题说明斜梁的内力计算特点。

【例 5-12】　如图 5-46 所示楼梯简支斜梁，斜梁的水平投影长度为 l，斜梁与水平方向夹角为 α，斜梁自重荷载为 q_1'，承受的人群荷载为 q_2，试绘制斜梁在两个荷载共同作用下的内力图。

解：(1) 自重荷载换算。将沿斜梁轴线方向的荷载 q_1' 换算成沿水平方向的均布荷载 q_1，有 $q_1 = \dfrac{q_1'}{\cos\alpha}$，则图 5-45(c) 中斜梁沿水平方向均布总荷载 $q = q_1 + q_2$。

(2) 计算支座反力。取整体为研究对象，如图 5-45(c) 所示，利用平衡条件求得

$$F_{Ax} = 0, \quad F_{Ay} = \frac{ql}{2}(\uparrow), \quad F_B = \frac{ql}{2}(\uparrow)$$

(3) 计算任意杆件横截面的内力。用 K 横截面截开斜梁，取 AK 为分离体，如图 5-45(d) 所示，求 K 截面的内力：

$$\sum M_K = 0, \quad M_K = \frac{ql}{2}x - \frac{qx^2}{2} = \frac{qx}{2}(l-x)$$

$$\sum F_x = 0, \quad F_{NK} = qx\sin\alpha - \frac{1}{2}ql\sin\alpha = q\sin\alpha(x - 0.5l)$$

$$\sum F_y = 0, \quad F_{SK} = \frac{1}{2}ql\cos\alpha - qx\cos\alpha = q\cos\alpha(0.5l - x)$$

(4)作内力图。由 M_K、F_{SK} 和 F_{NK} 的表达式可以看出，该斜梁的弯矩图为二次抛物线，剪力图和轴力图是一条斜直线，可作内力图，如图 5-46 所示。

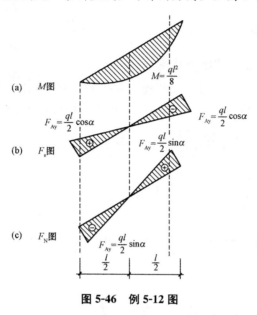

图 5-46　例 5-12 图

斜梁自重荷载 $q'_1 = 9$ kN/m，人群荷载 $q_2 = 5$ kN/m，$l = 5.2$ m，$\alpha = 30°$，有

$q_1 = \dfrac{q'_1}{\cos\alpha} = \dfrac{9}{\cos30°} = 6\sqrt{3}$ (kN/m)，$q = q_1 + q_2 = 6\sqrt{3} + 7.5 = 17.9$ (kN/m)，则斜

梁内最大内力为：$x = 2.6$ m，$M_{K,\max} = \dfrac{17.9 \times 0.5 \times 5.2}{2} \times (5.2 - 0.5 \times 5.2) = 121$ (kN·m)

$x = 0$ 或 5.2 m，$|F_{N,\max}| = 0.5ql\sin\alpha = 0.5 \times 17.9 \times 5.2 \times \sin30° = 23.75$ (kN)

$x = 0$ 或 5.2 m，$F_{S,\max} = 0.5ql\cos\alpha = 0.5 \times 17.9 \times 5.2 \times \cos30° = 40.31$ (kN)

斜梁内力图的要点说明：

(1)内力为斜梁横截面内力；

(2)斜梁的倾角 α 使其在竖向荷载作用下横截面上内力除了有剪力和弯矩外，还有轴力；

(3)斜梁在竖向荷载作用下的内力与相同跨度和荷载作用下的水平简支梁(图 5-47)的内力比较，在相同的截面位置处存在如下关系：

$M(x) = M^0(x)$；

$F_s(x) = F_s^0(x)\cos\alpha$；

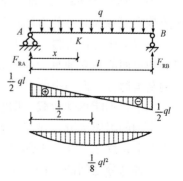

图 5-47　水平简支梁受力示意图

$$F_N(x) = -F_s^0(x)\sin\alpha$$

(4)斜梁的内力图要沿斜梁轴线方向绘制，且叠加原理也适用。

四、多跨静定梁

(一)多跨静定梁的几何组成特点

多跨静定梁是由若干根梁用铰相连，并受到与基础相连的若干支座的约束的静定结构。常用于公路桥梁[图 5-48(a)]、单层厂房建筑中的木檩条等工程中。

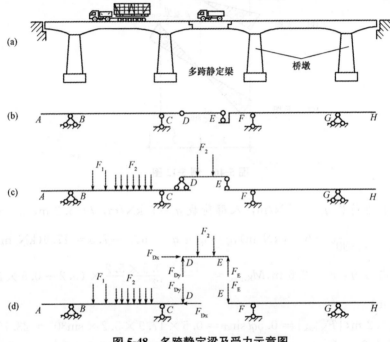

图 5-48 多跨静定梁及受力示意图

图 5-48(a)中的多跨静定梁，计算简图如图 5-48(b)所示。从几何组成上看，多跨静定梁各部分可分为基本部分和附属部分。图 5-48(b)中 AD、EH 两个部分均由三根支座链杆直接与地基相连，为静定外伸梁，它们可以不依赖其他部分提供的约束而能独立地承受荷载作用，为没有多余约束的几何不变体系，称它为结构的基本部分。而图中的 DE 部分在没有两边的基本部分通过铰 D 和 E 提供支持的前提下，不能承受荷载，即它必须依靠基本部分才能维持其几何不变形，故被称为结构的附属部分。显然，若附属部分被破坏或撤除，基本部分仍能维持其几何不变形；反之，若基本部分被破坏，则附属部分必随之垮塌破坏。为了更清晰地表示各部分之间的支持依从关系，可以把基本部分画在下层，而把附属部分画在上层，如图 5-48(c)所示，称为层叠图。其具有多级附属关系，且具有相对性。

(二)多跨静定梁的内力分析

由于多跨静定梁的基本部分直接与地基组成几何不变体系，因此它能独立承受荷载作用而维持平衡。当荷载作用于基本部分时，由平衡条件可知，将只有基本部分受力，而附属部分不受力。当荷载作用于附属部分时，则不仅附属部分受力，而且由于它是支承在基本部分上的，其反力将通过铰接处传给基本部分，因而使基本部分受力。由上述基本部分与附属部分之间的传力关系可知，计算多跨静定梁的顺序应该是先附属部分，后基本部分。即与几何组成的顺序相反，这样才可顺利地求出各铰接处的约束力和各支座的反力，做到列一个平衡方程解一个未知量，而避免解联立方程。每取一部分为分离体分析受力时[图 5-48(d)]，与单跨梁的情况相同，就按前述的单跨梁求反力和绘制内力图。

图 5-49 给出了几种常见的多跨静定梁基本组成形式。

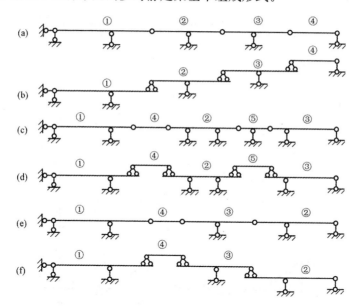

图 5-49 多跨静定梁基本组成形式(单位：kN·m)

(1)图 5-49(a)中除第一跨外，其余各跨皆有一铰，其层叠图如图 5-49(b)所示。图中①本身是一几何不变体系，故为基本部分；而②、③、④只有依赖①才能承受荷载，故均为附属部分，而该附属部分间还存在主次关系，其中①支承②，②支承③，③支承④，④为最后一级附属部分。结构受力分析计算时应按④→③→②→①的顺序计算。

(2)图 5-49(c)中无铰跨和两铰跨交替出现，其层叠图如图 5-49(d)所示。图中外伸梁与支承于外伸梁上的挂梁交互排列，虽然②、③两外伸梁只有两根竖向支座链杆直接与地基相连，但在竖向荷载作用下能独立承载维持平衡。因此在竖向荷载作用下①、②、③均为基本部分，而④、⑤挂梁则为不能独立承载的附属部分。结构受力分析时，应先计算④、⑤，后计算①、②、③。

（3）图 5-49(e)为前两种的组合方式，其层叠图如图 5-49(f)所示。①、②为外伸梁，为多跨静定梁的基本部分；而②支承③，①和③共同支承挂梁④，④为多跨梁的最后一级附属部分。结构受力分析时应按④→③→①和②的顺序计算。

【例 5-13】 试计算图 5-50 所示多跨静定梁，并作内力图。

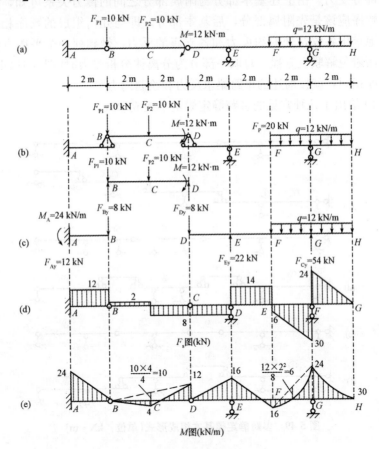

图 5-50 多跨静定梁(kN·m)

解： 多跨静定梁基本部分为 AB 和 DH，附属部分为 BD，层叠图如图 5-50(b)所示。分析从附属部分 BD 开始，然后分别是 AB 和 DH；附属部分 BD 和基本部分 AB、DH 受力图如图 5-50(c)所示，并根据平衡方程求铰节点 B、D 和支座 A、E、G 的约束反力。

因梁上只承受竖向荷载，由整体平衡条件可知水平反力 $F_{Ax}=0$，从而可推知各中间铰节点处的水平反力均等于零，全梁不产生轴力。挂梁 BD 受到基本部分的支持力，B 铰处的反作用力即基本部分 AB 的荷载，D 铰处的反作用力即基本部分

DH 在 D 截面受到的荷载。所有约束反力实际方向及大小标注于图中,无须再说明。剪力图和弯矩图按照"分段、定点、连线"的绘图方法绘出,如图 5-50(d)、(e)所示。

(三)多跨静定梁的受力特征

图 5-51(a)所示的多跨简支梁,在均布荷载 q 的作用下,支座处的弯矩为零,跨中弯矩最大值为 ql^2,弯矩图如图 5-51(b)所示,若用同样跨度的三跨铰接静定梁图 5-51(c)代替图(a)所示的多跨简支梁,在同样的荷载作用下,其弯矩图如图 5-51(d)所示。随着两个中间铰到支座 B 或 C 的距离 a 的增加,中间支座 B、C 的负弯矩会随之增大,可证明当 $a=0.171\ 6l$ 时,边跨 AB 或 CD 产生的最大正弯矩等于中间支座 B 或 C 的支座负弯矩,即 $M_E=M_B=0.085\ 8ql^2$。将这一弯矩结果与图 5-51(b)比较,可知三跨铰接静定梁的最大弯矩比简支梁的最大弯矩小 31.3%,比前者的弯矩分布更为均匀。这是因为多跨静定梁中布置了外伸悬臂梁,它一方面减少了附属部分的跨度,另一方面使外伸臂上的荷载对基本部分产生负弯矩。由于支座处负弯矩的存在,阻止了杆件在支座处产生较大的转角,从而减少了杆件跨中的挠曲变形,跨中截面的正弯矩也减少。因此多跨铰接静定梁较相应的多跨简支静定梁更节省材料,但其构造复杂,施工的难度也相应增加,从而部分抵消了跨中荷载所产生的正弯矩。

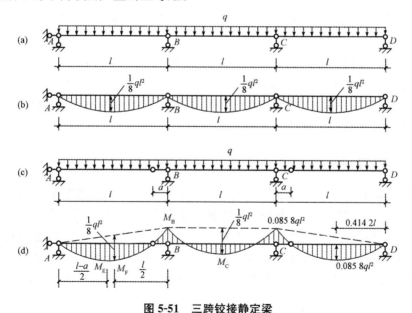

图 5-51　三跨铰接静定梁

(四)求解多跨静定梁内力的方法和要点

(1)应用弯矩图的形状特征及叠加法,在某些情况下可以不计算反力而首先绘出弯矩图。铰接处由于剪力的相互作用，互相抵消，因此铰支座处剪力图不突变；铰不传递弯矩，弯矩为零。

(2)有了弯矩图，剪力图即可根据微分关系或平衡条件求得。

(3)由剪力图上剪力竖标的突变值得到支座反力值。

【例5-14】 试判断图5-52(a)所示结构M图的形状是否正确。

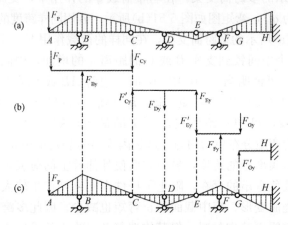

图5-52 三跨静定梁的弯矩图

解： (1)图5-52(a)所示的三跨静定梁的弯矩图是错误的。在C、E、G铰节点处弯矩为零，铰不传递弯矩。

(2)根据多跨静定梁的层叠关系，作出各附属部分AC、CE、EG及基本部分GH的受力图，如图5-52(b)所示。

(3)全梁无分布荷载，弯矩为斜直线，弯矩的转折控制面为B、D、E三个铰支座截面。改正后的弯矩图如图5-52(c)所示。

五、静定平面刚架

刚架是由若干梁、柱等直杆组成的具有刚节点的结构。刚架在建筑工程中应用十分广泛，单层厂房、工业和民用建筑如教学楼、图书馆、住宅等，6～15层房屋建筑承重结构体系的骨架主要就是刚架，其形式有悬臂刚架、简支刚架、三铰刚架、多跨等高或不等高刚架等静定刚架，以及两铰、无铰、多层多跨、封闭刚架等超静定结构。工程上大多数刚架为超静定刚架，但静定刚架是超静定刚架计算的基础。

当所有直杆的轴线在同一平面内，荷载也作用在此平面内时，这种静定刚架可按平面问题处理，称为静定平面刚架。图5-53为其在工程中的应用。其中悬臂刚架在工程中属于独立刚架，常用于小型阳台、挑檐、建筑小品、公共汽车站雨篷、车站篷、敞廊篷等。悬臂刚架的结构特点为一端固定的悬臂或悬挑结构，或固定柱脚，或固定在梁、板的一端。而三铰刚架的结构特点为两折杆与基础通过三个铰两两相连，构成静定结构。其主要用于仓库、厂房天窗架、轻刚厂房等无吊车的建筑物中。

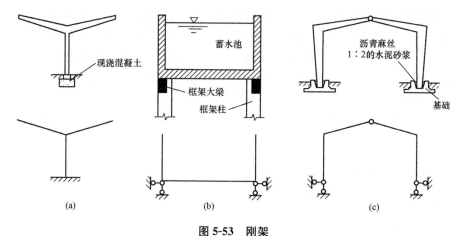

图 5-53　刚架

(a)悬臂刚架；(b)简支刚架；(c)三铰刚架

在土建工程中，平面刚架用得很普遍，而这里讨论的平面静定刚架是超静定刚架的基础，所以掌握静定平面刚架的内力分析具有十分重要的意义。

静定平面刚架的形式如图 5-54 所示，图(a)为悬臂刚架，图(b)为简支刚架，图(c)为三铰刚架，图(d)为多跨等高和不等高刚架，图(e)为组合刚架。

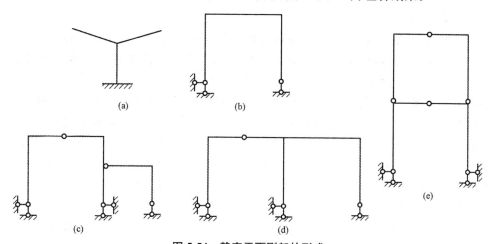

图 5-54　静定平面刚架的形式

(一)刚架的主要结构特征

1. 变形特征

在刚架中，几何不变体系主要依靠节点刚性连接来维持，无需斜向支撑连接，因而结构的内部具有较大的净空。图5-55(a)所示的静定桁架承受水平荷载，如果把 C、D 两铰节点改为刚节点，并拆掉斜杆，使其变为一次超静定的两铰刚架，如图5-55(b)所示。内部净空得到增大，从变形的角度来看，原来桁架在铰接点处杆件有相对转角的变形（由图中节点处的虚线夹角可以看出）；但在刚架中，梁柱形成一个刚性整体，增大了结构刚度，刚节点在刚架的变形中既产生角位移，又产生线位移，但各杆端不能产生相对移动和转动，刚节点各杆端变形前后夹角保持不变。刚节点这一铰节点能更强地阻止节点杆端相对转角产生的约束特性，是刚架内力分析的出发点。图5-55(c)给出了三铰静定刚架的变形曲线，将其与图5-55(b)一次超静定的两铰刚架进行变形比较可知，静定结构由于比超静定刚架缺少多余约束，故产生的变形较超静定刚架大，但较简支梁小。

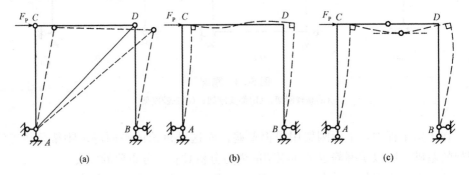

图5-55　刚架变形

2. 内力特征

从内力角度来看，刚架的杆件截面内力通常有弯矩 M、剪力 F_S 和轴力 F_N。由于刚节点有较强的约束，它能够承受和传递弯矩，使刚架内力分布变得更均匀，使材料的力学性能充分发挥，达到节省材料的目的。图5-56(a)、(b)分别给出了简支梁、两铰刚架在均布荷载作用下的弯矩图，由于刚架刚节点对杆端截面相对转动的约束，能传递力和力矩，因此，刚架的内力、变形峰值比用铰节点连接时小，而且能跨越较大空间，工程应用广泛。由图5-56(b)的两铰刚架与图5-56(c)的三铰刚架受力和变形分析比较可知，超静定刚架由于有更强的约束，结构在相同的荷载作用下产生的内力和变形又较静定刚架小，更为合理。

3. 内力分析

静定平面刚架的弯矩 M、剪力 F_S 和轴力 F_N 三个内力分量，其计算方法原则上与静定结构梁相同。在刚架整个运算过程中，内力的正负号及杆端内力的表示方法如图5-57(b)所示。结构力学中通常规定刚架杆端弯矩顺时针（对节点逆时针）为正，反之为负。但画弯矩图依然是画在受拉一侧，因而不必注明正负；其剪力和轴力正负的规定与梁中剪力和轴力的正负规定相同，剪力图和轴力图可画在杆件轴线的任一侧，但必须注明正负。

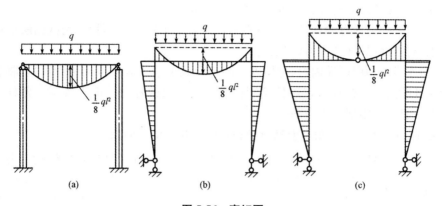

图 5-56　弯矩图

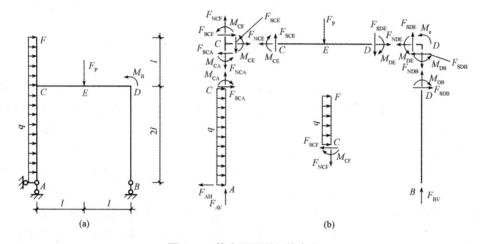

图 5-57　静定平面刚架的内力

4. 静定刚架内力求解的步骤

(1)求出支座反力。

①悬臂刚架[可不求支座反力，图 5-54(a)]、简支刚架[图 5-54(b)]、刚架与地基按照两刚片规则组成，荷载作用时产生的支座反力只有三个，利用整体的平衡条件，列出平面一般力系的三个独立平衡方程即求得支座反力。

②三铰刚架：三铰刚架的两根折杆与地基之间按照三刚片规则组成时，支座反力有四个，其全部反力的求解一般需取两次分离体，首先取整体为分离体列三个平衡方程，然后取刚架的左半部分(或右半部分)再列一个平衡方程[通常列对中间铰的力矩式平衡方程 $\sum M_{\mathrm{C}}(F_i) = 0$]，方可求出全部反力。注意尽量做到列一个方程，解一个未知量，避免解联立方程。

③组合刚架：先进行几何组成分析，分清附属部分和基本部分，应遵循先计

算附属部分支座反力再计算基本部分的计算顺序。

(2)刚架内力计算的杆件法:将刚架折成若干个杆件(分段),用截面法的简便算法求出各杆件的杆端内力(定点)。

(3)连线:利用杆端内力(运用内力图与荷载关系或区段叠加法计算),将各杆段的两杆端内力坐标连线,逐杆绘制内力图。刚架的轴力一般不为零,各杆内力图合在一起就是刚架的内力图。

5. 在内力求解及绘制内力图时需特别注意几个关键问题

(1)在节点处有不同的杆端截面:每个刚节点连接几个杆件,各杆端内力并不完全相同。杆端内力的表示:如在图 5-57(a)中要用内力符号表示 AC 杆在 C 端的三个杆端内力,分别记为 M_{CA}、F_{SCA}、F_{NCA},下标"CA"表示待求截面所在的杆件的记号,其中第一个字母表示内力所属的截面,称为近端,后面的字母表示该杆件的另一端,称为远端。当要求 CD 杆在 C 端的杆端内力时,杆端内力记号为 M_{CD}、F_{SCD}、F_{NCD}。

(2)隔离体的选择:每个切开的截面处一般有三个待求的未知内力分量,其中轴力、剪力以正方向绘出,弯矩可以顺方向或逆方向绘出。

(3)校核:由于刚架结构组成受力比较复杂,内力也比较复杂,初学者易出现计算错误,作出内力图后应该加以校核。校核的原则是:整体结构平衡时,结构中任一局部都应保持平衡,可以从结构中取出某一部分,应维持静力平衡。通常可校核节点的静力平衡。通过节点的平衡校核可初步判断内力图是否正确。

图 5-57(b)中,汇交于刚节点 C 或 D 的所有杆端内力构成平衡的平面一般力系,故知杆端剪力和杆端轴力在任意方向投影的代数和为零;由于刚节点能传递弯矩,当其上无集中外力偶作用时,汇交于刚节点的所有杆端的弯矩的代数和为零;当其上有集中外力偶作用时,汇交于刚节点的所有杆端的弯矩与集中外力偶构成平衡的力偶系,满足:

节点 C: $\sum F_{ix} = 0$　　　　　　　　$-F_{SCA} + F_{SCF} + F_{NCE} = 0$

　　　　　$\sum F_{iy} = 0$　　　　　　　　$-F_{NCA} + F_{NCF} - F_{SCE} = 0$

　　　　　$\sum M_C = 0$　　　　　　　　$M_{CA} + M_{CF} + M_{CE} = 0$

节点 D: $\sum F_{ix} = 0$　　　　　　　　$-F_{SDB} - F_{NDE} = 0$

　　　　　$\sum F_{iy} = 0$　　　　　　　　$-F_{NDB} + F_{SDE} = 0$

　　　　　$\sum M_D = 0$　　　　　　　　$M_{DB} + M_{DE} + M_e = 0$

【例 5-15】 试作图 5-58(a)所示简支刚架的内力图。图中 $q=10$ kN/m,$F_P=20$ kN,$M=30$ kN·m,$l=2$ m。

解: 简支刚架的内力计算一般先利用整体的平衡条件,列三个平衡条件即可求得三个支座反力;然后拆分刚架为四根杆件,取各杆件为分离体[图 5-58(b)],

由平衡方程分别计算各杆端截面内力；最后根据各杆端内力值定点、连线，绘制内力图。

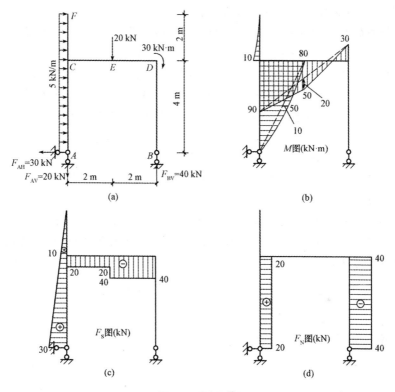

图 5-58　内力图

(1)求支座支力。取整个刚架为分离体，由平衡条件可知：

$$\sum F_x = 0, \quad F_{AH} = 5 \times 6 = 30(\text{kN} \cdot \text{m}) (\leftarrow)$$

$$\sum M_B = 0, \quad F_{AV} = \frac{30 + 5 \times 6 \times 3 - 20 \times 2}{4} = 20(\text{kN} \cdot \text{m}) (\downarrow)$$

$$\sum M_A = 0, \quad F_{BV} = \frac{30 + 5 \times 6 \times 3 + 20 \times 2}{4} = 40(\text{kN} \cdot \text{m}) (\uparrow)$$

(2)求杆端内力。刚架可拆分为 AC、CF、CD、DB 四根杆件，以各杆件及节点为分离体，受力图如图 5-58(b)所示，利用分离体的平衡方程可得

AC 杆件 A 端：$M_A = 0$　$F_{SAC} = 30 \text{ kN}$　$F_{NAC} = 20 \text{ kN}$

AC 杆件 C 端：$M_{CA} = -30 \times 4 + 5 \times 4 \times 2 = -80(\text{kN} \cdot \text{m})$

$\qquad\qquad\qquad F_{SCA} = 30 - 5 \times 4 = 10(\text{kN})$　$F_{NCA} = 20 \text{ kN}$

CF 杆件 F 端：$M_{FC} = 0$　$F_{SFC} = 0$　$F_{NFC} = 0$

CF 杆件 C 端：$M_{CF} = -5 \times 2 \times 1 = -10(\text{kN} \cdot \text{m})$　$F_{SCF} = 5 \times 2 = 10(\text{kN})$

$\qquad\qquad\qquad F_{NCF} = 0$

BD 杆件 B 端：$M_{BD}=0$　$F_{SBD}=0$　$F_{NBD}=-40$ kN

BD 杆件 D 端：$M_{DB}=0$　$F_{SDB}=0$　$F_{NDB}=-40$ kN

由节点 C 和节点 D 的平衡条件可知：

CD 杆件 C 端：$M_{CD}=+80+10=90$(kN·m)(顺)　$F_{SCD}=-20$ kN

$$F_{NCD}=0$$

CD 杆件 D 端：$M_{DC}=M_e=30$ kN·m(顺)　$F_{SDC}=-40$ kN　$F_{NDC}=0$

(3)作内力图。根据以上求得的各杆端内力，定点、连线，作出弯矩图、剪力图和轴力图，如图 5-58(b)、(c)、(d)所示，CD 杆跨中截面弯矩利用前述的区段叠加法确定。

(4)内力图的校核。对于弯矩图，通常是检查刚节点处是否满足力矩平衡条件，本例已经利用节点 C 的平衡求得 CD 杆的左端杆端内力 M_{CD}、F_{SCD}、F_{NCD}，同样利用节点 D 的平衡求得 CD 杆的右端杆端内力 M_{DC}、F_{SDC}、F_{NDC}，两个节点力矩满足平衡条件。一般为了校核剪力图和轴力图的正确性，可取刚架的任何部分为分离体以检查内力求解是否正确。此时可取出 CD 杆(图 5-59)进行内力图的校核。从 CD 的实际受力图可知 CD 杆件杆端内力与集中荷载构成平衡力系，即

$$\sum F_x=0 \qquad \sum F_y=-20-20+40=0$$

$$\sum M_C=-90-20\times 2-30+40\times 4=0$$

故从图 5-59 中可知，计算及绘制的内力图正确无误。

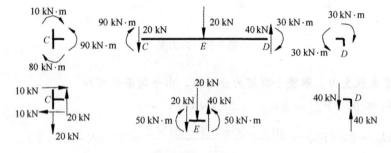

图 5-59　内力图

【例 5-16】　试作图 5-60(a)所示悬臂刚架的内力图。

解：悬臂刚架的内力计算与悬臂梁基本相同，一般从自由端开始，逐根杆件截取分离体计算各杆端内力。悬臂刚架可以不先求支座反力，只是在内力计算结果的检验时利用整体平衡求得的支座反力。

(1)求杆端内力。将悬臂刚架拆分成三根杆件 CB、DB、AB 及节点 B。其受力图见图 5-60(b)。杆端内力计算从自由端开始，用截面法直接计算：

CB 杆件：$M_{CB}=0$　$F_{SCB}=20$ kN　$F_{NCB}=0$

$$M_{BC}=-10\times 4=-80(kN·m)　F_{SBC}=20 kN　F_{NBC}=0$$

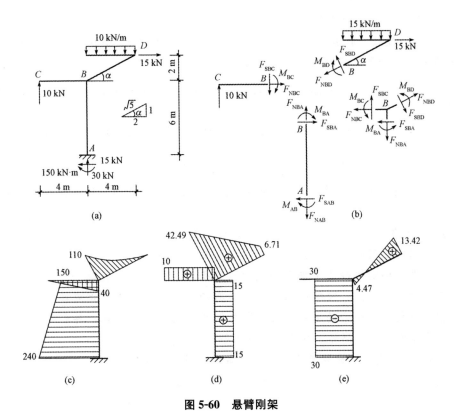

图 5-60 悬臂刚架

DB 杆件：$M_{DB}=0$

$$F_{SDB}=15\sin\alpha=15\times\frac{1}{\sqrt{5}}=6.71(kN)$$

$$F_{NDB}=15\cos\alpha=15\times\frac{2}{\sqrt{5}}=13.42(kN)$$

$$M_{BD}=-10\times4\times2-15\times2=-110(kN\cdot m)$$

$$F_{SBD}=10\times4\cos\alpha+15\times\sin\alpha=40\times\frac{2}{\sqrt{5}}+15\times\frac{1}{\sqrt{5}}=42.49(kN)$$

$$F_{NBD}=10\times4\sin\alpha+15\times\cos\alpha=-40\times\frac{1}{\sqrt{5}}+15\times\frac{2}{\sqrt{5}}=-4.47(kN)$$

AB 杆件：$M_{AB}=240\ kN\cdot m$　$F_{SAB}=15\ kN$　$F_{NAB}=10-40=-30(kN)$

$$M_{BA}=240-15\times6=150(kN\cdot m)$$

$$F_{SBA}=10\times4\cos\alpha+15\times\sin\alpha=40\times\frac{2}{\sqrt{5}}+15\times\frac{1}{\sqrt{5}}=42.49(kN)$$

$$F_{NBA}=10\times4\sin\alpha+15\times\cos\alpha=-40\times\frac{1}{\sqrt{5}}+15\times\frac{2}{\sqrt{5}}=-4.47(kN)$$

(2)作内力图，如图 5-60(c)、(d)、(e)所示。

(3)内力校核。取出节点 B 为分离体，其受力图见图 5-60(b)。根据节点 B 杆端内力的三个平衡方程检验节点 B 是否平衡：

$$\sum F_x = F_{NBC} - F_{SBA} + F_{SBD}\sin\alpha - F_{NBD}\cos\alpha = 0 - 15 + 42.49 \times \frac{1}{\sqrt{5}} - 4.47 \times \frac{2}{\sqrt{5}} = 0$$

$$\sum F_y = F_{SBC} - F_{NBA} - F_{SBD}\cos\alpha + F_{NBD}\sin\alpha = 10 - (-30) - 42.49 \times \frac{2}{\sqrt{5}} - 4.47 \times \frac{1}{\sqrt{5}} = 0$$

$$\sum M_B = M_{BA} + M_{BC} + M_{BD} = 150 - 40 - 110 = 0$$

结论：因节点 B 上作用的所有的杆端内力满足平衡条件，故可说明内力图正确无误。

【例 5-17】 试作图 5-61(a)所示三铰刚架的内力图。

解：三铰刚架的内力计算过程和简支刚架基本相同，但在支座反力求解上略为复杂一些。由刚体静力学平面一般力系的平衡条件知，一般取一次分离体，可求解三个未知力，但三铰结构的支座反力有四个待求的反力，故应按前述的这类三铰静定结构支座反力的求解方法，即先取整体结构为分离体，再取局部以左或以右的半个刚架为分离体，列平衡方程求解。

(1)求支座支力。先取整个刚架为分离体，列平衡方程：

$$\sum M_B = 0, \quad F_{AV} = \frac{30 \times 4 \times 6}{8} = 90(kN)(\uparrow)$$

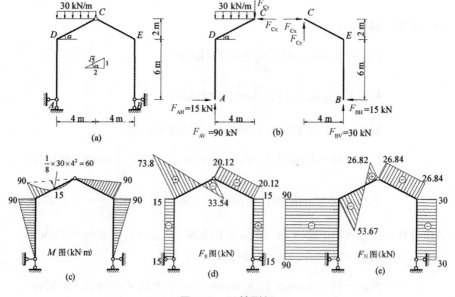

图 5-61 三铰刚架

$$\sum M_A = 0, \quad F_{BV} = \frac{30 \times 4 \times 2}{8} = 30(kN) \ (\uparrow)$$

$$\sum F_x = 0, \quad F_{AH} = F_{BH}$$

再取左半刚架 AC 为分离体，利用对铰 C 的力矩平衡方程：

$$\sum M_C = 0, \quad F_{AH} = F_{BH} = \frac{90 \times 4 - 30 \times 4 \times 2}{8} = 15(kN) \ (\rightarrow, \leftarrow)$$

（2）求杆端内力。将三铰刚架拆分成四根杆件 AD、DC、CE、EB 及节点 D、C、E，其受力图见图 5-62。杆端内力计算可从 AD 或 EB 开始，用截面法直接计算。

图 5-62(a)：$M_{DA} = 15 \times 6 = 90(kN \cdot m)$（顺） $F_{SDA} = -15 \ kN$ $F_{NDA} = -90 \ kN$

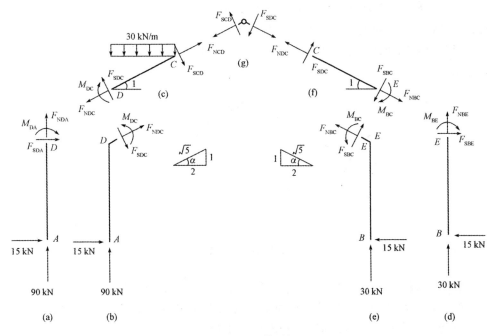

图 5-62 三铰刚架

图 5-62(b)：$M_{DC} = -M_{DA} = -15 \times 6 = -90(kN \cdot m)$（逆）

$$F_{SDC} = F_{SDA} \sin\alpha - F_{NDA} \cos\alpha = -15 \times \frac{1}{\sqrt{5}} + 90 \times \frac{2}{\sqrt{5}} = 73.79(kN)$$

$$F_{NDC} = F_{SDA} \cos\alpha + F_{NDA} \sin\alpha = 15 \times \frac{2}{\sqrt{5}} - 90 \times \frac{1}{\sqrt{5}} = -53.67(kN)$$

图 5-62(c)：$M_{CD} = 0$

$$F_{SDC} = F_{SDC} - 30 \times 4 \times \cos\alpha = 73.79 - 120 \times \frac{2}{\sqrt{5}} = -33.54(kN)$$

$$F_{NCD}=F_{NDC}+30\times4\times\sin\alpha=-53.67+120\times\frac{1}{\sqrt{5}}=0$$

图 5-62(d)：$M_{EB}=-15\times6=-90(kN\cdot m)$(递)　$F_{SEB}=15\ kN$　$F_{NEB}=-30\ kN$

图 5-62(e)：$M_{BC}=-M_{EB}=90\ kN\cdot m$(顺)

$$F_{SBC}=15\sin\alpha-30\cos\alpha=15\times\frac{1}{\sqrt{5}}-30\times\frac{2}{\sqrt{5}}=20.12(kN)$$

$$F_{NBC}=-15\sin\alpha-30\cos\alpha=-15\times\frac{1}{\sqrt{5}}-30\times\frac{2}{\sqrt{5}}=-33.54(kN)$$

图 5-62(f)：$M_{CE}=0$　$F_{SCE}=+F_{SEC}=20.12(kN)$　$F_{NCE}=F_{NEC}=-33.54(kN)$

(3)作弯矩图、剪力图和轴力图。将求得的各杆件杆端内力值定点，在杆件 AD、CE、EB 上无外荷载作用，只需将它们的两个杆端内力值连线即完成内力图；在 DC 杆件内有均布外荷载，需用到区段叠加法绘制弯矩图。

最后可取刚节点 D、E 和铰节点 C(图 5-63)检验内力求解是否有误。请读者自行完成。

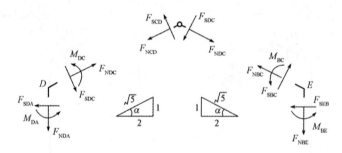

图 5-63　内力图

【例 5-18】　试作图 5-64(a)所示两跨铰接静定刚架的内力图。

解：多跨铰接静定刚架的几何组成性质与多跨铰接静定梁的几何组成性质类似。结构分为基本部分 $ABCDEF$ 和附属部分 FGH。

(1)求支座反力。计算顺序按先算附属部分，求基本部分与附属部分的相互作用力，后算基本部分。支座反力结果如图 5-64(b)所示。

(2)求附属部分各杆的杆端弯矩，分别取 FG 杆件、节点 G、GH 杆件为分离体，杆端内力结果如图 5-64(c)所示。基本部分为三铰刚架，其杆端内力的在例 5-17 中已作过详细分析，这里不再赘述。

(3)作内力图。根据以上计算的各杆端内力，即可绘制弯矩图、剪力图和轴力图，如图 5-64(d)、(e)、(f)所示。在图 5-64(c)中取出了节点 G 为分离体，经检验其所有杆端内力与作用其上的外力偶满足平衡条件，说明计算结果无误。

(二)拱结构分类与构成

由于拱的结构特性，拱横截面的正应力以压应力的形式作用，而以比较均匀

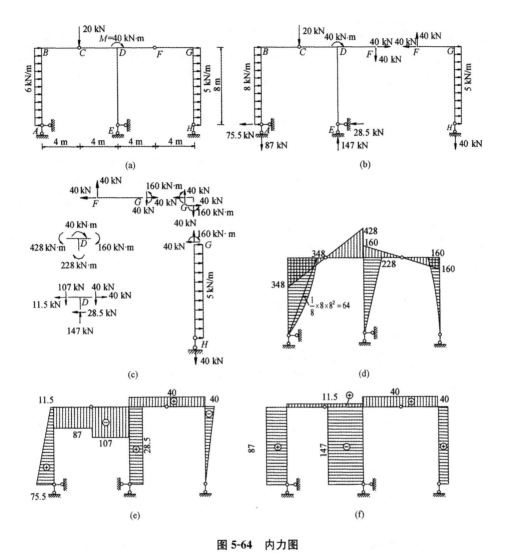

图 5-64　内力图

(a)示意图；(b)F_{Cy}；(c)杆端内力；(d)弯矩图；(e)剪力图；(f)轴力图

的方式分布在拱构件的横截面上，而剪力和弯矩较梁小，为压弯联合的截面，脆性材料良好的抗压能力得以发挥。从古至今，拱结构的形式从未过时，和所有建筑一样，它的概念和用途还在不断的发展中，随着新型建筑材料的发明和利用，建筑师可以把许多数学曲线和形状结合起来，用在设计和创造中，让人们在房屋建筑、桥涵建筑和水工等现代建筑中可以看到具有拱的特征的新型结构形式，如钢网壳结构、拱形钢桁架结构、钢筋混凝土拱桥、隧道等。图 5-65 给出了目前中等跨度桥梁中最为常见的拱桥结构形式，根据桥面与拱轴线间的相对关系，分为上承式拱桥、下承式拱桥和中承式拱桥。

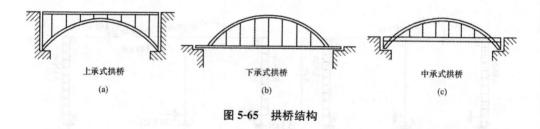

图 5-65　拱桥结构

　　拱是杆轴线为曲线，在竖向荷载作用下支座处会产生水平推力的结构。与刚架相仿，拱按结构构成与支承方式分为三铰拱（静定拱）、双铰拱（一次超静定结构）与无铰拱（三次超静定结构），如图 5-66 所示。铰的数量和位置的不同影响拱的几何性质和受力性能。从结构的几何性质分析可知，图 5-66(b) 满足三刚片规则，为静定拱结构；图 5-66(c) 满足两刚片规则，为一次超静定拱结构；图 5-66(d) 为三次超静定拱结构。

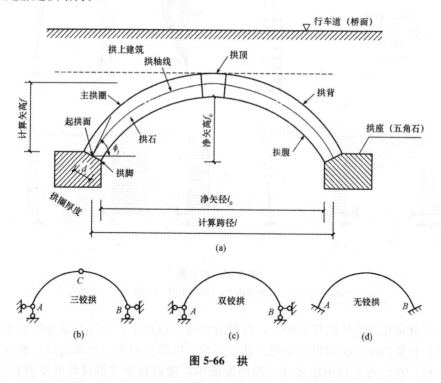

图 5-66　拱

　　图 5-66(a) 给出了一石拱桥结构组成，这一实际工程结构可简化为一双铰拱，其力学计算简图如图 5-66(c) 所示。

　　图 5-67 给出了四种结构形式，图中的杆轴都是曲线，其中图 5-67(a) 所示结构在竖向荷载作用下，不产生水平推力，其横截面弯矩与同跨度、同截面、同荷载的相应简支梁的弯矩相同，这种外形像拱，但内力和支座不具备拱的特性，属于

静定曲梁，基础通过支座对上部结构仅起到支持的作用。而图 5-67(b)、(c)、(d)则给出三铰拱、两铰拱和无铰拱在竖向荷载作用下的受力图；不管是静定拱还是超静定拱，它们的共同特征就是两端支座除了提供向上的支座反力外，还对拱产生水平推力(F_{AH} 或 F_{BH})，阻止拱在 A、B 杆端产生水平方向的背离的移动，向上和水平方向的约束反力的合力就是基础通过支座对上部结构的斜向支撑力。由于水平推力的存在，可计算得到拱中各截面的弯矩比相应的曲梁或简支梁的弯矩小，整个拱体主要承受的内力为轴向压力。所以拱结构可利用抗压强度较高而抗拉强度较低的砖、石、混凝土等建筑材料来建造。

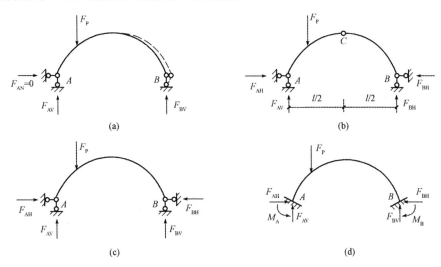

图 5-67　静定拱

(a)曲梁；(b)三铰拱；(c)两铰拱；(d)无铰拱

1. 三铰拱的内力分析

三铰拱为静定结构，其全部约束反力和内力求解与静定梁或三铰刚架的求解方法完全相同，即利用平衡条件确定。现以拱趾在同一水平线上的三铰拱为例[图 5-68(a)]，推导其支座反力和内力的计算公式。同时为了与梁比较，图 5-68(b)给出了同跨度、同荷载的相应简支梁计算简图。

2. 支座反力的计算公式

两端是固定铰支座，其支座反力共有四个，其全部反力的求解共需列四个平衡方程。与三铰刚架类似，三铰拱一般需取两次分离体，除取整体列出三个平衡方程外，还需取左半个拱(或右半个拱)为分离体，再列一个平衡方程[通常列对中间铰的力矩式平衡方程 $\sum M_C(F_i) = 0$]，方可求出全部反力。注意尽量做到列一个方程解一个未知量，避免列联立方程。

取整体为分离体[图 5-68(a)]，列 $\sum M_A(F_i) = 0$ 与 $\sum M_B(F_i) = 0$ 两个力矩

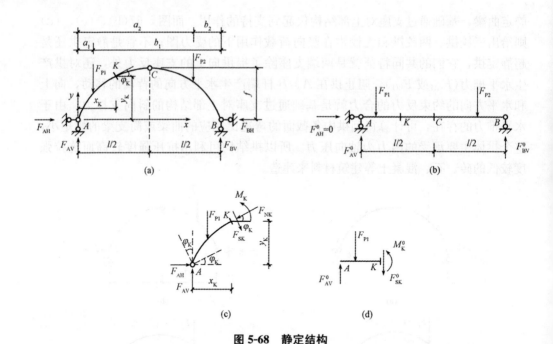

图 5-68　静定结构

式平衡方程以及水平方向投影式平衡方程 $\sum F_x = 0$ ，可得

$$F_{AV} = \frac{F_{P1}b_1 + F_{P2}b_2}{l} = \frac{\sum F_{Pi}b_i}{l} \qquad (a)$$

$$F_{BV} = \frac{F_{P1}a_1 + F_{P2}a_2}{l} = \frac{\sum F_{Pi}a_i}{l} \qquad (b)$$

$$F_{AH} = F_{BH} = F_H$$

式中　F_H——铰支座对拱结构的水平推力。

下面再考虑左半个拱 AC 的平衡，列平衡方程 $\sum M_C(F_i) = 0$ ，有

$$F_{AV} \times \frac{l}{2} + F_{P1} \times \left(\frac{l}{2} - a_1 \right) - F_H \times f = 0 \qquad (c)$$

整理可得
$$F_H = \frac{F_{AV} \times \dfrac{l}{2} + F_{P1} \times \left(\dfrac{l}{2} - a_1 \right)}{f} \qquad (d)$$

将拱与图 5-68(b)所示的同跨度、同荷载的水平简支梁比较，式(a)与式(b)恰好与相应简支梁的支座反力 F_{AV}^0 和 F_{BV}^0 相等。而式(d)中水平推力 F_H 的分子等于简支梁截面 C 的弯矩 M_C^0。故三铰拱的支座反力分别为

$$F_{AV} = F_{AV}^0 \qquad (e)$$

$$F_{BV} = F_{BV}^0 \qquad (f)$$

$$F_H = \frac{M_C^0}{f} \tag{g}$$

由式(g)可知，水平推力 F_H 等于相应简支梁的截面 C 的弯矩 M_C^0 除以拱高 f。其值只与三个铰的位置有关，而与各铰间的拱轴线无关，即 F_H 只与拱的高跨比 f/l 有关。当荷载和拱的跨度不变时，推力 F_H 将与拱高 f 成反比，即 f 越大，F_H 越小；f 越小，F_H 越大。

3. 支座反力的特点

(1)竖向反力与拱高无关；

(2)水平反力与 f 成反比；

(3)所有反力与拱轴无关，只取决于荷载与三个铰的位置。

4. 内力的计算公式

由于拱轴为曲线的特点，计算拱的内力时要求截面与拱轴线正交，即与拱轴线的切线垂直(图 5-68)。拱的内力计算依然用截面法，下面计算图 5-68(a)中任一截面 K 的内力，设拱的轴线方程为 $y=y(x)$，则 K 截面的坐标为 $(x_K，y_K)$，该处拱轴线的切线与水平方向夹角为 φ_K。取出三铰拱的 AK 为分离体，受力图见图 5-68(c)，截面 K 的内力可分解为弯矩 M_K、剪力 F_{SK}、轴力 F_{Nk}；其中 F_{SK} 沿横截面方向(即沿拱轴的法线方向)作用，F_{NK} 沿横截面垂直方向(即沿横截面的切线方向)作用。

(1)弯矩的计算公式。M_K 以使拱内侧受拉为正，反之为负。由图 5-68(b)所示的分离体的受力图，列力矩式的平衡方程 $\sum M_K = 0$，有

$$F_{AV}x_K - F_{P1}(x_K - a_1) - F_H y_K - M_K = 0$$

则 K 截面的弯矩为

$$M = [F_{AV}x_K - F_{P1}(x_K - a_1)] - F_H y_K$$

根据 $F_{AV} = F_{AV}^0$ 以及图 5-68(d)简支梁在 K 截面的剪力 $M_K^0 = F_{AV}x_K - F_{P1}(x_K - a_1)$，上式可改写为

$$M = M_K^0 - F_H y_K \tag{h}$$

即拱内任一截面的弯矩等于相应简支梁对应截面的弯矩减去由于拱的推力 F_H 所引起的弯矩 $F_H y_K$。可见，由于推力的存在，拱的弯矩比相应梁的小。

(2)剪力的计算公式。通常规定，剪力的符号以使截面两侧的分离体有顺时针方向转动趋势为正，反之为负。图 5-68(c)中，将作用在 AK 上的所有各力对横截面 K 投影，由平衡条件得

$$F_{SK} + F_{P1}\cos\varphi_K + F_H\sin\varphi_K - F_{AV}\cos\varphi_K = 0$$

$$F_{SK} = (F_{AV} - F_{P1})\cos\varphi_K - F_H\sin\varphi_K$$

在图 5-68(d)中相应简支梁的截面 K 处的剪力 $F_{SK}^0 = F_{AV} - F_{P1}$，于是上式可改写为

$$F_{SK} = F_{SK}^0 \cos\varphi_K - F_H\sin\varphi_K \tag{i}$$

(3)轴力的计算公式。因拱轴向主要受压力，故规定轴力以压力为正，反之为负。在图 5-68(c) 中，将作用在 AK 上的所有各力向垂直于截面 K 的拱轴切线方向投影，由平衡条件

$$F_{NK} + F_{P1} \sin\varphi_K - F_H \cos\varphi_K - F_{AV} \sin\varphi_K = 0$$

得

$$F_{NK} = (F_{AV} - F_{P1}) \sin\varphi_K + F_H \cos\varphi_K$$

即

$$F_{NK} = F_{SK}^0 \sin\varphi_K + F_H \cos\varphi_K \tag{j}$$

综上所述，三铰平拱在任意竖向荷载作用下的内力计算公式为

$$\begin{cases} M = M_K^0 - F_H y_K \\ F_{SK} = F_{SK}^0 \cos\varphi_K - F_H \sin\varphi_K \\ F_{NK} = F_{SK}^0 \sin\varphi_K + F_H \cos\varphi_K \end{cases} \tag{k}$$

由式 (k) 可知，三铰拱的内力值不但与荷载及三个铰的位置有关，而且与各铰间拱轴线的形状有关。计算中左半拱 φ_K 的符号为正，右半拱 φ_K 的符号为负。同时可知，因推力关系，拱内弯矩、剪力较相应的简支梁都小。因此拱结构可比梁跨越更大的跨度，但拱结构的支承比梁的支承多承受上部结构作用的水平方向作用压力，因此支承部位拱不及梁经济。拱内以轴力（压力）为主要内力。

因此，三铰拱有以下特点：①拱比梁有更坚固的支承；②拱可跨越较梁更大的跨度；③拱宜用脆性材料。

三铰拱内力图的绘制：规定内力图画在水平基线上，M 图画在受拉侧；正值剪力画在轴上侧；受压的轴力画在轴上侧。

绘图步骤：

①将拱跨度 l（或拱轴）等分为 8～12 段，取每一等分截面为控制截面；

②由公式计算各控制截面弯矩、剪力、轴力值；

③绘内力图（用简捷法或叠加法；内力图特征与梁相仿，但均为曲线）。

(4)三铰拱合理拱轴线。在荷载作用下，三铰拱的任一截面上的内力均有弯矩 M、剪力 F_S 和轴力 F_N，如图 5-69(b) 所示，这三个内力分量可以进行力的合成，设其合力为 R，因拱的轴力是压力，通常称合力 R 为拱的总压力，一般情况下是个偏心压力，如图 5-69(c) 所示。拱在 R 的作用下产生压弯组合变形，处于偏心受压状态，横截面上正应力分布并不太均匀。在竖向荷载作用下，各截面弯矩值较相应的简支梁要小很多，并在截面上产生较大的轴向压力，因此拱结构宜用脆性材料建造，以降低成本，这就要求截面上不出现拉应力。压弯组合变形中产生拉应力的因素是弯矩，故应减小截面弯矩值。

若能使拱截面上的弯矩为零（同时使剪力也为零，但一般情况下很难同时满足），则截面上将只有轴向压力——沿横截面均匀分布，因而材料的力学性能能得到充分发挥，相应的截面尺寸是最小的，材料的使用也是最经济的，由式 (k) 可知，拱体内各截面的弯矩除与荷载有关外，还与三铰位置及拱轴形状有关。因此在设计时，可先取一适当的拱轴线，使拱体内任一截面上的正应力均匀分布（需

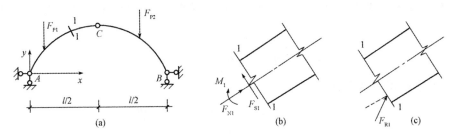

图 5-69　应力图

$M=0$），这样的拱轴称为合理拱轴。但要说明的是，工程上由于除了有永久荷载（恒载）的作用外，还有车载、人群等可变荷载（活荷载）作用，故实际上不能保证拱一直处于理想的受力状态，即 $M=0$。工程上所说的合理拱轴线是以拱桥矢跨比在 $1/5\sim1/10$ 为合理状态的。下面所研究的合理拱轴线只是一种理想状态。

①竖向荷载作用下三铰拱轴的一般表达式。对 $M=M_K-F_H y_K$，当拱为合理拱轴时，应有 $M=0$，即

$$M^0-F_H y=0$$

可得

$$y=\frac{M^0}{F_H} \tag{1}$$

②三铰拱在满跨均布荷载作用下的合理拱轴。

【**例 5-19**】　图 5-70(a) 所示的对称三铰拱，承受满跨竖向均布荷载 q，试求其合理拱轴线方程。

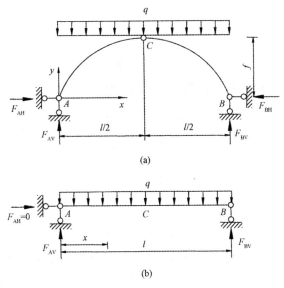

图 5-70　简支梁

解：坐标原点设在 A 点，相应的简支梁如图 5-70(b) 所示，任一截面 x 的弯矩为

$$M^0 = \frac{1}{2}qlx - \frac{1}{2}qx^2 = \frac{1}{2}qx(l-x)$$

由式 (g) 求得水平推力为

$$F_H = F_{AH} = F_{BH} = \frac{M_C^0}{f} = \frac{ql^2/8}{f} = \frac{ql^2}{8f}$$

由式 (l) 求得合理拱轴为

$$y = \frac{M^0}{F_H} = \frac{\frac{1}{2}qx(l-x)}{\frac{ql^2}{8f}} = \frac{4f}{l^2}x(l-x)$$

由结果可知，在满跨均布荷载作用下，对称三铰拱的合理拱轴为二次抛物线。

【例 5-20】 试证明图 5-71(a) 三铰拱在径向均布荷载（如静水压力）作用下的合理拱轴为圆弧线。

解：本题为沿拱轴周线径向均匀分布荷载，为非竖向荷载。假定拱处于无弯矩的合理受力状态，下面根据平衡条件推导合理拱轴的方程。为此，从拱中截取一微段为分离体 [图 5-71(a)]，设微段两端横截面上弯矩、剪力均为零，只有拱轴切线方向作用的 F_N 和 $F_N + dF_N$。由平衡方程 $\sum M_0 = 0$，有

$$F_N\rho - (F_N + dF_N)\rho = 0$$

式中 ρ——微段的曲率半径。

由上式可得

$$dF_N = 0$$

故可推断

$$F_N = 常数$$

将图 5-71(b) 沿 $s-s$ 轴列出投影式平衡方程，有

$$2F_N\sin\frac{d\varphi}{2} - q\rho d\varphi = 0 \tag{m}$$

因 $d\varphi$ 角度很小，可近似 $\sin\dfrac{d\varphi}{2} = \dfrac{d\varphi}{2}$，于是式 (m) 简化为

$$F_N = q\rho$$

因为 F_N 和 q 均为常数，故

$$\rho = \frac{F_N}{q} = 常数$$

这说明在径向均布荷载（静水压力）作用下，合理的拱轴线为圆弧线。

例 5-20 为拱在外压力作用下的情况，拱横截面产生轴向压力，即 $F_N < 0$；在工程上同样受到水压，但若为内压力作用时，如引水隧洞、输水管道、拱坝等，拱的合理轴线仍为圆弧线，所以这些工程多用圆管，只是此时拱横截面产生轴向

拉力，即 $F_N > 0$，这样的拱要满足抗拉强度的要求。

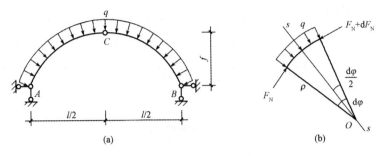

图 5-71　径向均布荷载

(5)拱结构在桥梁工程中的应用。三铰拱是静定结构，其整体刚度较低，尤其是挠曲线在拱顶铰处产生折角，若将其用于桥梁结构，将致使活荷载对桥梁的冲击增强，对行车不利。拱顶铰的构造和围护也较复杂。因此，三铰拱除有时用于拱上建筑的腹拱圈外，一般不用作主拱圈，其应用受到限制。

实际桥梁工程中，虽然两铰拱为一次超静定拱，支座沉降或温度改变容易引起附加应力，但由于两铰拱取消了拱顶铰，构造较三铰拱简单，结构整体刚度较三铰拱好，围护也较三铰拱容易，支座沉降等产生的附加内力也较无铰拱小，因此在地基条件较差和不宜修建无铰拱的地方，可采用两铰拱桥。

无铰拱属三次超静定结构，虽然支座沉降等引起的附加内力较大，但在荷载作用下，拱的内力分布比较均匀，且结构的刚度大，构造简单，施工方便。因此无铰拱是拱桥中，尤其是圬工拱桥和钢筋混凝土拱桥中普遍采用的形式，特别适用于修建大跨度的拱桥结构。

(三)静定平面桁架

1. 概念

梁和刚架构件截面一般为实腹截面，承受的主要内力为弯矩，横截面上主要产生非均匀分布的弯曲正应力[图 5-72(a)]，在截面的外边缘处正应力最大，而在中性层附近的中部材料承受的正应力很小，材料的性能不能得到发挥。同时这样的实腹梁随着跨度的加大，其自重也带来较大的内力，结构和经济上都极不合理。随着人们生产实践经验的增加，实腹构件形成了格构化的桁架结构形式，如图 5-72(b)所示。将实腹构件中受力较小的中性层附近的材料去掉，剩下两部分，一是远离中性层的主要起抗弯作用的上、下翼缘部分，称为上、下弦杆，二是连接上、下弦杆并主要起到抗剪作用的腹杆部分。它们以二力杆件的形式出现，此时在竖向荷载作用下主要承受轴力，每根杆件横截面上应力分布均匀，按拉伸或压杆稳定理论设计这些杆件，材料的力学性能得以极大的发挥，同时大大减小了结构部分带来的自重，比实腹梁应用于更大跨度的楼屋盖结构和各种空间结构。

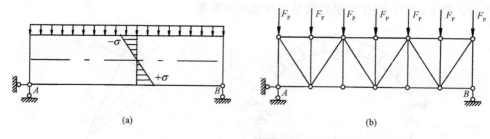

图 5-72　横截面应力

在工程上用于制作桁架的建筑工程材料主要有钢材、木材和钢筋混凝土，可根据建筑功能和空间跨度选择。目前工程上应用最多、可建跨度范围最大的是钢桁架。

2. 桁架定义及计算简图

桁架是由若干直杆在其两端用铰连接而成，承受铰节点力作用的结构。其常用于建筑工程的大跨屋架、托架、吊车梁、桥梁、塔架、建筑施工用的支架等。本节研究静定平面桁架，其属于铰接平面直杆体系。图 5-73 为某一简支静定平面桁架的计算简图。桁架的杆件，依其所在位置分为弦杆和腹杆两类。弦杆又分为上弦杆和下弦杆。腹杆又分为斜腹杆和竖腹杆。弦杆上相邻两节点间的区间称为节间，节间距 d 称为节间跨度。两支座间的水平距离 l 称为跨度。支座连线至桁架最高点的距离 h 称为桁架高。

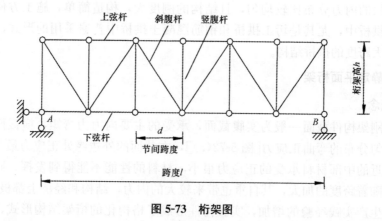

图 5-73　桁架图

桁架计算简图的形成中通常引用如下假设：

(1)各杆件两端用绝对光滑而无摩擦的理想铰相连。

(2)各杆轴线均为直线，并且在同一平面内，通过铰的几何中心。

(3)外荷载及支座反力均作用在铰节点上并位于桁架平面内。

按上述假定即可得出桁架各杆均为两端铰接的直杆，且均为二力杆，横截面内力只有轴力，轴力符号以拉力为正，压力为负；截面上的应力是均匀分布的，可同时达到允许值，材料能得到充分利用。这种桁架称为理想平面桁架。

实际桁架经常不能完全符合上述理想情况。例如，在图 5-74(a)中，钢筋混凝土屋架中各杆件是浇筑在一起的，节点具有一定的刚性，在节点处杆件可能连续不断，或各杆之间的夹角几乎不可能任意转动。如图 5-74(c)所示，木屋架中，各杆用螺栓连接或榫接，它们在节点处可能相对转动，但其节点也不完全符合理想铰的情况；钢桁架中的节点通常采用焊接、铆接等，实际近似弹性连接，介于铰接和刚节点之间；施工时各杆轴无法绝对平直，节点上各杆的轴线也不一定完全交于一点，若考虑自重和实际荷载作用情况，荷载不一定都作用在节点上。另外，实际结构的空间作用在此也忽略不计，仅考虑平面问题等。

因此，桁架在荷载作用下，某些杆件必将发生弯曲而产生附加弯曲内力，并不能如理想情况只产生轴力。通常把桁架在理想情况下计算出来的内力称为主内力，相应的横截面上的正应力称为初应力或基本应力，它反映桁架的主要性质；把由于不满足理想假定而产生的附加弯曲内力称为次内力，相应的横截面上的不均匀分布应力称为次应力。实验和工程实践证明：次应力对于桁架属次要因素，对桁架受力影响较小。本节只限于讨论桁架的理想情况。次应力的问题有专业文献论述。图 5-74(a)中的钢筋混凝土桁架和图 5-74(c)中的木屋架理想情况下的计算简图如图 5-74(b)、(d)所示。

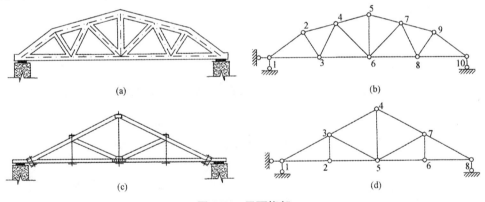

图 5-74　平面桁架

3. 平面桁架分类

(1)按桁架的几何组成方式分类。

①简单桁架。由基础或一基本铰接三角形[三根杆与三个铰节点构成一个铰接三角形，见图 5-75(a)]，以后依次增加二元体[一个铰节点和两个杆件构成一个二元体，见图 5-75(b)]，从而得到无多余约束的几何不变体系，称为简单桁架。将构件数与铰节点数分别记为 n 与 m，根据上述规则，它们的关系为 $n=3+2(m-3)=2m-3$。

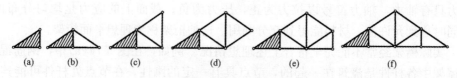

图 5-75　简单桁架(一)

图 5-76 所示为简单桁架，且为静定结构。图 5-76(a)为悬臂式简单桁架，显然，如果在简单平面桁架上再增加杆件或支承约束力超过 3，则使该静力学问题由静定变为超静定。

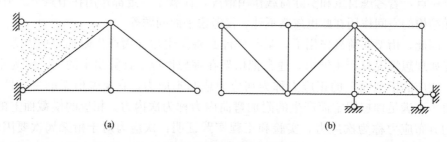

图 5-76　简单桁架(二)

②联合桁架。由几个简单桁架按照几何不变体系的组成规则连成，即按三刚片规则或按两刚片规则连成的桁架，如图 5-77 所示。

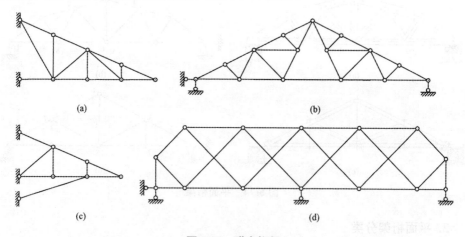

图 5-77　联合桁架

③复杂桁架。不按以上两种方式组成的其他桁架，如图 5-78 所示。

复杂桁架按照桁架的外形特点分为：三角形桁架，如图 5-78(a)所示；平行弦桁架，如图 5-78(b)所示；梯形桁架，如图 5-78(c)所示；抛物线桁架，如图 5-78(d)所示。

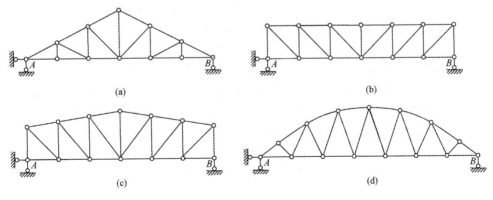

图 5-78 复杂桁架

(2)按整体受力特征(或按支座反力的性质)分类。

①梁式桁架或无推力桁架。图 5-78 所示均属于梁式桁架。

②拱式桁架或有推力桁架。如图 5-79 所示,其支座反力的特征与三铰刚架或三铰拱的特征相同。

(3)按静力特性分类。

①静定桁架。无多余约束的几何不变体系,用静力平衡方程可求解所有支座反力和杆件轴力。本节的任务就是研究各种静定桁架的支座反力和轴力的计算。

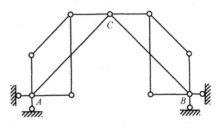

图 5-79 拱式桁架

②超静定桁架。有多余约束的几何不变体系,需要用超静定结构的求解方法求解所有支座反力和全部内力。

4. 平面桁架的内力计算方法

对理想平面桁架,构件数与铰节点数分别记为 n 与 m,由其基本假定可推出其受力特征,每个铰节点受到一个平面汇交力系作用,存在两个独立的平衡方程。共有独立的平衡方程 $2m$ 个。由 $n=2m-3$ 可知,它可以求解 $n+3$ 个未知数。如果支承桁架的约束力的个数为 3,平面桁架的 n 个杆件内力可得到求解。实际上,整个桁架或部分桁架组成一平面一般力系。对静定平面桁架,计算内力的方法有节点法、截面法和联合法,下面分别讨论。

(1)节点法。节点法以取铰节点为分离体,由分离体的平衡条件计算所求桁架的内力。

1)适用于求解静定桁架结构所有杆件的内力。节点法求解时需注意的几个问题:

①同其他静定梁、静定刚架或三铰拱结构一样,先求出所有支座反力。

②注意铰节点选取的顺序。从前面桁架的假定可知，桁架各杆的轴线汇交于各个铰节点，且桁架各杆只受轴力作用，因此作用于任一节点的各力(荷载、反力、杆件轴力)组成一个平面汇交力系，存在两个独立的平衡方程，每个节点的两个未知力可解。因此，一般从未知力不超过两个的节点开始依次计算。

③求解前未知杆的所有轴力都假设为拉力，背离节点，由平衡方程求得的结果为正，则杆件实际受力为拉力；若为负，则和假设相反，杆件受到压力。

④对于用已求得杆的轴力求解未知杆的轴力时，通常有两种方式：

a. 按实际轴力方向代入平衡方程，本身不再带正负号。

b. 由假定方向列平衡方程时，代入相应数值时考虑轴力本身求解时的正负号。

注意： 内力本身的正负和列投影平衡方程时力的投影的正负属两套符号系统。

⑤列平衡方程时应恰当地选择投影轴。平衡方程可以是力的投影平衡式，也可以是力矩的平衡式，但只有两个是独立的，因此列平衡方程时，视实际情况选取合适的投影轴。应尽量使每个平衡方程只含一个未知力，避免解联立方程。这时会用到力的分解问题，按平行四边形法则分成两个分力，分力和合力大小满足三角函数关系。

图 5-80 中的投影三角形满足下式关系：

$$\frac{F_N}{l} = \frac{F_{Nx}}{l_x} = \frac{F_{Ny}}{l_y}$$

式中，杆件长度为 l，水平、竖直方向投影长度分别为 l_x、l_y，轴力为 F_N，水平、竖直方向投影分量分别为 F_{Nx}、F_{Ny}。

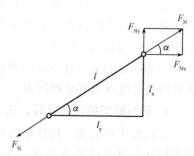

2)节点平衡的特殊形式。桁架中常有一些特殊形状的节点，掌握了这些节点的平衡规律，可给计算带来很大的方便。

①∠形节点[图 5-81(a)]。这是不共线的两杆节点，当节点无荷载作用时两杆内力均为零。凡内力为零的杆件称为零杆。零杆虽然轴力为

图 5-80　投影三角形

零，但不能理解成多余的杆件而去掉，静定结构去掉任何一根杆件就会成为几何可变体系而不能承载。

②⊥形节点。三杆相交的节点，分为图 5-81(b)、(c)两种情况。

在图 5-81(b)中，三杆汇交的节点上无荷载作用，且其中两杆在一条直线上，则第三杆 $F_{N3}=0$，为零杆，而共线的两杆轴力 $F_{N1}=F_{N2}$(大小相等，同为拉力或同为压力)。

在图 5-81(c)中，在其中二杆共线的情况下，另一杆有共线的外力 F_P 作用，则有 $F_{N1}=F_{N2}$，$F_{N3}=F_P$。

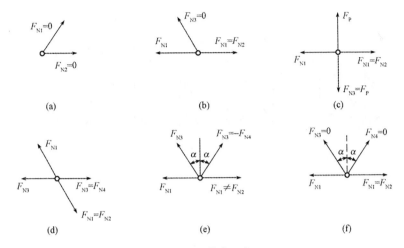

图 5-81 节点平衡

③X 形节点。四杆相交的节点，如图 5-81(d)所示。当节点上无荷载作用，且四杆轴两两共线时，同一直线上两杆轴力大小相等，性质相同，$F_{N1}=F_{N2}$，$F_{N3}=F_{N4}$。

④K 形节点。如图 5-81(e)、(f)所示的四杆相交的节点，其中有两根杆件共线，当 $F_{N1}\neq F_{N2}$ 时，必然有 $F_{N3}=-F_{N4}$；当 $F_{N1}=F_{N2}$ 时，必然有 $F_{N3}=F_{N4}=0$。

因此，一般情况下，求桁架内力前，先判别一下结构有无零杆和内力相同的杆，图 5-82 中的虚线所示各杆皆为零杆，于是计算过程大大简化。

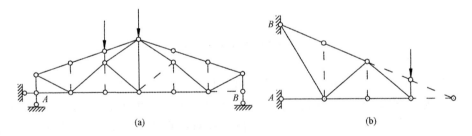

图 5-82 桁架图

3)节点法求解简单桁架计算步骤：

①几何组成分析。

②求支座反力。

计算时注意节点的选取顺序，以简化轴力计算。

【例 5-21】 试用节点法计算图 5-83(a)所示桁架中各杆的内力。

解：(1)求支座反力。

$F_{2x}=0$，$F_{2y}=120$ kN(↑)，$F_{14y}=120$ kN(↑)

(2)零杆判断。节点 1、节点 3 和节点 7 的形状为⊥形节点，满足图 5-83(b)，

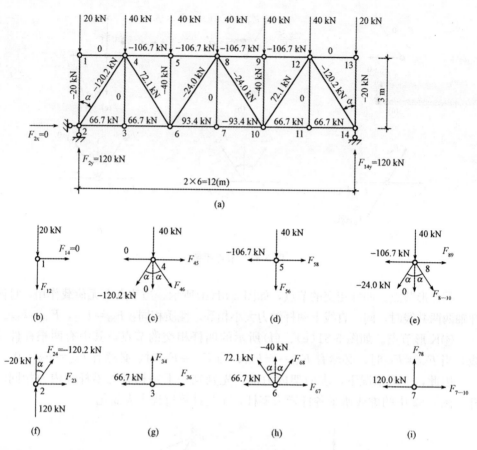

图 5-83　桁架各杆内力

零杆有 14、34、78 杆，故 $F_{14}=0$，$F_{34}=0$，$F_{78}=0$。

（3）内力计算。依次选取铰节点计算二力杆轴力。计算时分离体（节点）的选取顺序依次为 1、2、3、4、5、6、7、8。因结构和荷载关于杆 7—8 轴具有对称性，计算桁架对称轴的左半部分或右半部分即可利用内力的对称特性求得另一半的内力。

几何关系：$\sin\alpha = \dfrac{2}{\sqrt{13}} = 0.555$，$\cos\alpha = \dfrac{3}{\sqrt{13}} = 0.832$

节点 1：$\sum F_y = 0$，$F_{12} = -20$ kN（压）。

节点 2：$\sum F_x = 0$，$F_{23} = -F_{24}\sin\alpha = 66.7$ kN（拉）。

$$\sum F_y = 0，F_{24} = \frac{-F_{1y} + F_{12}}{\cos\alpha} = \frac{-\sqrt{13} \times 100}{3} = -120.2 \text{ kN （压）}。$$

节点 3：$\sum F_x = 0$，$F_{36} = F_{23} = 66.7$ kN（拉）。

节点 4：$\sum F_x = 0, F_{45} = (-F_{24} + F_{46})\sin\alpha = -(120.2 + 72.1) \times \dfrac{2}{\sqrt{13}} =$

$-106.7(\text{kN})(\text{压})$。

$$\sum F_y = 0, F_{46} = \dfrac{-40}{\cos\alpha} - F_{24} = -\dfrac{\sqrt{13} \times 40}{3} + 120.1 = 72.1(\text{kN})(\text{拉})。$$

节点 5：$\sum F_x = 0, F_{58} = -106.7 \text{ kN}(\text{压})$。

$\quad\quad\;\; \sum F_y = 0, F_{56} = -40 \text{ kN}(\text{压})$。

节点 6：$\sum F_x = 0, F_{67} = 66.7 + (F_{64} - F_{68})\sin\alpha = 66.7 + (72.1 - 24.0) \times \dfrac{2}{\sqrt{13}}$

$= 93.4(\text{kN})(\text{拉})$。

$$\sum F_y = 0, F_{68} = \dfrac{40}{\cos\alpha} - 72.1 = \dfrac{\sqrt{13} \times 40}{3} - 72.1 = -24.0(\text{kN})$$

（压）。

节点 7：$\sum F_x = 0, F_{7-10} = -93.4 \text{ kN}$。

节点 8～节点 14：利用结构和荷载作用的对称性

$F_{89} = F_{58} = -106.7 \text{ kN}(\text{压})$，$F_{8-10} = F_{68} = -24.0 \text{ kN}(\text{压})$，$F_{9-10} = F_{56} = -40 \text{ kN}(\text{压})$，$F_{9-12} = F_{45} = -106.7 \text{ kN}(\text{压})$，$F_{10-11} = F_{36} = 66.7 \text{ kN}(\text{拉})$，$F_{10-12} = F_{46} = 72.1 \text{ kN}(\text{拉})$，$F_{11-12} = 0$，$F_{12-13} = 0$，$F_{12-14} = F_{24} = -120.2 \text{ kN}(\text{压})$，$F_{11-14} = F_{23} = 66.7 \text{ kN}(\text{拉})$，$F_{13-14} = F_{12} = -20 \text{ kN}(\text{压})$。

（2）截面法。所有静定结构内力求解的办法都是截面法。只是想求解某些杆件的内力，而不是所有杆件内力时，截面法比节点法更为直接简便。

1）截面法的要点：根据求解问题的需要，用一个适当的平面或截面截开桁架（包括切断拟求内力的杆件），从桁架中取出受力简单的一部分作为分离体（至少包含两个节点），分离体上作用的荷载、支座反力、已知杆轴力、未知杆轴力组成一个平面一般力系，可以建立三个独立的平衡方程，由三个平衡方程可以求出三个未知杆的轴力。一般情况下，选截面时，截开未知杆的数目不能多于三个，不互相平行，也不交于一点。为避免解联立方程组，应建立合适的平衡方程。

2）截面法建立的平衡方程的两种形式——投影式平衡方程和力矩式平衡方程。

①投影式。若三个未知力中有两个力的作用线互相平行，将所有作用力都投影到与此平行线垂直的方向上，并写出投影式平衡方程，从而直接求出另一未知内力。

②力矩式。以三个未知力中的两个内力作用线的交点为矩心，写出力矩式平衡方程，直接求出另一个未知内力。

下面结合例 5-22 和例 5-23 来说明截面法的求解方法和技巧。

【例 5-22】　已知图 5-84 中所示的桁架节间距离 d 为 2 m，桁架高 h 为 3 m。所受节点荷载 F_P 如图所示。求 F_{Na}、F_{Nb}、F_{Nc}。

解：用截面 Ⅰ−Ⅰ 截开 a、b、c 三杆，取截面以左为分离体。

（1）投影法。由于 a 和 c 两杆互相平行，求 b 杆内力时，将所有作用力都投影到与两平行杆垂直的 y 方向上，列投影式平衡方程求 F_{Nb}：

$$\sum F_y = 0, F_{1y} - \sum F_P - F_{Nb}\cos\alpha = 0$$

$$F_{Nb} = (120-100)/\cos\alpha = 24.0(kN)\text{（拉）}$$

（2）力矩法。b、c 两根杆的轴力作用线汇交于节点 7，以 7 铰为矩心，列力矩式平衡方程求 F_{Na}：

$$\sum M_7(F) = 0$$

$$F_{Na} \times h + F_{1y} \times 3d - \sum F_{Pi}x_i = 0$$

$$F_{Na} = M_7/h = -(120\times6 - 20\times6 - 40\times4 - 40\times2)/3 = -120.0(kN)\text{（压）}$$

a、b 两根杆的轴力作用线汇交于节点 5，以 5 铰为矩心，列力矩式平衡方程求 F_{Nc}：

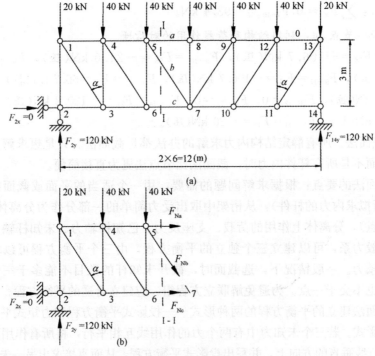

图 5-84　轴力作用

$$\sum M_5(F) = 0$$

$$F_{Nc} \times h - F_{1y} \times 2d - \sum F_{Pi}x_i = 0$$

$$F_{Nc} = M_5/h = (120\times4 - 20\times4 - 40\times2)/3 = 106.7(kN)$$

$M_7(=F_{1y}\times 3d-\sum F_{Pi}x_i)$ 为与桁架同跨度同荷载作用的简支梁在节点 7 的弯矩。

$M_5(=F_{1y}\times 2d-\sum F_{Pi}x_i)$ 为与桁架同跨度同荷载作用的简支梁在节点 5 的弯矩。

这说明桁架梁的抗弯能力主要由桁架的上、下弦杆的轴力形成的力偶矩提供。

(3)校核。

$$\sum F_x=F_a+F_b\times\sin\alpha+F_c=-120.0+24.0\times 0.555+106.7=0$$

计算无误。

【例 5-23】 试求图 5-85(a)所示桁架中杆 a、b、c 的内力。已知桁架节间距离为 3 m，桁架高为 6 m，$F_P=60$ kN。

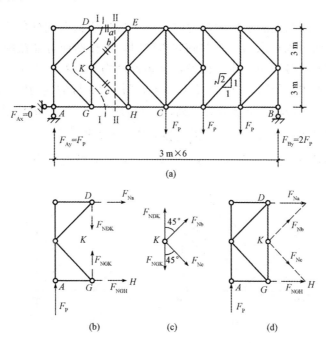

图 5-85 桁架梁

解：若直接用截面Ⅱ—Ⅱ截取，则截面将截开四根杆件，不能一步求得待求未知量，故应用曲截面Ⅰ—Ⅰ截取其以左为研究对象，如图 5-85(b)所示，此时截开杆件的四个未知力中有三个作用线通过铰节点 G，由铰节点 G 的力矩式平衡条件可直接求出 F_{Na}。

$$\sum M_G=0 \qquad F_{Na}=-0.5F_{Nb}=-30 \text{ kN}$$

取铰节点 K 为分离体，如图 5-85(c)所示，属于图 5-81(e)所示 K 形节点，必有

$$F_{Nb} = -F_{Nc}$$

取截面Ⅰ—Ⅰ以左部分为分离体，如图 5-85(d)所示，列投影式平衡方程：

$$\sum F_y = 0, F_{Ay} + (F_{Nb} - F_{Nc})\cos45° = 0$$

解得：$F_{Nb} = \dfrac{-60}{\cos45°} = -84.9(kN)$，$F_{Nc} = \dfrac{60}{\cos45°} = 84.9(kN)$

校核：$\sum M_G = F_{Na} \times 6 + (F_{Nb}\cos45° + F_{Nc}\cos45°) \times 3 + F_{Ay} \times 3 = -30 \times 6 +$

$60 \times 3 = 0$

说明上述求解结果正确无误。下面求桁架梁在Ⅱ—Ⅱ截面的剪力，同样由 $\sum F_y = 0$ 得到 $F_{SⅡ} = F_{Ay} = (F_{Nc} - F_{Nb})\cos45° = F_{Nc,y} - F_{Nb,y}$，说明桁架梁截面的剪力等于所有腹杆轴力在铅垂 y 方向的投影的代数和，即桁架的抗剪能力由腹杆提供。

如前所述，用截面法求桁架内力时，应尽量使所截断的杆件不超过三根，这样所截杆件的内力均可求出。有些问题求解时，所作截面可能截断了三根以上的杆件，但只要被截各杆中，除一杆外，其余各杆均平行和汇交于一点，则该杆的内力仍可首先求得。如图 5-86(a)所示，当仅求图中 a 杆的内力时，最简便的方法就是用截面Ⅰ—Ⅰ截取右下部分为分离体，受力图如图 5-86(b)所示，虽然截断了四根杆件，但其中有三根平行，只需列投影式平衡方程 $\sum F_{x'} = 0$，未知力中只有 F_{Na} 有投影，尽量做到列一个方程解一个未知量，计算快速简便。

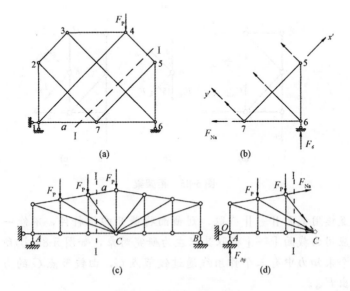

图 5-86 杆件受力分析

如图 5-86(c)所示的问题，当仅求图中 a 杆的内力时，最简便的方法就是用截面 I—I 截取以左（或以右）为分离体，如图 5-86(d) 所示，虽然截断了五根杆件，但其中有四根汇交于铰节点 C。只需列一个力矩式平衡方程 $\sum M_C = 0$，就可求出 F_{Na}。从这两个例子中都凸显了用截面法求结构中某几根杆内力的快速与简便。

总之，在用截面法求解桁架结构内力时需注意以下几个方面：①力矩式方程中力矩的计算在力臂不易确定的情况下，注意利用力的分解来求力矩（合力矩定理），而且分离体确定后，力可以沿着其作用线移动到某一个节点进行分解，不影响分离体的平衡。②平衡方程的三种形式中：基本形式，应注意主程投影轴和矩心的恰当选取；二力矩式，投影轴不能垂直于两个矩心；三力矩式，三个矩心不能在一条直线上。③可以根据需要选取平衡方程的形式。④矩心的选择，尽量选多个未知力的交点，投影轴尽量平行（或垂直）于多个未知力的作用线方向。⑤投影法和力矩法的平衡方程都尽量使每个方程含有一个未知量。

（3）联合法。上面用节点法或截面法讨论了简单桁架的计算。在联合桁架的计算中，若只需求解某几根指定杆件的内力，一般单独应用节点法或截面法不能一次求出结果，则一般需使用联合法（联合应用节点法和截面法）求解。如图 5-87 所示桁架均为联合桁架，只用节点法求杆件内力将会遇到铰节点未知力超过两个的情况，故应将截面法与节点法结合起来联合求解，方能简便、快速地求得待求杆件的内力。

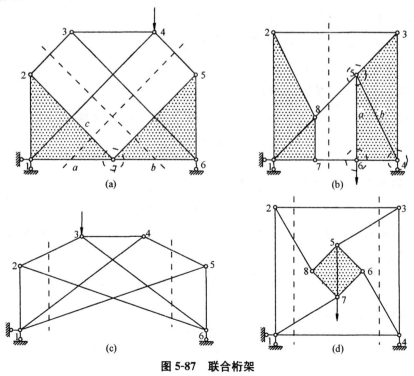

图 5-87　联合桁架

联合桁架的求解中需首先解决的问题：

①应先对平面桁架进行几何分析，判定其类型，再选择相应解法。

②当联合桁架由两刚片组成[图 5-87(b)]时，应先截断联系杆件，求出联系杆件的内力，再选择节点求解待求杆的内力（如图中的 a、b 杆）。

③当联合桁架由三刚片组成[图 5-87(a)、(c)、(d)]时，每两个刚片之间的连系杆件有 4 根，一般用双截面法求解，每个截面 4 个未知力，两个截面独立有 6 个未知力，6 个方程，联立求解。

【例 5-24】 求图 5-88 所示联合桁架 69 杆的内力。

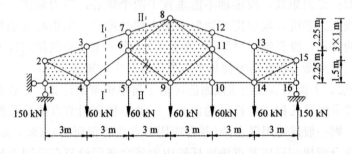

图 5-88 例 5-24 图

解：在图 5-88 中，三个阴影部分为三个简单桁架，两次应用两刚片规则可知，它们组成静定的联合桁架。可由不同途径求得 69 杆的内力。这里选择的方法是先用截面Ⅰ—Ⅰ截取其以左部分为分离体，由 $\sum M_8 = 0$，求得 45 杆的内力；接着取节点 5 为分离体，求得 59 杆的内力；再用截面Ⅱ—Ⅱ截取其以左部分为分离体，由 $\sum M_8 = 0$，即可求得 69 杆的内力。

(1)取截面Ⅰ—Ⅰ以左部分为分离体，由 $\sum M_8 = 0$，可得

$$F_{N45} = \frac{150 \times 9 - 60 \times 6}{4.5} = 220 (\text{kN})(\text{拉})$$

(2)取节点 5 为分离体，由 $\sum F_x = 0$，可得

$$F_{45} = F_{59} = 220 \text{ kN}(\text{拉})$$

(3)取截面Ⅱ—Ⅱ以左部分为分离体，由 $\sum M_8 = 0$，可得 69 杆的轴力在水平方向分量为

$$F_{Nx69} = \frac{150 \times 9 - 60 \times 6 - 60 \times 3 - 220 \times 4.5}{4.5} = -40 (\text{kN})(\text{压})$$

由图中几何关系，得

$$F_{N69} = -40 \times \frac{\sqrt{3^2 + 2.25^2}}{3} = -50 (\text{kN})(\text{压})$$

结论：

①求联合桁架的所有杆的内力，一般先用截面法截开简单桁架连接处，求解连接处(铰的相互作用力或连系杆的轴力)的内力，再用节点法求几个简单桁架的内力。

②求某指定杆内力，若截断未知杆的任一分离体中未知力数目多于 3，且不属于特殊情况，则应先求出其中一些易求的杆件内力(用节点法或另外用截面法再取分离体)，使原分离体能求解指定杆的内力。

③解题的方法并不唯一。

5. 常用桁架受力特性的比较

不同外形的桁架，因其内力分布不同，适用场合也不同，设计时应根据具体要求选用合理的桁架形式。下面就建筑工程中常见的 5 种简支梁式桁架——平行弦桁架、三角形桁架、抛物线桁架、折弦桁架和梯形桁架进行受力性能比较。

(1)平行弦桁架[图 5-89(a)]。设全跨有均布荷载(简化为节点集中荷载)作用于上弦，把桁架比拟成高度较大的简支梁，则上、下弦杆以轴力形式承担着梁在横力荷载作用的弯矩，腹杆的轴力承担着梁的剪力。

弦杆的内力计算用截面法列力矩式平衡方程导出：

$$F_N = \pm \frac{M^0}{h}$$

式中 M^0——相应简支梁中对应截面的弯矩；

h——上下弦轴力构成的力偶臂(桁高)。

因 h 为常数，M^0 的纵坐标按抛物线规律变化，故弦杆的内力值与 M^0 成正比，即端部弦杆的轴力小，而中间弦杆的轴力大，且上弦在受压区承受压力，下弦在受拉区承受拉力。

腹杆(竖腹杆、斜腹杆)的内力计算公式可由截面法的 y 方向投影平衡方程写出：

$$F_{Ny} = \pm F_S^0$$

式中 F_S^0——桁架节间对应简支梁截面的剪力；

F_{Ny}——腹杆轴力的竖向分量。

由上式可以看出，腹杆的轴力由两端向跨中递减。

(2)三角形桁架[图 5-89(b)]。弦杆的内力计算用截面法列力矩式平衡方程导出：

$$F_N = \pm \frac{M^0}{r}$$

式中 r——弦杆轴力对矩心的力臂，由两端向跨中按线性递增。

由于三角形桁架的力臂 r 的增加较弯矩增加快，因而弦杆的轴力是从两端向中间递减的。

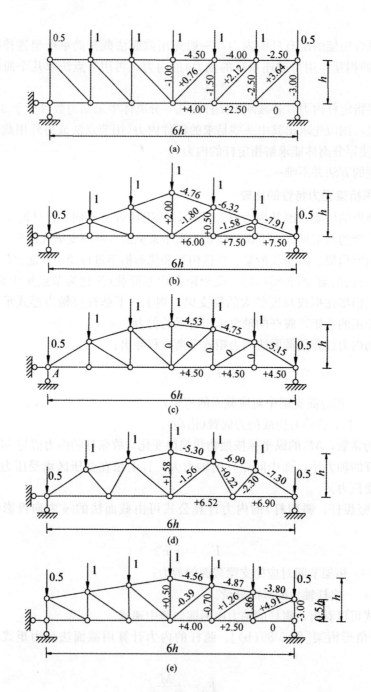

图 5-89 桁架

(a)平行弦桁架；(b)三角形桁架；(c)抛物线桁架；(d)折弦桁架；(e)梯形桁架

　　由截面法可知，在图示荷载下，斜腹杆受压，竖腹杆受拉，且腹杆的轴力由桁架两端向跨中递增。

(3)抛物线桁架[图 5-89(c)]。抛物线桁架上弦各杆落在同一抛物线上。下弦杆轴力和上弦杆轴力的水平分量相等，大小为

$$F_N = \pm \frac{M^0}{r}$$

式中　r——竖杆长度，按抛物线规律变化。由于上弦杆倾斜度不大，从而上弦杆的轴力也近似相等。由零杆判断及截面水平投影方程可知，竖腹杆和斜腹杆的内力均为零。

(4)折弦桁架[图 5-89(d)]。折弦桁架是介于平行弦桁架和三角形桁架之间的一种中间形式。上、下弦杆的内力变化不大，腹杆内力由两端向中间递减，但因端节间上弦杆的坡度比三角形桁架大，使力臂 r 向两端递减得慢，即减小了弦杆特别是端弦杆的轴力，虽然 M^0/r 值也逐渐增大，但比三角形桁架的变化小。

(5)梯形桁架[图 5-89(e)]。梯形桁架是介于平行弦桁架和三角形桁架之间的一种形式。上、下弦杆的内力变化不大，腹杆内力由两端向中间递减。

由以上分析，可得出如下结论：

(1)三角形桁架的轴力分布不均匀，其弦杆内力在近支座端部最大，使得每个节间的弦杆要改变截面，因而增加了拼接困难；若采用相同的截面，则造成材料的浪费。弦杆在端节点处夹角甚小，构造复杂，布置制造较为困难。但其两斜面符合屋顶排水构造需要，故在跨度较小、坡度较大的屋盖中广泛采用。

(2)平行弦桁架的内力分布不均匀，弦杆内力向跨中递增，若设计成各节间弦杆截面不一样，每一节间改变截面，就会增加拼接困难；若采用相同的截面，就会浪费材料。但由于它在构造上有许多优点，如可使节点构造统一、腹杆标准化等，因而仍得到广泛采用。一般多用于轻型桁架，这样采用相同截面的弦杆，不会造成很大的浪费。厂房中多用于 12 m 以上的吊车梁、跨度 50 m 以下的铁路桥梁。由于构件制作及施工拼接都有较多方便，其应用甚广。

(3)抛物线桁架的轴力分布比三角形桁架均匀，在材料上使用最经济，但上弦杆在第一节之间的倾角都不相同，上弦杆的每一节点处均转折而须设置节头，节点构造复杂，施工不便。但常应用于 18～30 m 的大跨度屋架和 100～150 m 的大跨度桥梁，可节约材料。

(4)折弦桁架常被用作钢筋混凝土屋架，其特点是端部上弦坡度较三角形桁架大，同时整个上弦杆的转折也比抛物线桁架少，施工制作很方便。该桁架的受力性能接近于抛物线桁架，而又避免了三角形桁架和抛物线桁架的某些不足。因此，常用于 18～24 m 中等跨度的钢筋混凝土屋盖中。

(5)梯形桁架的弦杆受力性能较平行弦桁架、三角形桁架均匀，在施工制作上也较方便，常应用于中等跨度的钢结构厂房的屋盖中。

(四)组合结构简介

1. 组合结构的定义

组合结构是指由若干受弯杆件和链杆混合组成的结构，如图 5-90 和图 5-91 所示。组合结构常用于房屋建筑中的屋架、吊车梁和桥梁的承重结构。

组合结构通常由梁和桁架组成或由刚架和桁架构成。图 5-91(a)为梁和桁架的组合结构形式；图 5-90 和图 5-91(b)、(c)为刚架和桁架的组合结构形式。

组合结构中两类杆件的区分是求解组合结构的关键，目的是确定截面上未知内力分量的数目。

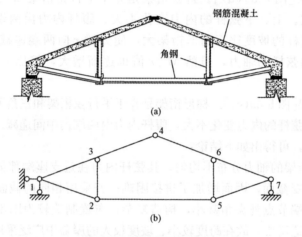

图 5-90　静定组合结构(一)

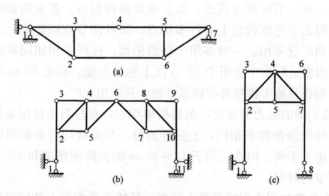

图 5-91　静定组合结构(二)

2. 组合结构内力分析方法

组合结构内力仍然是用截面法和节点法联合求解。截面法求解的关键之处是截面截开的是梁式杆(M、F_S 或 F_N)还是链杆(F_N)。

因此，用截面法求解组合结构时应注意：

(1)尽量避免截开梁式杆，因为 M、F_S、F_N 未知量太多不便求解。

(2)尽量截开轴力杆，先求轴力杆或截断连接铰，求相互连接力。

(3)如果截断的全是链杆，桁架的计算方法及结论可以适用。

(4)梁式杆的内力图作法同梁及刚架。

由此可知，组合结构的内力计算应是桁架的计算方法＋梁、刚架的计算方法。组合结构的求解步骤是首先求出反力，其次计算各链杆的轴力，最后分析受弯构件的内力。如果受弯杆件的弯矩图很容易先行绘出，则可灵活处理。

组合结构有静定和超静定之分，工程中组合结构主要以超静定结构形式出现，将在超静定问题解法中研究。本节研究静定组合结构的求解。图 5-90(a)为一下撑式五角形屋架，上弦由钢筋混凝土制成，下弦和腹杆为型钢，计算简图如图 5-90(b)所示。14 和 47 杆为拉弯或压弯组合变形构件，其作杆件为二力杆。求解这类结构，一般首先用通过铰 4 的截面截取分离体，列力矩式平衡方程 $\sum M_4 = 0$，求出 F_{N25}；其次，利用节点法取铰节点 2 和 5 为分离体，求出所有二力杆的轴力；最后，求出梁式杆件 14 和 47 的内力。

3. 计算组合结构时应注意的几个问题

(1)注意区分链杆(只受轴力)和梁式杆(受轴力、剪力和弯矩)；

(2)前面关于桁架节点的一些特性对有梁式杆的节点不再适用；

(3)一般先计算反力和链杆的轴力，再计算梁式杆的内力。

【例 5-25】　作图 5-92(a)所示斜拉桥组合结构的内力图。

解：(1)求支座反力。取整体为分离体，受力分析如图 5-92(a)所示，由平衡条件：

$$\sum M_8 = 0, F_{R1}\cos45° \times 66 + 90 \times 48 \times 42 - F_{3y} \times 66 = 0 \tag{a}$$

截取铰 5 以左为分离体，如图 5-92(b)所示，由平衡条件：

$$\sum M_5 = 0, F_{N12}\cos45° \times 33 + F_{N12}\sin45° \times 24 + 90 \times 33 \times 16.5 - F_{3y} \times 33 = 0 \tag{b}$$

联立解式(a)、(b)且由 $F_{R1} = F_{N12}$ 得

$F_{N12} = 2\ 458.08$ kN(拉)　　$F_{3y} = 4\ 487.22$ kN($\uparrow$)

图 5-92(b)投影平衡方程：

$$\sum F_x = 0, F_{5x} = F_{N12}\sin45° = 1\ 738.13\ (\text{kN}) (\rightarrow)$$

$$\sum F_y = 0, F_{5y} = -F_{3y} + F_{N12}\cos45° + 90 \times 33 = +220.91\ (\text{kN}) (\uparrow)$$

图 5-92(a)整体的投影平衡方程：

$$\sum F_x = 0, F_{89} = F_{R9} = F_{R1} = 2\ 458.08\ \text{kN (拉)}$$

$$\sum F_y = 0, F_{7y} = 2F_{N12}\cos45° + 90 \times 48 - F_{3y} = 3\ 309.03\ (\text{kN}) (\uparrow)$$

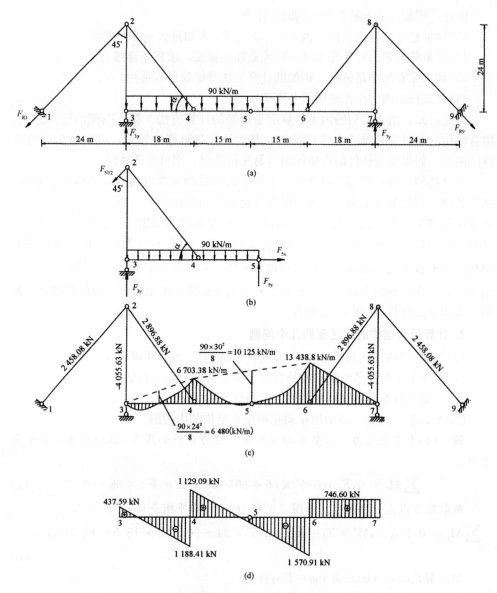

图 5-92　例 5-25 图

（2）由节点 2 的平衡条件可求得

$$\sum F_x = 0, F_{N24} = F_{N12}\frac{\sin45°}{\cos\alpha} = \frac{\sqrt{2}}{2}\times\frac{5}{3}\times 2\ 458.08 = 2\ 896.88(kN) \text{（拉）}$$

$$\sum F_y = 0, F_{N23} = -(F_{N12}\cos45° + F_{N24}\sin\alpha) = -4\ 055.63(kN) \text{（压）}$$

由节点 8 的平衡条件同理可得

$$F_{N68}=F_{N89}\frac{\sin45°}{\cos\alpha}=\frac{5}{3}\times2\ 458.08\times\frac{\sqrt{2}}{2}=2\ 896.88(\text{kN})(拉)，\quad F_{N78}=-4\ 055.63\ \text{kN}(压)$$

（3）求组合结构中梁式杆35、57的杆端剪力，并作 M 图，标出各二力直杆的轴力，如图5-92(c)所示。作梁式杆35、57的剪力图如图5-92(d)所示。

4. 静定结构的特性

以上讨论了几种典型静定结构，如果从反力的特点进行结构分类，则静定结构又可分为无推力结构（梁、梁式桁架）和有推力结构（三铰拱、三铰刚架、拱式桁架、组合结构）。虽然这些静定结构的形式各异，但有下列共同的特性：

（1）静力分析方面，静定结构的全部约束反力和内力可由静力平衡方程求解，而且满足平衡条件的内力解答是唯一的，这就是静定结构的基本静力特性。

在几何组成方面，静定结构是无多余联系的几何不变体系；在静力平衡方面，由于静定结构无多余约束，故所有内力和反力都可由平衡条件完全确定，而且所得的内力和反力的解答只有一种。

（2）在静定结构中，温度改变、支座移动、制造误差和材料收缩等均不会引起内力。

根据静定结构解答的唯一性，在没有荷载作用时，零反力和零内力的解可满足静定结构的所有各部分的平衡条件，因而当有上述的非荷载因素影响时，静定结构中均不引起内力，零解便是唯一解。

例如，图5-93(a)、(b)所示的受温度改变影响的简支梁和悬臂梁，图5-93(c)、(d)所示的受支座移动的简支梁和三铰刚架，由于结构没有多余约束，当产生温度改变或支座不均匀沉降时，仅发生虚线所示绕 A 点的转动，而不产生反力和内力。

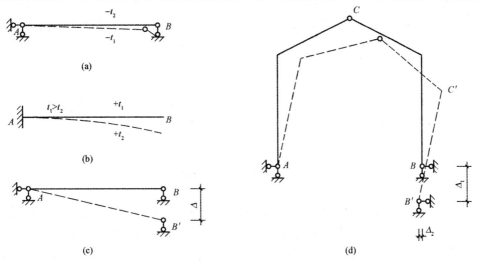

图 5-93　静定结构分析(一)

（3）静定结构的局部平衡特性。当平衡力系加在静定结构的某一内部几何不变部分时，其余部分都没有内力和反力。

例如，如图 5-94(a)所示，简支梁的 CD 段为一几何不变部分时，作用有平衡力系，则只有该部分产生内力，其余梁段 AC、BD 段没有内力和反力产生。又如图 5-94(b)所示的桁架，平衡力系作用在三角形 CDE 的内部，而 CDE 属于几何不变部分，则只有该部分杆件产生轴力，其余各杆和支座反力均等于零。

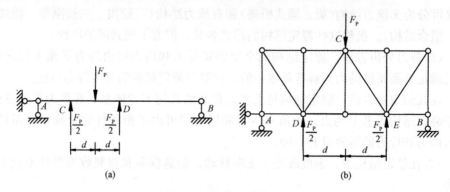

图 5-94　静定结构分析(二)

（4）静定结构的荷载等效特性。当静定结构的一个几何不变部分上的荷载作等效变换时，只有该部分的内力发生变化，其余部分的内力和反力均保持不变。

所谓等效变换，是指由一组荷载变换为另一组荷载，且两组荷载的合力保持相同。合力相同的荷载通常称为等效荷载。

例如，如图 5-95(a)所示，简支梁在 F_P 的作用下，若把 F_P 进行等效变换，等效力系的结果如图 5-95(b)所示。那么，除 CD 范围内的受力状态发生变化外，其余部分的内力和反力保持不变。

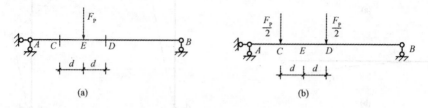

图 5-95　静定结构分析(三)

（5）静定结构的构造变换特性。当静定结构的一个内部几何不变部分作组成上的局部构造变换时，只有该部分的内力发生变化，其余部分的内力均保持不变。

例如，如图 5-96(a)所示的桁架，若把 67 杆换成图 5-96(b)所示的小桁架 68、79，而作用的荷载和端部 6、7 铰的约束性质保持不变，则在作上述组成的局部改变后，只有 67 部分的内力发生变化，其余部分的内力和反力保持不变。

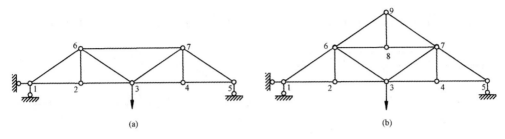

图 5-96　静定结构分析(四)

5. 静定结构的内力特点

下面给出几类常见静定结构的内力比较。

在图 5-97(a)～(f)中，作用有相同的横向均布荷载 q，除图 5-97(b)外，其他结构的跨度都为 l，结构分属于梁[图 5-97(a)、(b)]、拱[图 5-97(e)]、桁架[图 5-97(f)]、组合结构[图 5-97(c)、(d)、(g)]。图中给出了结构中受弯杆件的弯矩图。对受弯杆件的弯矩大小比较可知，简支梁[图 5-97(a)]结构可通过改变支座位置成为外伸梁[图 5-97(b)]，其杆件内最大弯矩值由 $\dfrac{ql^2}{8}$ 降低到 $\dfrac{ql^2}{48}$，弯矩分布更趋于均匀，材料的抗弯能力得到较好的发挥；通过合理设计，拱结构可将弯矩降到最低，甚至处于无弯矩状态[图 5-97(e)]。理想桁架结构[图 5-97(f)]中杆件处于轴向拉或压状态，横截面应力均布，可使材料的承载能力最为充分地发挥。而图 5-97(c)、(d)、(g)为组合结构，通过合理的结构设计，从图 5-97(c)→(d)→(g)可以看出，受弯杆件 M_{max} 值由 $\dfrac{ql^2}{32}$ 迅速降低为 $\dfrac{ql^2}{192}$，图 5-97(g)的结构形式更为合理，更有利于材料的承载能力充分的发挥，达到安全可靠、经济合理的设计目标。故拱结构、桁架结构和组合结构这些合理的结构形式在中大跨度工程中广泛采用。

【例 5-26】　结合西安地铁枣园站实例对结构内力计算。

(1)工程概况。西安地铁枣园站地质条件较均匀，但开挖深度较深，为了减少支护桩的弯矩，可以设置多层支撑。在进行结构内力计算时，按照分段等值梁法计算挡土结构的弯矩和支撑力，并计算出桩墙的入土深度。

分段等值梁法即对每一段开挖，将该段桩的上部支点和插入段土压力零点之间的桩作为简支梁进行计算，上一次算出的支点假定不变，作为外力计算下一段梁中的支点反力。这种方法考虑了施工时的实际情况。

(2)土压力计算。

①确定临界深度 z_0，由 $e=(q+rz_0)K_a-2c\sqrt{K_a}=0$，得

$$z_0=\frac{2c\sqrt{K_a}-qK_a}{rK_a}=4.59(\text{m})$$

②各支点及坑底处的土压力。

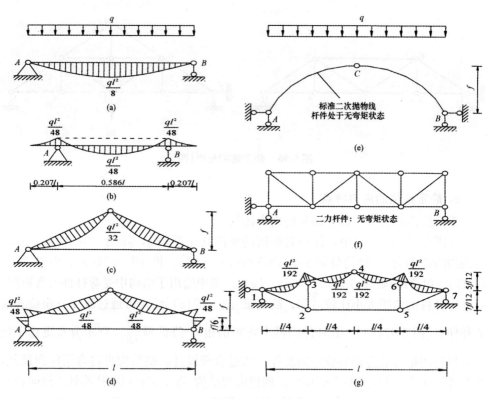

图 5-97 静定结构内力分析

O点：
$$e_{ao}=(q+rh)K_a-2c\sqrt{K_a}$$
$$=20\times0.42-2\times33.4\times0.648$$
$$=-34.886(kPa)$$

A点：
$$e_{aA}=(q+rh)K_a-2c\sqrt{K_a}$$
$$=(20+18.1\times1)\times0.42-2\times33.4\times0.648$$
$$=-27.284(kPa)$$

B点：
$$e_{aB}=(q+rh)K_a-2c\sqrt{K_a}$$
$$=(20+18.1\times4)\times0.42-2\times33.4\times0.648$$
$$=-4.48(kPa)$$

C点：
$$e_{aC}=(q+rh)K_a-2c\sqrt{K_a}$$
$$=(20+18.1\times10.5)\times0.42-2\times33.4\times0.648$$
$$=44.935(kPa)$$

D点：
$$e_{aD}=(q+rh)K_a-2c\sqrt{K_a}$$
$$=(20+18.1\times13.8)\times0.42-2\times33.4\times0.648$$
$$=70.021(kPa)$$

E 点：
$$e_{aE}=(q+rh)K_a-2c\sqrt{K_a}$$
$$=(20+18.1\times17.4)\times0.42-2\times33.4\times0.648$$
$$=97.388(\text{kPa})$$

③求土压力零点至基坑底的距离。可根据净土压力零点处墙前被动土压力强度与墙后主动土压力强度相等的关系求得。

$$r_muK_p=e_{aD}+r_muK_a$$

$$u=\frac{e_{aE}}{r_m(K_p-K_a)}=\frac{97.388}{17.4\times(2.380-0.42)}=2.86(\text{m})$$

④基坑支护结构简图。基坑支护结构简图如图 5-98 所示，将点 O 近似看作为弯矩 0 点，看作地下支点无弯矩。

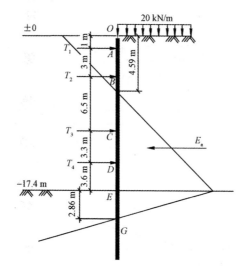

图 5-98 基坑支护结构计算简图

将基坑支护图画为一连续梁，其荷载为水土压力及地面荷载，如图 5-99 所示。

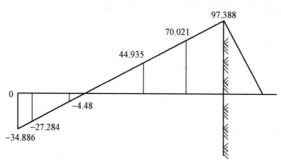

图 5-99 连续梁结构计算简图

（3）用等值梁法计算弯矩。找到基坑底面下连续墙弯矩为零的某一点，以该点假想为一个铰，以假想铰为板桩入土面点。一旦假想铰的位置确定，即可将梁划分为两段，上段相当于多跨连续梁，下段为一次超静定梁。

①分段计算固端弯矩。

a. 连续梁 AO 段悬臂部分弯矩计算简图如图 5-100 所示。

$$M_{AO} = -\frac{ql^2}{12} - \frac{q'l^2}{30}$$

$$= -\frac{(-27.284 \times 1^2)}{12} - \frac{[-34.886 - (-27.284)] \times 1^2}{30}$$

$$= -2.0(\text{kN} \cdot \text{m})$$

$$M_{OA} = \frac{ql^2}{12} + \frac{q'l^2}{20}$$

$$= \frac{(-27.284 \times 1^2)}{12} + \frac{[-34.886 - (-27.284)] \times 1^2}{20}$$

$$= -2.654(\text{kN} \cdot \text{m})$$

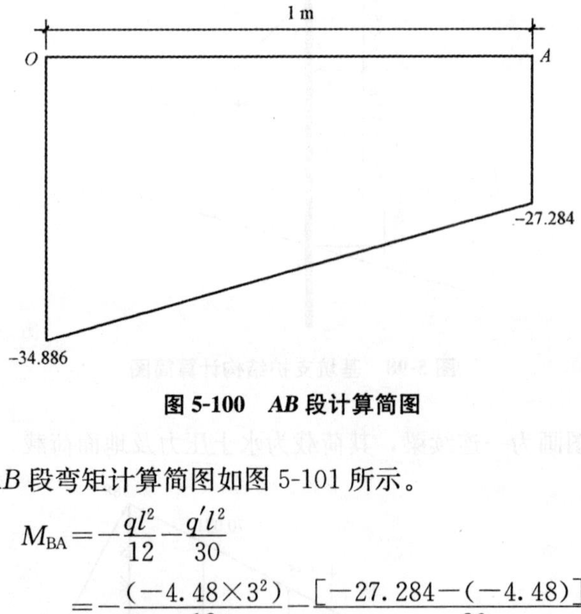

图 5-100　AB 段计算简图

b. 连续墙 AB 段弯矩计算简图如图 5-101 所示。

$$M_{BA} = -\frac{ql^2}{12} - \frac{q'l^2}{30}$$

$$= -\frac{(-4.48 \times 3^2)}{12} - \frac{[-27.284 - (-4.48)] \times 3^2}{30}$$

$$= 3.5(\text{kN} \cdot \text{m})$$

$$M_{AB} = \frac{ql^2}{12} + \frac{q'l^2}{20}$$

$$= \frac{(-4.48 \times 3^2)}{12} + \frac{[-27.284 - (-4.48)] \times 3^2}{20}$$

$$= -13.622(\text{kN} \cdot \text{m})$$

c. 连续墙 BC 段弯矩计算简图如图 5-102 所示。

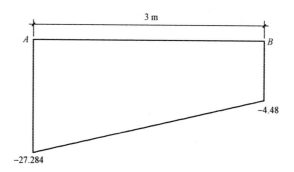

图 5-101 AB 段计算简图

$$M_{CB} = 44.935 \times 4.61 \times \frac{1}{2} \times \frac{1}{3} \times 4.61 = 159.16(\text{kN} \cdot \text{m})$$

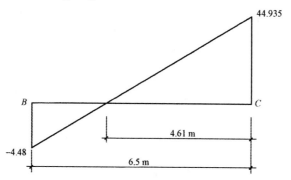

图 5-102 BC 段计算简图

d. 连续墙 CD 段弯矩计算简图如图 5-103 所示。

$$M_{DC} = \frac{ql^2}{8} + \frac{q'l^2}{15} - \frac{M_{CB}}{2}$$

$$= \frac{44.935 \times 3.3^2}{8} + \frac{(70.021 - 44.935) \times 3.3^2}{15} - \frac{159.16}{2}$$

$$= -0.2(\text{kN} \cdot \text{m})$$

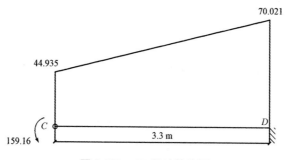

图 5-103 CD 段计算简图

e. 连续墙 DEG 段弯矩计算简图如图 5-104 所示，其中 G 点为零弯矩点。

$$M_{DG}=-\frac{q_1a^2}{8}\left(2-\frac{a}{l}\right)^2-\frac{q_2a^2}{24}\left[8-9\times\frac{a}{l}+\frac{12}{5}\left(\frac{a}{l}\right)^2\right]-\frac{q_3b}{6}\left[1-\frac{3}{5}\left(\frac{b}{l}\right)^2\right]$$

$$=-\frac{70.021\times3.6^2}{8}\left(2-\frac{3.6}{6.46}\right)^2-\frac{27.367\times3.6^2}{24}\left[8-9\times\frac{3.6}{6.46}+\frac{12}{5}\times\left(\frac{3.6}{6.46}\right)^2\right]-$$

$$\frac{97.388\times2.86}{6}\left[1-\frac{3}{5}\times\left(\frac{2.86}{6.46}\right)^2\right]$$

$$=-236.11-55.128+40.962$$

$$=-250.276(kN\cdot m)$$

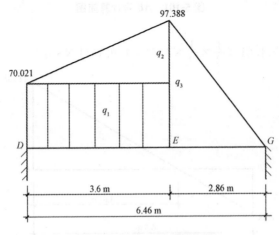

图 5-104　DEG 段计算简图

②弯矩分配。计算固端弯矩不平衡，需用弯矩分配法平衡支点 A、B 弯矩。

分配系数 A 点：

$\mu_{AO}=0$

$\mu_{AB}=1$

B 点：

$\mu_{BA}=\dfrac{6.5}{3+6.5}=0.685$

$\mu_{BC}=\dfrac{3}{3+6.5}=0.315$

C 点：

$\mu_{CB}=\dfrac{3.3}{3.3+6.5}=0.337$

$\mu_{CD}=\dfrac{6.5}{3.3+6.5}=0.663$

D 点（远端固定时为 $4i$，远端铰支时为 $3i$）：

$$\mu_{DC}=\frac{4\times\dfrac{1}{3.3}}{4\times\dfrac{1}{3.3}+3\times\dfrac{1}{3.6}}=0.592$$

$$\mu_{DG}=\frac{3\times\dfrac{1}{3.6}}{4\times\dfrac{1}{3.3}+3\times\dfrac{1}{3.6}}=0.408$$

通过力矩分配，得到各支点的弯矩：

$M_A=4.06$ kN·m　$M_B=77.43$ kN·m　$M_C=50$ kN·m

$M_D=207.05$(kN·m)　$M_G=0$

弯矩、剪力图如图 5-105 所示。

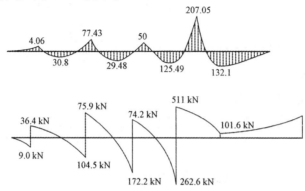

图 5-105　弯矩、剪力图

③支座反力和轴力计算。根据《基坑工程》(哈尔滨工业大学出版社，2008)有

OA 段梁：

$$R'_A=\frac{\dfrac{1}{2}\times1\times27.284\times\dfrac{2}{3}\times1}{1}=9.0(kN)$$

BC 段梁：

$$R''_B=\frac{13.18\times4.2\times\dfrac{4.2}{2}+(53.4-13.18)\times\dfrac{4.2}{2}\times\dfrac{4.2}{3}-4.06-77.43}{4.2}$$

$$=36.4(kN)$$

$$R_B=R'_A+R''_B=45.4(kN)$$

$$R'_C=\frac{13.18\times4.2\times\dfrac{4.2}{2}+(53.4-13.18)\times\dfrac{4.2}{2}\times\dfrac{2}{3}\times4.2+4.06+77.43}{4.2}$$

$$=103.37(kN)$$

CD 段梁：

$$R''_C = \frac{53.4 \times 3.5 \times \frac{3.5}{2} + (87.69 - 53.4) \times \frac{3.5}{2} \times \frac{3.5}{3} - 77.43 - 50}{3.5}$$

$$= 77.04 (\text{kN})$$

$$R_C = R'_C + R''_C = 180.41 (\text{kN})$$

$$R_D = \frac{53.4 \times 3.5 \times \frac{3.5}{2} + (87.69 - 53.4) \times \frac{3.5}{2} \times \frac{2}{3} \times 3.5 + 77.43 + 50}{3.5}$$

$$= 253.6 (\text{kN})$$

EO 段梁（O 点弯矩为零）：

$$R'_E = \left[118.65 \times 3.1 \times \left(\frac{3.1}{2} + 5.17 \right) + \frac{1}{2} \times 3.1 \times 30 \times \left(\frac{3.1}{3} + 5.17 \right) + \right.$$

$$\left. \frac{1}{2} \times 5.17 \times 148.65 \times \frac{2}{3} \times 5.17 \right] / 8.27 + \frac{207.05}{8.27}$$

$$= 520 (\text{kN})$$

$$R_E = R'_E + R''_D = 773.6 (\text{kN})$$

$$R_O = \left[118.65 \times 3.1 \times \frac{3.1}{2} + \frac{1}{2} \times 3.1 \times 30 \times \frac{3.1 \times 2}{3} + 5.17 \times \frac{1}{2} \times 148.65 \times \left(3.1 + \frac{5.17}{3} \right) \right] / 8.27$$

$$= 304.45 (\text{kN})$$

④反力核算。土压力及地面荷载总计：

$$e_a = 97.388 \times (17.4 + 2.86 - 4.59) \times \frac{1}{2}$$

$$= 763 (\text{kN})$$

支点反力：

$$R = R_B + R_C + R_D + R_E + R_O$$

$$= 1\,557.46 (\text{kN})$$

⑤嵌固深度计算。对于均质黏性土及地下水位以上的粉土或砂类土，嵌固深度 h_0 可按下式来计算：

$$h_0 = n_0 h$$

式中　n_0——嵌固深度系数，当 γ_k 取 1.3 时，可根据三轴试验（当有可靠经验时，可采取直接剪切试验）确定土层固结不排水（快剪）内摩擦角 φ_k 及黏聚力系数 δ 查表求得；黏聚力系数 δ 可按 $\delta = c_k / \gamma h$ 确定。

根据枣园站各土层物理、力学建议值，取 $\delta = 0.07$ 或 $\delta = 0.06$，$\varphi_k = 22.5$，查表得 $n_0 = 0.36$。

可得嵌固深度：

$$h_0 = n_0 h = 0.36 \times 17.4 = 6.264 (\text{m})$$

⑥纵筋配置。根据《简明深基坑工程设计施工手册》及《地下连续墙设计与施

工》，用于基坑支护的连续墙厚度一般为 $600 \sim 800$ mm，故初拟连续墙厚度 $b=800$ mm，以 1 000 mm 为单元长度进行配筋。同时，本基坑支护墙体作为永久性支护结构，所以保护层厚度（《深基坑工程设计施工手册》表 11.3-2）$a_s=70$ mm，采用 C35 混凝土（大于 C20），基坑安全等级为一级，主筋采用 HRB335（Ⅱ级），其安全等级系数 $\gamma_0=1.1$。

背土侧：

$$M_{设计}=1.25\gamma_0 M_{max}$$
$$=1.25\times1.1\times207.05$$
$$=284.694(kN \cdot m)$$

查表得：

$f_c=16.7$ N/mm^2，$\alpha_1=1.0$，$l=1 000$ mm，$b=800$ mm，HRB335，$f_y=300$ N/mm^2，$\xi_b=0.558$，$\rho_{min}=0.24\%$。

有效高度：

$$h_0=b-a_s$$
$$=800-70$$
$$=730(mm)$$

$$\alpha=\frac{\gamma_0 M_{设计}}{\alpha_1 f_c l h_0^2}$$
$$=\frac{1.1\times284.694\times10^6}{1.0\times16.7\times1 000\times730^2}$$
$$=0.035$$

查表（《混凝土结构》上册 P201），得

$$\xi=0.025<\xi_b=0.558$$

所以

$$A_s=\frac{\alpha_1 f_c l h_0 \xi}{f_y}$$
$$=\frac{1.0\times16.7\times1 000\times730\times0.025}{300}$$
$$=1 015.92(mm^2)$$

$$\rho=\frac{A_s}{l h_0}$$
$$=\frac{1 015.92}{1 000\times730}$$
$$=0.14\%<\rho_{min}=0.24\%$$

$$A_s=1 000\times730\times0.24\%=1 752(mm^2)$$

选配筋：$\Phi25@150(A_s=3 272$ mm$^2)$

迎土侧：

$$M_{设计}=1.25\gamma_0 M_{max}$$
$$=1.25\times1.1\times132.1$$
$$=181.6(kN\cdot m)$$

$$\alpha=\frac{\gamma_0 M_{设计}}{\alpha_1 f_c l h_0^2}$$
$$=\frac{1.1\times181.6\times10^6}{1.0\times16.7\times1\,000\times730^2}$$
$$=0.020$$

查表（《混凝土结构》上册 P201），得

$$\xi=0.023<\xi_b=0.558$$

$$A_s=\frac{\alpha_1 f_c l h_0\xi}{f_y}$$
$$=\frac{1.0\times16.7\times1\,000\times730\times0.023}{300}$$
$$=934.64(mm^2)$$

$$\rho=\frac{A_s}{lh_0}$$
$$=\frac{934.64}{1\,000\times730}$$
$$=0.13\%<\rho_{min}=0.24\%$$

所以
$$A_s=1\,000\times730\times0.24\%$$
$$=1\,752(mm^2)$$

选配筋：$\Phi25@150(A_s=3\,272\ mm^2)$

水平筋配置：按构造配筋水平筋最小率要求 $f_y=0.24f_t/f_y=0.24\times1.27/300=0.1\%$，当 $h\geqslant800$ mm 时，采用间距 $s=200$ mm，则 $A_{sv}=565\ mm^2$。

故选择 $\Phi12@200$ 的水平配筋。

拉结筋：当跨度为 4~6 m 时，拉结筋直径不小于 6 mm。故拉结筋选 $\Phi6@100$。

配筋表见表 5-4。

表 5-4　配筋表

选筋类型	级别	钢筋实配值/mm	实配[计算]面积 (mm²/m)
基坑内侧纵筋	HRB335	$\Phi25@150$	3 272[2 593]
基坑外侧纵筋	HRB335	$\Phi25@150$	3 272[2 593]
水平筋	HRB335	$\Phi12@200$	565
拉结筋	HPB300	$\Phi6@100$	283

第三节 基坑支护的探索方向

深基坑工程是一个综合性很强的系统工程，其支护方案的优劣直接影响工程进度、质量和成本，在整个基坑施工工程中占有重要的地位。虽然近年来深基坑工程得到了极大的发展和应用，但我国对其支护方案的选择仍具有片面性和主观性。因此，遵循安全可行、经济合理、施工便捷、环境保护等原则，找出一套科学合理且可操作性解决方法，是非常必要和有意义的。

深基坑支护及施工的若干问题研究的目的是使最终所选方案能满足安全、经济、环保、施工工期短等多个目标，其实质是考虑多目标情况下的方案决策问题，因此可利用多目标决策方法进行支护方案优化选择。

笔者根据目前深基坑工程设计及施工的若干问题的研究现状，结合深基坑工程特点提出了一些问题与解决方法。

设计中存在的一些问题：关于土压力的计算；深基坑支护当前存在的问题；地下水控制设计问题。

施工中存在的一些问题：边坡修理不达标；施工过程与施工设计的差别大；土层开挖和边坡支护不配套。

经过研究得出了几个可改进的方法，希望可以对深基坑的发展有所帮助。

深基坑工程在国外被称为"深开挖工程"（Deep Excavation），这比称为"深基坑"更合适。因为为了设置建筑物的地下室，需开挖深基坑，这只是深基坑开挖的一种类型。深开挖还包括为了埋设各种地下设施而必须进行的深层开挖。

随着我国经济建设的迅速发展，城市建设步伐也在不断加快，伴随而来的是城市建设用地日益减少，现在已受到政府和社会各界的广泛关注。目前，城市建设的发展越来越重视地下空间的开发和利用，高层建筑地下结构越来越深，坡度越来越陡，并且很多深基坑边坡紧邻现有建筑物，由此而引发诸多环境岩土工程问题及工程事故，不仅危及工程安全，造成巨大的人员伤亡和经济损失，而且影响城市道路交通、供电供气、通信等，引起社会不安。因此，深基坑的支护设计与施工成为高层建筑凸显的一个技术热点和难点。

20多年的工程实践表明，发生在我国软土地区的深基坑事故占事故基坑总数的20%～30%。为此，这里回顾十几年来深基坑工程的经验教训，同时探讨今后可能的发展方向。

一、深基坑工程现状分析

1. 深基坑设计在城市发展中变得越来越重要

近年来，城市中的建筑密度随着城市现代化进程的推进而增大，随着高层建筑的不断兴建，深基坑开挖支护问题日益突出，地下空间的利用也变得尤为重要。

2. 基坑越挖越深

住宅楼旁边"见缝插针"建高楼，开挖的深基坑令不少居民担心已有建筑的安全问题。一个大的趋势是，基坑越挖越深，面积也越来越大，最深的为地下三层，面积达到 100 000 m² 以上。例如，珠海的扬名广场一侧的丽景湾花园二期 B 区地下室工程、仁恒滨海广场地下工程，深基坑的深度均达到地下 18 m。或为了使用方便，或因为地皮昂贵，或为了符合城管规定及人防需要，建筑投资者不得不向地下发展。过去建 1~2 层地下室，即使在大城市也不普遍，中等城市更为少见。现在，在大城市、沿海地区尤其是特区，地下 3~4 层已很常见，5~6 层也有。因此，基坑深度多为 10~16 m，在 20 m 左右的也不少。

因此，工程师们开始关注深基坑开挖支护及对邻近建筑、道路及设施的影响，并研究出许多好的措施。但是，基坑开挖深度越来越深，开挖环境日益复杂，设计及施工人员经常遇到新的问题及新的挑战，从而使基坑工程的成功率降低。尤其是在上海、深圳等大城市，事故发生率更高。上海在一年中就发生近 40 例基坑事故，上海广东路某基坑事故导致交通主干线广东路下陷 1.8 m，致使各种地下管线产生严重破坏，煤气泄漏产生爆炸，直接经济损失达五千多万元；1998 年，深圳某基坑工程出现了严重的塌方事故，几名施工人员被埋，基坑周围几栋建筑物出现严重破坏。

3. 基坑周围环境复杂

随着城市化的发展，人们对深基坑的设计支护要求越来越高。有些重要高层和超高层建筑集中在人口稠密、建筑物密集的地方，并紧靠重要市政公路。而此处原有建筑结构陈旧，地上与地下管线密布。这对于专业人员的技术要求也更高，基坑开挖不仅要保证基坑本身的稳定，还要保证周围的建筑物和构筑物不受破坏。

4. 基坑支护方法众多

基坑支护方法包括人工挖孔桩，预制桩，深层搅拌桩，钢板桩，地下连续墙，内支撑，各种桩、板、墙、管、撑同锚杆联合支护，此外还有锚钉墙等。

5. 基坑工程的风险性大

基坑工程的成功率较低。一旦基坑支护失效，常造成邻近房屋、地下管线及道路的开裂，引发工程纠纷，甚至出现严重的破坏，造成重大的经济损失及人员伤亡。

因此，深基坑工程的发展问题在城市建设中变得尤为突出，人们需要通过不断的实践努力进行研究，找到一个合适的解决方法，否则城市化的发展必然受阻。

二、深基坑工程的特点

深基坑支护工程的设计与施工，既要保证整个支护结构在施工过程中的安全，又要控制结构和周围土体变形，以保证周围环境（相邻建筑物和地下公共设施等）的安全。目前来说，我国深基坑工程具有下述特点。

1. 深基坑工程具有很强的区域性

岩土工程区域性强，岩土工程中的深基坑工程区域性更强。如黄土地基、砂土地基、软黏土地基等工程地质和水文地质条件不同的地基中，基坑工程差异性很大，即使是同一城市不同区域也有差异。正是由于岩土性质千变万化，地质埋藏条件和水文地质条件的复杂性、不均匀性，往往造成勘察所得到的数据离散性很大，难以代表土层的总体情况且精确度很低。因此，深基坑开挖要因地制宜，根据本地具体情况，具体问题具体分析，而不能简单地完全照搬其他地方的经验。

2. 深基坑工程具有很强的个性

深基坑工程不仅与当地的工程地质条件和水文地质条件有关，还与基坑相邻建筑物、构筑物及市政地下管网的位置、抵御变形的能力、重要性以及周围场地条件有关。因此，对深基坑工程进行分类，对支护结构允许变形规定统一的标准是比较困难的，应结合地区具体情况具体运用。

3. 基坑工程具有很强的综合性

深基坑工程涉及土力学中强度（或称稳定）、变形和渗流3个基本课题，需要综合处理。有的基坑工程土压力引起支护结构的稳定性问题是主要矛盾，有的土中渗流引起土破坏是主要矛盾，有的基坑周围地面变形是主要矛盾。深基坑工程的区域性和个性强也表现在这方面。同时，深基坑工程是岩土工程、结构工程及施工技术相互交叉的学科，是多种复杂因素相互影响的系统工程，是理论上尚待发展的综合技术学科。

4. 深基坑工程具有较强的时空效应

深基坑的深度和平面形状，对深基坑的稳定性和变形有较大影响。在深基坑设计中，要注意深基坑工程的空间效应。土体蠕变体，特别是软黏土，具有较强的蠕变性。作用在支护结构上的土压力随时间变化，蠕变将使土体强度降低，使土坡稳定性减小，故基坑开挖时应注意其时空效应。

5. 深基坑工程具有较强的环境效应

深基坑工程的开挖，必将引起周围地基中地下水位变化和应力场的改变，导致周围地基土体的变形，对相邻建筑物、构筑物及市政地下管网产生影响。影响严重的将危及相邻建筑物、构筑物及市政地下管网的安全与正常使用。大量土方运输也对交通产生影响，所以应注意其环境效应。

6. 深基坑工程具有较大工程量及较紧工期

由于深基坑开挖深度一般较大，工程量比浅基坑增加很多。抓紧施工工期，不仅是施工管理上的要求，它对减小基坑变形、减小基坑周围环境的变形，也具有重大的意义。

7. 深基坑工程具有很高的质量要求

由于深基坑开挖的区域也就是将来地下结构施工的区域，甚至有时深基坑的支护结构还是地下永久结构的一部分，而地下结构的好坏又将直接影响到上部结构，所以，必须保证深基坑工程的质量。另外，由于深基坑工程中的挖方量大，土体中原有天然应力的释放也大，这就使基坑周围环境的不均匀沉降加大，使基坑周围的建筑物出现不利的拉应力，地下管线的某些部位出现应力集中等，故深基坑工程的质量要求高。

8. 深基坑工程具有较大的风险性

深基坑工程是个临时工程，安全储备较小，因此风险性较大。由于深基坑工程技术复杂、涉及范围广、事故频发，因此在施工过程中应进行监测，并应具备应急措施。深基坑工程造价较高，又是临时性工程，一般不愿投入较多资金，一旦出现事故，造成的经济损失和社会影响往往十分严重。

9. 深基坑工程具有较高的事故率

深基坑工程施工周期长，从开挖到完成地面以下的全部隐蔽工程，常常经历多次降雨、周边堆载、振动等许多不利条件，安全度的随机性较大，事故的发生往往具有突发性。

10. 深基坑工程具有很高的不确定性

土体内部物质成分、结构构造、强度特征、应力历史、物理力学性质以及环境、荷载条件等不同，使任一点土性可能都有较大的变异性，其所能提供的土抗力（基床)系数、抗剪强度指标就会存在很大的离散性；采取土样受扰动而与现场土样不一致；仪器存在一定的精度；统计样本数量少或统计方法存在不足；土性参数间的相关性等，都使土性参数具有极大的不确定性。

由于荷载传递机理、荷载间的相互叠加及扩散、力学模型的不足或人为的简化处理、地下水位变化、工程施工（基坑开挖、降水、周边堆载、施工机械行走等)导致作用在深基坑支护结构上的土压力和水压力处于不断变化中，有很大的不确定性。另外，还有支护材料参数和截面尺寸的不确定性等多种不确定因素。

三、深基坑工程的主要内容

1. 岩土工程勘察与工程调查

岩土工程勘察与工程调查包括：确定岩土参数与地下水参数；测定邻近建筑

物、周围地下埋设物(管道、电缆、光缆等)、城市道路等工程设施的现状,并对其随地层位移的限值做出分析。

2. 支护结构设计

支护结构设计包括挡土墙围护结构(如连续墙、柱列式灌注桩挡土墙)、支承体系(如内支撑、锚杆)以及土体加固等。支护结构设计必须与基坑工程的施工方案紧密结合,需要考虑的主要依据有当地经验、土体和地下水状况、四周环境安全所允许的地层变形限值、可提供的施工设施与施工场地、工期与造价等。

3. 截水措施设计与施工

对于埋置有潜水型、承压型等类型地下水的建筑场地,其深基坑工程尚应设置止水帷幕和坑内降水措施,为基抗开挖和基础工程施工创造必要条件,也是保护基坑四周环境的必要措施。

4. 基坑开挖与支护的施工

基坑开挖与支护的施工包括土方工程、工程降水和工程的施工组织设计与实施。

5. 地层位移预测与周边工程保护

地层位移既取决于土体和支护结构的性能与地下水的变化,也取决于施工工序和施工过程。如预测的变形超过允许值,应修改支护结构设计与施工方案,必要时对周边的重要工程设施采取专门的保护或加固措施。

6. 施工现场量测与监控

根据监测的数据和信息,必要时进行反馈设计,用信息化来指导下一步的施工。

四、支护体系的组成

支护体系按其工作机理和材料特性,主要分为水泥土挡墙体系、排桩和板墙式支护体系以及边坡稳定式体系三类。

水泥土挡墙体系依靠其本身的自重和刚度保护坑壁,一般不设支撑,特殊情况下采取措施后也可局部加设支撑。

排桩和板墙式支护体系通常由围护墙、支撑或上层锚杆及防渗帷幕等组成。当主体工程建设或环境条件有特殊要求时,采用逆作法施工多层地下室结构时,围护墙就兼作地下室结构外墙,在基坑土方开挖阶段,地下室的各层楼板结构就用作围护墙的支撑。此种情况下的支护体系就与地下室结构合二为一。

至于支撑或锚杆的选择,可以根据工程地质特点和对基坑变形要求等确定,这里不再赘述。

五、常见支护结构类型

关于支护结构，有多种不同的分类方法，结合《建筑基坑支护技术规程》(JGJ 120—2012)，按支护结构工作机理和围护墙的形式可以分为多种类型，见表 5-5。

表 5-5　支护结构的类型

支护结构	水泥挡土墙	深层搅拌水泥土桩	
		高压旋喷桩	
	排桩和板墙式	板桩式	钢板桩
			钢筋混凝土板桩
			型钢横挡板
		桩排式	钻孔灌注桩
			挖孔灌注桩
		板墙式	现浇地下连续墙
			预制装配式地下连续墙
	边坡稳定式	土钉墙	
	逆作拱墙式放坡	锚喷网	

支护结构应具有挡土、防渗功能。上述支护结构中，有的类型除能挡土外，也具备或基本具备挡水、防渗功能，如深层搅拌水泥土桩、高压旋喷桩、地下连续墙、组合式支护结构等。而有些类型的支护结构不具备挡水、防渗功能，如排桩式支护结构，用于地下水位较高地区，则需在其背后加作防水帷幕，最常用的防水帷幕是一定厚度的深层搅拌水泥土桩或高压旋喷桩挡墙。

边坡稳定式(土钉墙、喷锚网)也用于基坑开挖，其是一种边坡稳定技术。该项技术在我国北方地区逐渐推广，在我国南方软土地区也有运用成功的例子，在深基坑工程中是一种经济效益较好的边坡稳定技术。

1. 深层搅拌水泥土挡墙

深层搅拌水泥土挡墙是采用深层搅拌机就地将土和输入的水泥浆强行搅拌，形成连续搭接的水泥土柱状加固体挡墙。它有湿法和干法之分。湿法是指将水泥浆与土强行搅拌；而干法则是指将干水泥粉与土搅拌，故又称粉喷桩。

水泥土挡墙属重力式挡墙，它利用自身质量和刚度以及桩体材料的低渗透性，来达到挡土和防渗的双重效果。它具有对环境影响小、止水性能好、无支撑、便于机械化作业以及造价经济等优点；但其缺点是桩体强度较低、稳定性差、位移变形大。

高压旋喷桩与深层搅拌桩仅施工机械和施工工艺不同,其他的相近,此处不再细述。

2. 钢板桩挡墙

钢板桩挡墙主要有 U 形、H 形和 Z 形等几种形式。钢板桩一般为工厂定型产品,质量可靠,在软土地区打设方便,施工速度快而且简便;工期短;可重复使用,造价较低。其缺点是钢板桩强度较低,基坑开挖后挠曲变形大;接口处防水效果差,在透水性好的土层不能完全挡水;打设时振动噪声大,且拔除时易扰动土体,对周边环境影响大。

3. 钢筋混凝土板桩挡墙

预制钢筋混凝土板桩挡墙是一种传统的支护结构挡墙,截面带企口,有一定的挡水能力,用后不回收。它具有施工方便快捷、耐久性好、刚度大、变形小、造价低等优点,可与主体结构结合使用。但接头防水及防渗性能差,不适合在硬质土层和城市密集区使用。

4. 钻(挖)孔灌注桩挡墙

钻(挖)孔灌注桩(二者仅成孔工艺不同)挡墙是桩排式中应用最多的一种,在我国得到了广泛的应用。钻(挖)孔灌注桩施工具有无噪声、无振动、无挤土的优点;其桩体强度大、抗弯能力强、变形较小。由于钻(挖)孔灌注桩挡墙多为间隔式排列,止水效果差,其适用于地下水位较深、土质较好地区;在地下水位较高地区使用时需要另作挡水帷幕,因而造价高。

5. 地下连续墙

地下连续墙是于基坑开挖之前,用特殊挖槽设备在泥浆护壁情况下开挖基槽,然后下钢筋笼浇筑混凝土形成的地下土中的混凝土墙。它最早出现于意大利,当时主要用于防渗墙,20 世纪 70 年代后期开始陆续用于深基坑工程支护结构的围护墙,现已在我国广泛应用。如上海的金茂大厦、北京的京广大厦、广州的白天鹅宾馆等高层建筑,都使用该支护结构作为基坑挡墙。

地下连续墙作为围护墙有以下优点:

(1)施工振动小、噪声低,可减少对周围环境的影响,能紧邻建筑物和地下管线施工。

(2)地下连续墙刚度大、整体性好、变形较小,可用于较深基坑。

(3)地下连续墙为连续整体结构,有较好的抗渗止水作用。

(4)如采用逆作法施工,地下连续墙可作为主体结构的地下室外墙,两墙合一,可降低成本。但若地下连续墙单独作为挡墙,则成本较高;施工时需泥浆护壁,废弃泥浆易污染周围环境;施工技术要求高,技术风险大。

6. 土钉墙

土钉墙由被加固土体、锚固于土体中的土钉群和面板组成,形成类似重力式挡土墙，土钉与土体构成复合体，以此来抵挡墙后传来的土压力或其他附加荷载，从而保护开挖面的稳定；而土钉间的变形则通过钢筋网喷射混凝土面层加以约束，属于边坡稳定式的支护形式。土钉墙融合了锚杆挡墙和加筋土墙的长处，应用于基坑开挖支护和挖土方边坡稳定，有以下特点：

(1)形成土钉与土复合体，边坡整体稳定性和承受坡顶超载的能力较好；

(2)设备简单，成本费用较低；

(3)占用空间小，便于狭小场地施工；

(4)施工噪声、振动小，土钉变形小，对周边环境影响小。

7. 组合式挡墙

单一类型挡墙往往有其不足，有时不能满足特定功能要求。如水泥土墙防水性好，造价低，但强度较低；若在水泥土桩中加入型钢，则能弥补其强度不足的缺点，且若能用后回收 H 型钢，其经济效益也很显著。灌注桩具有强度高、不挤土、噪声小、环境影响小等优点，但止水性能差，若结合搅拌桩使用，可收到挡土和止水的双重效果。

近年来，深基坑工程施工条件越来越复杂，组合式挡墙因其适应性较强、经济效益较好，在实践中得到了广泛采用。

上述各种形式的支护结构，各有其特点及适用条件，见表5-6。

表 5-6　常见支护结构的特点及适用条件

序号	支护结构名称	防水抗渗性能	施工特点	造价	工期	对环境的影响	适宜地质条件
1	钢板桩	咬口好，能止水	难打入硬质土层，施工方便快捷	能重复利用，一般造价较低	较快	刚度不够大，变形大；拔除时易带土，且施工振动噪声大	软土、淤泥及淤泥质土
2	地下连续墙	防水抗渗性能好	需有大型机械设备，施工复杂	高	慢	废弃泥浆易污染环境	各种地质、水位条件皆适宜
3	桩排式	需有防水抗渗措施，否则止水性差	施工机具简单，施工简便易行	较低	较快	整体性和刚度较地下连续墙差，对环境影响小	除砾石层外，各种土层皆适宜

序号	支护结构名称	防水抗渗性能	施工特点	造价	工期	对环境的影响	适宜地质条件
4	深层搅拌水泥土桩	好	需深层搅拌机械，施工较容易	一般较经济	较慢	墙后土体位移变形较大，且水泥浆易污染环境	软土、淤泥质土
5	悬臂式支护结构	差	施工简单	较省	较快	应注意支护结构位移变形	软土、黏土、砂土等
6	桩锚支护结构	差	施工时需锚杆机械及灌浆设备	造价较高	较慢	锚杆深入基坑外土层中并灌浆，对周围土层有影响；有噪声	黏土、粉土、砂土等，软土与淤泥质土不宜
7	土钉墙	较好	占用场地小，施工设备简单，效率高	造价低	较快	施工噪声、振动小；土钉变形小，对周边环境影响小	砂土、黏土、粉土

六、深基坑的问题提出与分析

近年来，我国先后颁布了《建筑基坑工程技术规范》《建筑基坑支护技术规程》等强制性行业标准。上海、北京和深圳等根据自身的特定条件也分别制定了地区性的基坑工程标准。如上海地铁总公司依据上海软土层深基坑工程经验资料，以及根据周围环境保护要求，将基坑变形控制分为 4 个等级，并提出地面最大沉降量和围护墙水平位移控制要求(表 5-7)。在上海建筑密集市区基坑工程施工，一般选择 1 级、2 级保护标准，在紧靠地铁隧道的特殊地段选择特级，较空旷地带采用 3 级，并提出根据对环境的具体分析可考虑对建(构)筑物、设施、地下管线采取直接保护措施，而适当降低基坑控制变形要求，基坑工程必须满足稳定性和变形两方面的要求。与基础允许沉降有所不同的是，基坑工程的允许变形往往主要取决于周边环境的要求。

基坑工程按变形控制已成为许多基坑工程设计的基本依据。

表 5-7　地面最大沉降量和围护墙水平位移控制要求

保护等级	地面最大沉降量和围护墙 水平位移控制要求	环境保护要求
特级	1. 地面最大沉降量≤0.1%H 2. 围护墙最大水平位移≤0.14%H 3. K_s≥2.2	基坑周围 10 m 范围内设有地铁、共同沟、煤气管、大型压力总水管等重要建筑及设施，必须确保安全
1级	1. 地面最大沉降量≤0.2%H 2. 围护墙最大水平位移≤0.3%H 3. K_s≥2.0	基坑周围 H 范围内没有重要干线、水管、大型在使用的构筑物、建筑物
2级	1. 地面最大沉降量≤0.5%H 2. 围护墙最大水平位移≤0.7%H 3. K_s≥1.5	基坑周围 H 范围内没有较重要支线管道和建筑物、设施
3级	1. 地面最大沉降量≤1%H 2. 围护墙最大水平位移≤1.4%H 3. K_s≥1.2	基坑周围 30 m 范围内没有需保护的建筑设施和管线、构筑物

注：H 为基坑开挖深度，在 17 m 左右，K_s 为抗隆起安全系数，按圆弧滑动公式算出。

1. 深基坑设计的现状

在深基坑开挖的研究和实践中，基坑支护理论的设计计算方法包括土压力的计算、支撑轴力的计算、挡土结构强度的计算等，发展日趋完善，其中支护体系采用可靠性分析按极限状态设计已成为发展的总趋势。而与此对应的施工方法却不及理论发展迅速，如支护结构的选型，深基坑撑挖方案以及降水、监测方案的选择等，需要一套完整的方法来加以综合评价和设计。

深基坑支护结构一般是临时支护，如果一味追求安全，就会造成不必要的浪费。因此，对深基坑开挖时，就应寻求一种安全、经济、可行的支护方案，减少费用，达到较高的经济效益。例如，对于一个采用土钉墙或悬臂桩支护都可行的深基坑工程而言，显然采用土钉墙支护方案比用悬臂桩支护方案好，因为土钉墙更经济。即使对于同一工程，不同的设计人员也往往会拿出不同的支护方案；即使方案相同，设计结果也可能大相径庭。

2. 方案设计的盲目和偏见是有害的

有的设计人员为了省钱，却造成工程事故；有的设计人员片面追求安全，却造成了极大的浪费。

另外，专家们的方案选择往往因其长期从事研究性质的不同而带有偏见。例如，有些人比较喜欢用桩墙支护，有些人则强调尽可能采用土钉墙。从科学发展角度来看，这样做尽管有利于各种深基坑施工方法的改进与创新，但有时会由于其主观因素的干扰，导致工程中一些非优设计的中选。

在工程实践中，为了选择一个较好的支护方案类型，业主往往需要征询专家的意见。对于方案设计选择的具体操作，国内的专家也尚无统一的看法。龚晓南教授在其主编的《深基坑工程设计施工手册》中，只是把支护方法的选用原则简单地概括为安全、经济、方便施工和因地制宜。刘建航和侯学渊教授主编的《基坑工程手册》则根据开挖深度和地区的不同，给出了一个方案设计选择表。一些专家则倾向于按某个特定的方案设计选择顺序，如秦四清提出了这样一个支护设计方案选择顺序：无支护开挖、放坡＋土钉、土钉墙、放坡＋桩支护、土钉墙＋桩支护、悬臂桩、搅拌桩、放坡＋锚桩、土钉墙＋锚桩、锚桩墙、地下连续墙。

因此，在深基坑工程得到极大发展应用和事故率依然偏高的情况下，为了得到安全可行、经济合理、施工便捷、环境保护的支护设计方案，基于现有理论，找出一套客观、合理且可操作性强的优先设计方法，就显得非常必要。

(1)关于土压力的计算。土压力是作用于支护结构的主要荷载，所以土压力计算是支护结构设计的关键一步，无论是静力平衡法还是弹性抗力法以及有限单元法，都要先确定作用在支护结构上的土压力。土压力问题是一个古老的问题，库仑和朗肯的土压力理论，仍是目前支护结构设计的依据。但大量的模型实验、现场实测和工程实践表明，土压力的大小不仅与地基土的力学性质有关，还取决于支护结构的变形情况，即具有时空效应。

1)土强度指标的选择。土的抗剪强度指标 c、φ 与土的固结度有密切的关系，土的固结过程就是土中孔隙水压力的消失过程。对于同一种土，在不同排水条件下进行试验，可以得出不同的抗剪强度指标 c 和 φ，故试验条件的选取应尽可能反映地基土的实际工作状态。虽然许多文献中认为直接剪切试验的慢剪指标与三轴剪切试验的排水剪结果比较接近，但这是一种巧合，因为直剪的慢剪在固结过程中侧向变形受限、受三向应力作用，但具有剪切面固定这个缺陷。在基坑支护设计中应采用三轴试验的指标，才能保证选取参数值的客观性与准确性。

①对于黏性土，计算围护结构背后由自重应力而产生的主动土压力采用三轴试验的固结不排水剪的指标，与土的实际工作状态较一致；但由地面临时荷载而产生的土的压力，通常采用三轴不排水剪指标较合理。计算基坑内被动土压力时，一般宜采用三轴固结不排水剪。

②对于砂土，由于排水固结迅速，对于任何情况，均可采用排水剪指标，或采用固结不排水剪经孔隙水压力修正后的 φ'、c' 来计算土压力。另外，需要强调指出：深基坑支护设计计算土压力，应采用与其应力状态相一致的试验方法所测得的强度指标，即主动土压力采用侧压减小的三轴试验强度指标，被动土压力采用卸荷试验强度指标，这比常规三轴试验更加符合其工作状态。基坑开挖其墙后土体只是在一侧减压，坑底土只在上面卸荷且底部所受挤压力增加。另外，随着对非饱和土土性研究的深入，非饱和土的凝聚力包括真凝聚力和不稳定、不可靠的表观凝聚力，由于常规试验方法无法测得吸附力，表观凝聚力的大小不易得到。

这都对试验技术的改进提出了要求。

2)土压力计算理论。关于土压力的实测研究，通过大量实测土压力试验结果分析，可总结出以下几点：

①结果证实了太沙基理论的定性结论，土压力大小取决于位移的大小和位移方向。

②实测结果表明，当变形小于 $5H\%$（H 为开挖深度）时，被动土压力仍然能得到充分发挥，所以，对于深基坑工程的实际变形情况而言，套用一些经验的位移指标来判断墙前土体是否达到被动极限状态，是有局限性的。

③在黏性土上的许多基坑支护工程、护坡桩钢筋强度未完全发挥，实际钢筋应力还低于钢筋的设计强度，造成很大浪费，设计计算方法需要改进，而造成钢筋应力低的原因主要是计算土压力大于实际土压力。实验还表明，把基坑支护结构视为平面不合理，因为基坑工程的"角效应"即土压力的空间效应，对墙体位移有明显的抑制作用。

3)水土压力的计算方法（合算与分算）。按照有效应力原理，对于饱和土，总应力由有效应力与孔隙水压力两部分组成。土中孔隙水无强度，传递水压力在侧面与竖向都相等；土颗粒骨架有一定强度，承受并传递有效应力，故主动土压力系数必定小于 1.0，被动土压力系数必定大于 1.0。从这个概念出发，计算水土压力时，可知"土、水压力分算"比"土、水压力合算"概念上清楚。但由于要测得有效应力强度指标，一般试验难以做好，而且水、土压力合算在一些软黏土地区的临时性开挖工程中与实测值较为符合，这也给持水、土压力合算观点的人以重要的事实支持。

土在有水作用时，墙后土压力主要是水、土压力共同作用的结果，在未搞清水、土耦合效应的前提下，水、土压力合算是一个包含一定实践经验的综合方法，对工程实践来说是有利的。为搞清墙后土体在水、土共同作用下的破坏机理，进行水、土压力分算，是符合系统科学原理的方法。水、土压力分算后简单叠加的效果，是否就是水、土压力共同作用的真实反映，有待进一步试验证实。

(2)深基坑支护当前存在的问题。

1)支护结构设计计算问题。目前，深基坑支护结构的设计计算仍基于极限平衡理论，但支护结构的实际受力并不那么简单。工程实践证明，有的支护结构按极限平衡理论计算的安全系数，从理论上讲是绝对安全的，却发生了破坏；有的支护结构恰恰相反，即安全系数虽然比较小，甚至达不到规范的要求，在实际工程中却获得了成功。

极限平衡理论是深基坑支护结构的一种静态设计，而实际上开挖后的土体是一种动态平衡状态，也是一个松弛过程，随着时间的增长，土体强度逐渐下降并产生一定的变形。这说明在设计中必须给予充分的考虑，但在目前的设计计算中常被忽视。

支护结构设计时要考虑由于超孔隙水压力对土体的影响，对土的各项物理力学性质指标取值要慎重，为了使取值更加可靠，最好在工程桩结束后对土体做原位测试，以取得第一手资料，积累经验，提高工程的设计与施工水平，预防和避免事故的发生。

深基坑支护结构的问题是由其所承担的土压力的大小而决定的，但要精确地计算土压力目前还十分困难，至今仍在采用库仑公式或朗肯公式。关于土体物理力学参数的选择也是一个非常复杂的问题，尤其是在深基坑开挖后，参数是变值，故很难准确计算出支护结构的实际受力。

在支护结构设计中，如果对地基土体的物理力学参数取值不准，将对设计的结果产生很大影响。试验数据表明：内摩擦角 φ 值相差 5°，主动土压力 P 就会相差 10%；原土体的强度指标 C_a 值与开挖后土体的强度指标 C_b 值则差别更大。施工工艺和支护结构形式不同，对土体的物理力学参数的选择是支护结构设计中的关键。

2）支护结构的空间效应问题。深基坑开挖中，大量的实测资料表明：基坑周边向基坑内发生的水平位移是中间大、两边小，深基坑边坡失稳常常在长边的居中位置发生，这说明深基坑开挖是一个空间问题。目前，支护结构中支撑的形式有很多，但主要有拉锚式和内撑式两类。对于拉锚式，每根锚杆单独作用，靠土体的锚固作用形成水平承载力，锚杆之间仅靠腰梁连系，维持围护桩墙的平衡。对于内撑式，通常采用井字梁加立柱，这样排桩墙、支撑梁和立柱就形成了一个空间框架结构。尤其是当有两道以上的水平支撑时，空间效应就更加明显。这时，水平支撑梁不仅起单根支撑作用，而且以整体结构的形式起支撑作用。然而，目前在支护结构设计中，完全没有考虑内撑式支护结构的这一空间效应，将内撑式和拉锚式同等看待，即仅仅提供一个水平支撑力，是不合理的。

传统的深基坑支护结构设计是按平面应变问题处理的。对一些细长条基坑来讲，这种平面应变假设比较符合实际，而对近似方形或长方形深基坑则差别较大。所以，结构的构造要适当调整，以适应开挖空间效应的要求。在支护结构中，支撑的形式及位置对结构的变形和内力有显著的影响，选择合理的支撑形式及位置，对围护结构的稳定性、减小位移及降低造价有很大的作用。

一般的支护结构中，围护桩墙的顶部都设有压顶圈梁，压顶圈梁不但将各单桩连系起来，增强了桩间的整体性，而且作为施工人员的通道，为施工提供了方便。对排桩墙来说，压顶圈梁加角撑作为第一道水平支撑，与一般水平支撑梁不同，它主要靠梁的抗弯刚度而不是靠钢筋混凝土的抗压刚度提供支撑力。如果基坑的平面形状接近圆形和正方形，则将压顶圈梁及腰梁设计成圆环形是最适合的，这样可以改善支撑梁的受力条件，将弯矩转化为轴力，充分利用混凝土的抗压强度，从而大大降低工程造价，同时扩大坑内的施工空间，方便了施工。

支护桩墙的稳定性及位移，在开挖面以上可以用内支撑和外拉锚加以控制，在开挖面以下则主要受制于基坑底部土的抗力和桩墙的入土深度。基坑底部土质较硬，将桩墙插入硬土层，就会明显地抑制桩墙的位移，提高其稳定性。桩墙的入土深度对其稳定性及变形也有显著影响，但入土深度到达一定时，其效果就越来越弱。故对于深厚的软土层，不能靠无限增加入土深度来提高支护稳定性和控制位移。

(3)地下水控制设计问题。地下水控制是基坑工程中的一个难点，因土质与地下水位的条件不同，基坑开挖的施工方法大不相同。有时在没有地下水的条件下，可轻易开挖到 6 m 或更深；但在地下水位较高，又是砂土或粉土时，开挖 3 m 也可能产生塌方。所以，对于沿海、沿江等高水位地区或表层滞水丰富的地区来说，深基坑工程的地下水控制的成败是基坑工程成败的关键问题之一。

在基坑开挖中，降水排水及止水对工程的安全性与经济性有重大影响，多数基坑工程事故与水都有直接或间接的关系。一般情况下，软土地区地下水位较高，深基坑工程开挖时，为改善挖土操作条件，提高土体的抗剪强度，增加土体抗管涌、抗承压水、抗流砂的能力，减小对围护体的侧压力，从而提高基坑施工的安全度，往往对坑内、坑外采取降水。目前，降水主要有轻型井点及多层轻型井点、喷射井点、深井井点、电渗井点等。但降水过程中，由于含水层内的地下水位降低，土层内液压降低，使土体粒间应力即有效应力增加，从而导致地面沉降，严重时地面沉降会造成相邻建筑物的倾斜与破坏、地下管线的破坏。另外，在坑内降水时，如果降水深度过深，由于水位差增加易出现管涌，造成工程事故。为此，施工决策前需要了解施工中可能发生的各种情况及其危害程度，以便提出最佳决策方案，获得最佳经济效益及保障施工安全。为了防止降水引起的各类意外事故，可采取以下措施：

①基坑四周设置的如果是不渗水挡土墙，可取消坑外降水；

②在坑外降水的同时，在其外侧(受保护对象之间)同时进行回灌；

③尽量减少初期的抽水速度，使降水漏斗线的坡度放缓；

④控制坑内降水深度，一般降水深度在基坑开挖面以下 0.5~1.0 m；

⑤合理确定挡土墙的入土深度，防止管涌。

七、深基坑支护施工中存在的问题的提出与分析

深基坑工程的主要作用与目的：满足地下工程施工空间要求及安全；保证主体工程地基及桩基安全；保证基坑周边的环境安全。当前，深基坑工程施工技术发展进步是巨大的，但同时存在不少迫切需要解决的问题。

首先，是对深基坑工程施工的认识问题，特别是一些建设单位总因其为临时工程，常抱有一种侥幸心理，不愿意在此方面投入，因而能省则省，压价现象十分严重；其次，是对基坑周围环境状况了解不深、不透，缺乏一些影响深基坑工程安全的控制措施；最后，是对施工方案的编制较为马虎，往往内容不全、可操作性不强，实施过程中对施工方案执行不力，基坑监测信息反馈不及时，忽视目测巡视或是对目测巡视发现的异常情况听之任之，处理不及时、不到位；有关各方综合协调不够，没有充分认识到支护结构与地下水处理、土方开挖与地下部分

工程施工、周边环境保护与坑内工程桩保护等之间的相互联系与相互影响，将其割裂开来对待；对基坑工程的施工技术及其质量要求认识不够，对应急预案及应有的抢险措施准备不充分。

1. 施工中存在的问题

现今，深基坑支护结构的设计理论虽然有了很大发展，但是在实际施工中仍然存在许多不足的地方，主要表现为以下几个方面：

（1）边坡修理不达标。在深基坑施工中经常存在挖多或挖少的现象，这是由于施工管理人员管理不到位以及机械操作手的操作水平不高等多种因素造成的，这些因素使机械开挖后的边坡表面的平整度和顺直度不规则，而人工修理时又由于条件的限制不可能作深度挖掘，故经常性地出现挡土支护后超挖和欠挖现象。这是深基坑支护工程施工中较为常见的不足之处。

（2）施工过程与施工设计的差别大。在深基坑中需要支护施工时，会用到深层搅拌桩，但其水泥掺量不够，这就影响到了水泥土的支护强度，进而使水泥土产生裂缝。另外，实际施工中，深基坑挖土设计中常常对挖土程序有要求，以减少支护变形并进行图纸交底，而实际施工中往往不管这些，抢进度，图局部效益，这往往就会造成偷工减料现象的发生。深基坑开挖是一个空间问题。传统的深基坑支护结构的设计是按平面应变问题处理的。在未能进行空间问题处理之前，需按平面应变假设设计，支护结构的构造要适当调整，以适应开挖空间效应的要求。这点在设计与实际施工相差较大，需要高度重视。

（3）土层开挖和边坡支护不配套。当土方开挖技术含量较低时，组织管理也相对容易。而挡土支护的技术含量较高，施工组织和管理都比土方开挖复杂。所以在实际的施工过程中，大型的工程一般都是由专业的施工队伍来完成的，而且绝大部分都是两个平行的合同。这样，在施工过程中协调管理的难度大，土方施工单位抢进度，拖延工期，开挖顺序较乱，特别是雨天期间施工，甚至不顾挡土支护施工所需要的工作面，留给支护施工的操作面几乎无法操作，时间上也无法去完成支护工作。对属于岩土工程的地下施工项目，资质审核不严格，基坑支护工程转手承包较为普遍，一些施工单位不具备技术条件，为了追求利润而随意修改工程设计，从而降低了安全度。现场管理混乱，以致出现险情，未做到信息化施工和动态化管理，这也是深基坑支护施工中常见的问题之一。

2. 深基坑工程施工技术需要注意的一些要点

（1）深基坑工程施工前应了解基坑周边的地表水以及场地的地下水情况，做好坑周及坑内的明水排放，坑周边地面防水保护措施以及施工现场的地面硬化。对有可能排入或渗入基坑的地面雨水、生活用水、上下水管渗漏，应设法堵、截、排，尤其是在老黏土分布区应严防各种地表水渗入边坡土体和基坑内。

（2）基坑工程施工前应了解基坑周边建（构）筑物的基础形式与埋置深度，上部结构情况，基坑周围地下市政管网的位置与走向，市政道路等周边环境，明确需要保护的坑内基础工程，确保基坑施工对建筑物场地及周边环境的使用安全。

（3）基坑工程施工前必须编制详尽的、切实可行的施工方案，对可能发生的问题有充分的预见和周密的对策。

（4）在降水施工过程中，必须先施工具有代表性的1～2口井并进行抽水试验，校核水文地质设计参数后，方可进行其他降水井施工。管井施工应按相关规定进行施工与质量验收，实管、滤水管的长度及井管外侧回填料的高度应根据降水井的深度、地层结构及降水要求而定。管井抽水开泵后30 min取水样测试，其含砂量应小于1/50 000，如抽水时间在3个月以上，含砂量应小于1/100 000。在降水维持运行阶段，应配合土方开挖和地下室施工时对抽排水量、地下水位、环境条件变化进行控制。

（5）基坑土方开挖应分段进行，严禁超深度开挖，符合基坑工程设计工况的要求。充分考虑时空效应，合理确定土方分层开挖层数、时间限制，尽可能减少基坑临空边的长度和高度。分层开挖深度在软土中一般不宜超过1 m，较好土质也不宜超过3 m。对设有支护结构和隔渗、降水系统的基坑，必须在支护结构和隔渗结构的强度达到设计要求，降水系统运用正常，满足施工要求后，方可进行土方开挖。

（6）基坑工程施工过程中应搞好各分项工程的协调管理，注意工序衔接，合理安排工期，使支护结构能够按设计要求运行。

（7）采用内支撑的基坑必须按"由上而下，先撑后挖"的原则施工。设置好的内支撑受力状况必须和设计计算的工况一致。拆除支撑应有安全换撑措施，由下而上逐层进行。拆除下层支撑时严禁损坏支护结构、主体结构、立柱和上层支撑，吊运拆除的支撑构件时不得碰撞支撑系统和结构工程。

（8）对设计有锚杆的基坑工程，应正确选择锚杆成孔机械和成孔工艺，严格执行有关规定。必要时，应按设计要求事先进行成锚工艺及极限抗拔力试验，并根据试验结果对设计进行必要的调整。

（9）基坑工程实施阶段必须采用信息化施工，基坑工程施工过程中必须进行监测，制定切实可行的详细的监测方案，并通过监测数据指导基坑工程的施工全过程。实时跟踪监测基坑支护结构和地下水治理系统的工作性状以及周围环境的动态变化，及时采取有效应变应急措施，确保环境安全。

（10）基坑工程施工应按有关技术标准规范进行，做好施工过程中各工序质量控制及施工记录，基坑工程验收按分项工程进行。

八、结论

1. 支护结构设计中土体的物理力学参数选择不当

深基坑支护结构所承担的土压力大小直接影响其安全度，但由于地质情况多变且十分复杂，要精确计算土压力，目前还十分困难，至今在采用库仑公式或朗肯公式。土体物理参数的选择是一个非常复杂的问题，尤其是在深基坑开挖后，含水率、内摩擦角和黏聚力三个参数是可变值，准确计算出支护结构的实际受力比较困难。

2. 基坑开挖存在的空间效应考虑不周

深基坑开挖中大量的实测资料表明：基坑周边向基坑内发生的水平位移是中间大、两头小。深基坑边坡的失稳常常以长边的居中位置发生，这足以说明深基坑开挖是一个空间问题。传统的深基坑支护结构的设计变化假设是比较符合实际的，而对近似正方形或长方形深基坑，差别比较大。所以，在未进行空间问题处理前而按平面应变假设设计时，支护结构要适当进行调整，以适应开挖空间效应的要求。

3. 支护结构设计计算与实际受力不符

极限平衡理论是深基坑支护结构的一种静态设计，而实际上开挖后的土体是一种动态平衡，也是一个松弛过程，随着时间的增长，土体强度逐渐下降，并产生一定的变形。这说明在设计中必须给予充分的考虑。由于超孔隙水压力对土体的影响，对土的各项物理力学性质指标取值要慎重，为了使取值更加可靠，最好在工程桩结束后对土体做原位测试，以取得第一手资料，积累经验，提高工程的设计与施工水平，预防和避免事故的发生。

九、建议

1. 转变传统的设计理念

我国没有统一的支护结构设计规范，土压力分布还按库仑或朗肯理论确定，支护桩仍用"等值梁法"进行计算，其计算结果与深基坑支护结构的实际受力悬殊，既不安全也不经济。由此可见，深基坑支护结构的设计不应再采用传统的"结构荷载法"，而应彻底改变传统的设计观念，逐步建立以施工监测为主导的信息反馈动态设计体系，这也是工程设计人员需要加强的科研攻关方向。

2. 建立变形控制的新的工程设计方法

目前，设计人员用的极限平衡原理是一种简便、实用的常用设计方法，其计算结果具有重要的参考价值。但是，将这种设计方法用于深基坑支护结构，只能单纯满足支护结构的强度要求，而不能保证支护结构的刚度。众多工程事故就是因为支护结构产生过大的变形而造成的，由此可见，评价一个支护结构的设计方案优劣，不仅要看其是否满足强度要求，而且要看其变形大小。

3. 大力开展支护结构的试验研究

正确的理论必须建立在大量实验研究的基础上，但是在深基坑支护结构方面，我国至今缺乏系统的科学实验研究。一些支护结构工程成功了，也讲不出具体成功之处；一些支护结构工程失败了，也说不清失败的真实原因。在支护工程施工的过程中积累的技术资料很丰富，但缺少科学的测试数据，无法进行科学分析，不能上升到理论的高度，这是一个很大的缺陷。

第六章　结论与问题

第一节　新技术在基坑支护工程中的应用

随着科学技术的飞速发展，建筑行业也发生了日新月异的变化。本章在阐述施工新技术发展状况的基础上，从防水施工、大体积混凝土施工等几个常见施工方面着手，分析新施工技术在其中的应用。

近年来，随着建筑业产业规模、产业素质的发展和提高，我国建筑技术水平也在不断提高，尤其是一些单项技术已跻身世界先进行列。但从整体上看，目前我国建筑技术水平还比较低，建筑业作为传统的劳务密集型产业和粗放型经济增长方式，没有得到根本性的转变。为此，应当紧紧依靠科技进步，将科学的管理和大量技术先进、质量可靠的科技成果广泛地应用到工程中和建筑业的各个领域。

一、施工新技术发展状况

随着科技水平的不断提高，建筑施工技术的水平也相应得到了较大的提高，特别是近年来，施工工程中不断出现的新技术和新工艺给传统施工技术带来了较大的冲击。这一系列新技术的出现，不但解决了过去传统施工技术无法实现的技术瓶颈，推广和引导了新的施工设备和施工工艺的出现，而且新的施工技术使施工效率得到了大幅提高。它一方面降低了工程成本，减少了工程作业时间；另一方面，增强了工程施工的安全可靠度，为整个施工项目的发展提供了一个更为广阔的舞台。

二、施工新技术在具体工程中的应用

1. 防水施工技术

防水实际上就是在与水接触的部位防渗漏、防有害裂缝的出现。防水应遵循正确的设计原则，合理选择防水材料和施工工艺。对于屋面防水，这里提出聚合物水泥基复合涂膜施工，这种新型的施工技术首先要做好板缝、节点和基层处理。塔楼屋面及裙楼屋面施工时涂膜应分遍进行，先涂的涂料干燥成膜后方可涂布后

一遍涂料。铺设方向互相垂直，最上面涂层厚度不小于 1 mm。涂膜防水层的收头用防水涂料多遍涂刷，不得出现流淌和堆积现象。对于外墙防水，宜采用加气混凝土砖墙施工。为防止抹灰层开裂空鼓，加气混凝土砌块墙体抹灰前先在两种不同材料之间的界面挂钢丝网。钢丝网固定后再进行基面处理，用 20％的 108 胶掺以 15％的水泥配成浆体涂刷。基面处理后再进行抹灰层施工。砌筑时严禁使用干砖或含水饱和的砖，不得随浇随砌。水平灰缝厚度和竖向灰缝宽度控制在（10±2）mm 范围内，水平灰缝砂浆饱满度≥80％。一般分三次砌到顶，采用钢筋混凝土过梁。在后续的防水层施工中，SKK 水性超低污染氟涂料（二液防污型）在找平层上以十字交叉各刷一道，厚度 3 mm，施工完后应及时淋水养护。

2. 深基坑技术发展趋势

（1）基坑向着大深度、大面积方向发展，周边环境更加复杂，深基坑开挖与支护的难度越来越大。因此，从工期和造价的角度看，两墙合一的逆作法将是今后发展的主要方向。但逆作法施工受桩承载力的限制很大，采用逆作法时不能采用一柱一桩，而是一柱多桩，增加了成本和施工难度。如何提高单桩承载力，降低沉降，减少中柱桩（中间支承柱），达到一柱一桩，使上部结构施工速度可以不受限制，从而加快进度、缩短总工期，这将成为今后的研究方向。

（2）土钉支护方案的大量实施，使喷射混凝土技术得以充分运用和发展。为减少喷射混凝土的回弹量以及保护环境，湿式喷射混凝土将逐步取代干式喷射混凝土。

（3）目前，在有支护的深基坑工程中，基坑开挖以人工挖土为主，效率不高，今后必须大力研究开发小型、灵活、专用的地下挖土机械，以提高工效，加快施工进度，减少时间效应的影响。

（4）为了减小基坑变形，通过施加预应力的方法控制变形将逐步被推广。另外，采用深层搅拌或注浆技术对基坑底部或被动区土体进行加固，也将成为控制变形的有效手段。

（5）为减小基坑工程带来的环境效应，或保护地下水资源，有时采用帷幕形式对基坑进行支护。除地下连续墙外，一般采用旋喷桩或深层搅拌桩等工法构筑成止水帷幕。目前，有将水利工程中防渗墙的工法引入基坑工程中的趋势。

（6）在软土地区，为避免基坑底部隆起造成支护结构水平位移加大和邻近建（构）筑物下沉，可采用深层搅拌桩或注浆技术对基坑底部土体进行加固，即提高支护结构被动区土体强度的方法。

3. 节能建筑与新型墙体材料应用技术

本技术主要指建筑围护结构节能技术与新型墙体材料的应用，是建筑节能、节材的基本组成部分，包括：①聚苯外保温复合墙体，在以砖墙、混凝土墙或砌块墙为主体结构的外墙上覆聚苯外保温层和保护饰面，其主要性能指标满足国际标准要求，墙体传热系数可以达到 0.70～0.40 W/(m² · K)，解决了墙面开裂、空鼓等问题。②混凝土空心砌块，利用陶粒、浮石等轻骨料或炉渣等工业废料生产多排孔空心非承重砌块，密度小，保温性能好；也可用混凝土做成承重空心砌块和一次成型的保温隔热带饰面的外墙砌块，代替黏土实心砖。③模数多孔砖，把空心砖模数化，可以避免在施工中砍砖造成的浪费，是一种高强度、薄型、高孔洞率的新型墙体材料。④钢塑复合保温窗，在空腹钢窗框内侧采用复合 PVC 型材，或在塑料型材中加钢衬，保温性能好，窗框内侧不至于结露、结霜，可以使该窗传热系数降到 2.3～3.4 W/(m² · K)，气密性为 0.5 m³/(m · h)。⑤长效门窗密封条，采用橡胶及尼龙纤维等材料制成密封条，镶嵌于门窗接缝处，密封性强，耐久性好，使用方便，可满足新旧建筑门窗密封的需要。⑥热反射保温隔热技术，采用镀覆有热反射材料的产品（板、膜或布），贴在暖气片后墙面，或作窗帘、墙壁和顶棚夹层以及通风管道表层，可将大部分辐射热反射出去，从而取得节能效果。

4. 大体积混凝土施工技术

大体积混凝土施工过程中，混凝土中水泥的水化作用是放热反应，是相当复杂的。一旦产生的温度应力超过混凝土所能承受的拉力极限值，混凝土就会出现裂缝。控制混凝土浇筑块体因水泥水化热引起的温升、混凝土浇筑块体的里外温差及降温速度，防止混凝土出现有害的温度裂缝是施工技术的关键问题。根据具体情况和温度应力计算，确定是整浇或分段浇筑。然后，根据确定的施工方案计算混凝土运输工具、浇筑设备、捣实机械和劳动力数量。常用的浇筑方法是用混凝土泵浇筑或用塔式起重机浇筑。浇筑混凝土应合理分段分层进行，使混凝土沿高度均匀上升，浇筑应在室外气温较低时进行。大体积混凝土分段浇筑完毕后，应在混凝土初凝之后、终凝之前进行一次振捣或进行表面的抹压，排除上表面的泌水，用木拍反复抹压密实，消除最先出现的表面裂缝。

第二节　基坑支护工程施工中面临的困难

近年来，随着城市建筑工程的不断进行，基坑支护作为建筑地基的基础逐渐得到重视。由于受到各种因素的影响，岩土工程中基坑支护技术的应用还存在多种问题。为确保基坑支护工程的稳定性和安全性，需要针对存在的问题采取有效的措施。

一、岩土工程中基坑支护存在的问题

1. 超挖、欠挖现象较为严重

在基坑支护工程施工过程中，超挖、欠挖比较常见，这些现象的出现影响了工程质量。超挖、欠挖的原因，主要与施工人员操作不规范有直接关系，即施工人员尤其是机械操作人员的操作技术水平低下。机械操作人员在操作机械开挖后，由于受到施工条件的限制，其开挖有一定难度要求。若操作人员的技术达不到一定水准或欠缺责任意识，极易出现边坡表面不平整、顺直度不规则等质量不达标现象，从而造成施工质量低下并加大施工量，进而影响施工进度。

2. 实际施工与施工设计存在较大差异

在进行基坑支护工程建设前，为施工提供参照标准和依据，一般需要对基坑支护工程做规划和设计。但在实际施工过程中，普遍存在不按施工设计进行，与设计脱离的现象。如深层搅拌桩的水泥没有按照设计标准配制，导致掺量不足，对水泥土的支护强度造成不利影响，并易使水泥出现裂缝现象，影响施工质量。

实际施工与施工设计存在较大差异的主要原因：①施工企业一味追求速度和利润最大化，在施工过程中偷工减料、赶进度、强行施工等，在施工过程中频频出现质量问题。②施工设计人员设计的方案欠妥。由于施工设计方案都是按照假设施工设计的，因此，不能排除设计人员在设计中存在方案不切实际或不妥的地方。如一些设计人员受传统设计模式的影响，在设计中没有对基坑开挖施工进行空间问题处理设计，还沿用传统的以平面应变问题的模型，导致在实际施工中难以按照设计方案进行。综上所述，造成实际施工与施工设计脱节，设计人员、施工人员均负有相关责任。

3. 土层开挖与边坡支护间存在不配套现象

一般而言，土方的开挖技术含量较低，对其进行管理也较为简单。与之相反，挡土支护的技术含量和管理水平要求比较高。在实际施工过程中，这两项内容都是由专业队伍负责完成的，并签订了两个平行的施工合同，但这给具体实施带来了一定难度。例如，土方开挖方为赶进度或者拖延工期，在管理上比较混乱。有些施工单位不顾及挡土支护施工所需要的工作面，尤其是雨期，留下的操作界面难以进行接下来的支护施工操作，致使支护工期未能按时按进度完成。

二、岩土工程中基坑支护工程的改进措施

1. 加强设计理念的更新

在基坑技术的发展上，我国已经具备了一定的技术能力，并且在支护结构受力变化的规律上有了初步的认识。这有利于基坑支护结构的合理设计，为其提供一定的理论基础。但是，目前我国并没有形成比较统一的设计规范，主要还是采用传统的"等值梁法"、库仑理论或朗肯理论进行相应的设计和计算。这样计算出来的结果与实际的情况往往相差较大，不利于工程建设的质量和安全建设。因此，在今后的基坑支护设计中，要逐渐形成以施工监测为主导，进行动态信息反馈的新的设计体系，彻底地改变传统的设计理念。

2. 积极寻找新型的结构计算方法

随着高层建筑的发展，新的支护结构不断出现并被有效地应用到实际的工程建设中。例如，钢板桩、地下连续墙等支护结构的使用，促进了土钉、双排桩和旋喷土锚等支护结构形式的产生。但是，对于这些新支护结构的相关计算和设计并没有形成统一的理论，加强其计算和设计方法的研究，仍然是一个非常重要的问题。

3. 采用新的设计方法控制变形

我国在进行基坑支护工程机构设计时，采用的主要是极限平衡原理，这是一种简便、实用的设计方法。在这种原理的指导下，人们所设计出来的基坑支护结构可以满足结构在强度上的要求，但是不能够有效地体现支护结构刚度上的要求。因此，为了避免由于结构刚度而造成相应的事故，应当采用新的设计方法控制变形。相关的设计人员应当对控制变形的标准、空间效应变化及地面超载等问题进行进一步的研究。

4. 加强基坑支护的技术研究

加强基坑支护的技术研究，对提高基坑支护技术具有重要作用。众所周知，试验数据的准确性对科研质量有重大影响。因此，应加大对基坑支护结构的变形、内力的实测和研究，积累相关的实测数据。同时，应总结不同地质条件和水文条件下的施工工艺经验，形成一定区域、一定条件内基坑设计的标准，并将已有的定性经验形成定量的计算方法，真正提高基坑支护的设计及施工质量。

三、工程实例

下面以单彩山工程为例，对岩土工程中基坑支护中存在的问题进行分析。通和易居花园基坑工程处于合肥市东至路和贵池路交叉口东南，位于城中村内，往北接壤贵池路，向东邻近长江花园小区，西接东至路，周围环境复杂。该工程包括高层商住楼地上 32 层、高层商住楼 4 栋，有 2 层地下结构，剪力墙结构，6 个月的基坑使用期，安全等级 2 级。

锚杆形式支护采取人工挖孔桩加两排预应力锚杆，基坑开挖深度为 9.65 m，桩长为 15 m，桩距为 1.8 m，桩径为 900 mm，锚杆钢筋 Φ25，150 mm 的孔径，混凝土强度等级为 C30。

其实从理论计算上，桩锚支护结构的安全性是相当高的，但实际上应重视各种因素对基坑支护的影响。

(1)接连不断的雨水使桩锚支护结构的水平位移不断增大，当位移达到 10 mm时，与基坑周边邻近的贵池路旁边有较大的裂缝出现。其原因是桩后土体中有雨水渗入，流失从基坑开挖面开始，逐渐增大的主动土压力使地表下沉，最后比较大的裂缝就产生了。

(2)因为贵池路边出现较大裂缝，从裂缝渗入大量的地表水进入桩后的土体里，仅仅 3 d 时间内，其变形量累计已经达到 17 mm，水平位移速率已经接近预警速率，这对基坑的安全是个非常大的威胁，因此，基坑支护结构中地表水的影响是不容小觑的。不管是支护结构开始起作用还是土方回填后以及其间的过程中，都应该重视水的管理与控制，如压密注浆与止水帷幕等。

（3）理论计算出的较大的本处基坑安全系数。实际上接近贵池路的该支护段有大量的动荷载作用在该支护结构上，同时又有大量的雨水，以致支护结构产生安全隐患，并没有理论上存在的较高的安全系数。因此，应该将天气情况与邻近基坑周边的有效荷载情况考虑到基坑支护设计中。

（4）正是因为原有的桩锚支护结构理论计算（只是计算支护结构的稳定性和强度）与目前的基坑支护工程实际存在较大的差距，建立起的计算方法应依据变形量控制理论。

（5）实践发展的桩锚支护结构的工程要超前于理论研究。目前指导实践的理论越来越凸显它的脆弱，用理论的方法找出基坑支护工程事故的缘由又十分困难，这就提出了对该支护结构加大试验研究的要求，以期理论指导实践。

总之，岩土工程基坑的施工存在一定的风险，地质条件变化多样，工程建设的相关管理者应当在结合所在地工程建设的经验上，按照一定的要求和理念进行基坑支护工程施工，根据特定的工程要求和条件综合考虑，做出安全可靠经济的包括围护结构及支护体系土方开挖降水地基加固监测和环保的整体施工方案等。

四、结语

建筑结构物直接与地基接触的最下部分是建筑基础，建筑基础是建筑结构的重要组成部分，它影响着整个建筑的经济性和安全性。因为工程具有工程量大、技术难度高、不可预见的因素等特点，所以要对其安全可靠性严格要求。因此，要求设计时全面考虑。建筑工程设计的目的在于工程实践，而工程设计运用到工程实践中时，往往需要根据实际情况进行一定的改进。每个工程不同，特点不一，而且每个工程中的影响因素有很多。作为工程的负责人，应该具备灵活敏捷的思维，要随着工程的实际情况作相关的调整和改进，以确保设计方案与工程相匹配。

我国基坑工程的设计理论有了很大发展，建立了许多新的计算理论和方法。但在工程具体应用中，仍要坚持理论与实践相结合的原则，根据实际选用合理的支护方法。施工质量和安全问题一直是基坑工程的重中之重。因为在实际工程中，影响因素太多，任何的工作不仔细、马虎大意，都可能酿成重大事故。因此，应该把工程安全放在首位。

科学技术是随着生产需要而迅速发展起来的，理论总是落后于实践。对深基坑支护结构技术也是一样。所以，年轻一代任重道远。

参考文献

References

[1] 杨光华. 广东深基坑支护工程的发展及新挑战[J]. 岩石力学与工程学报, 2012(11).

[2] 高英武. 岩土工程深基坑支护技术的应用研究[J]. 新疆有色金属, 2016(06).

[3] 朱友军. 浅析市政道路深基坑支护设计[J]. 江西建材, 2016(21).

[4] 龙凡. 既有盾构隧道上方进行大面积基坑开挖方案分析[J]. 铁道勘测与设计, 2016(04).

[5] 马骏. 多头搅拌桩结合高压旋喷桩施工技术在深基坑防渗帷幕中的应用[J]. 水运工程, 2016(06).

[6] 林志斌, 李元海, 刘继强. 软土基坑变形时空演化规律研究[J]. 现代隧道技术, 2016(03).

[7] 王国富, 唐卓华, 李罡, 等. 基坑工程降水回灌适宜性分级研究[J]. 施工技术, 2016(13).

[8] 吴辉. 浅论市政工程基坑施工技术[J]. 建材与装饰, 2016(19).

[9] 熊欢, 文家刚, 胡励耘. 浅谈 TRD 工法在基坑支护工程中的应用[J]. 西部探矿工程, 2016(07).

[10] 帅海乐, 詹黔花, 龙举, 等. 基坑工程预应力锚索施工问题现场试验研究[J]. 施工技术, 2016(13).

[11] 杨方, 刘世君, 李金俸, 等. 基于模糊层次分析法的软土地区基坑风险研究[J]. 宜春学院学报, 2016(06).

[12] 徐左屏, 张静. 开口型深基坑支护优化设计与数值模拟分析[J]. 建设科技, 2016(12).

[13] 刘嘉玮. 基坑降水沉降监测及实施[J]. 水科学与工程技术, 2016(03).

[14] 张玉成, 杨光华, 钟志辉, 等. 软土基坑设计若干关键问题探讨及基坑设计实例应用分析[J]. 岩石力学与工程学报, 2012(11).